《泛第三极环境变化与绿色丝绸之路建设》丛书

Series on “Pan-Third Pole Environment Study for a Green Silk Road (Pan-TPE)”

乌兹别克斯坦水资源及其利用

WATER RESOURCE AND ITS UTILIZATION IN UZBEKISTAN

陈　曦　[乌]马赫穆多夫·伊纳扎　等 编著

中国环境出版集团·北京

图书在版编目（CIP）数据

乌兹别克斯坦水资源及其利用/陈曦等编著. —北京：中国环境出版集团，2019.9
（泛第三极环境变化与绿色丝绸之路建设丛书）
ISBN 978-7-5111-4097-5

Ⅰ. ①乌… Ⅱ. ①陈… Ⅲ. ①水资源管理—研究—乌兹别克②水资源利用—研究—乌兹别克 Ⅳ. ①TV213

中国版本图书馆 CIP 数据核字（2019）第 198554 号

审图号：GS（2019）4433 号

出 版 人 武德凯
责任编辑 陈金华 曹 玮
责任校对 任 丽
封面设计 彭 杉

出版发行 中国环境出版集团
（100062 北京市东城区广渠门内大街 16 号）
网 址：http://www.cesp.com.cn
电子邮箱：bjgl@cesp.com.cn
联系电话：010-67112765（编辑管理部）
010-67113412（第二分社）
发行热线：010-67125803，010-67113405（传真）
印 刷 北京中科印刷有限公司
经 销 各地新华书店
版 次 2019 年 9 月第 1 版
印 次 2019 年 9 月第 1 次印刷
开 本 787×1092 1/16
印 张 17.75 插页 5
字 数 340 千字
定 价 130.00 元

内容简介

乌兹别克斯坦是中亚地区人口最多的国家，闻名世界的咸海南部位于该国境内。咸海由1960年的6.7万km^2减少到2017年的9 374 km^2，成为当代最大的生态灾难。本书是在中国和乌兹别克斯坦双方科学家共同研究成果的基础上凝练而成。综合分析了乌兹别克斯坦的地理环境特点和水文与水资源及其利用状况，阐述了乌兹别克斯坦地表水、地下水、湖泊和水库时空分布，重点探讨了乌兹别克斯坦灌溉农业与水利工程发展现状，详细分析了阿姆河流域中、下游农业开发与水资源利用和咸海变化之间的关系。

本书图文并茂，资料翔实，具有许多创新点，既可以作为认识乌兹别克斯坦水资源的入门材料，也可供从事中亚资源与环境、土地利用和管理、自然地理、区域规划等领域的科研、教学与生产单位的有关人员参考使用。

序

“一带一路”是中国国家主席习近平提出的新型国际合作倡议，为全球治理体系的完善和发展提供了新思维和新选择，成为沿线各国携手打造人类命运共同体的重要实践平台。气候和环境贯穿人类和人类文明的整个历程，是“一带一路”倡议重点关注的主题之一。由于沿线地区具有复杂多样的地理地质气候条件、差异巨大的社会经济发展格局、丰富的生物多样性，以及独特但较为脆弱的生态系统，因而“一带一路”建设必须贯彻新发展理念，走生态文明之路。

当今气候变暖影响下的环境变化是人类普遍关注和共同应对的全球性挑战之一。以青藏高原为核心的“第三极”和以第三极及向西扩展的整个欧亚高地为核心的“泛第三极”正在由于气候变暖而引发重大环境变化，成为更具挑战性的气候环境问题。首先，这个地区的气候变化幅度远大于周边其他地区；其次，这个地区的环境脆弱，生态系统处于脆弱的平衡状态，气候变化引起的任何微小环境变化都可能引起区域性生态系统的崩溃；最重要的是，这个地区是连接亚欧大陆东西方文明的交汇之路，是2 000多年来人类命运共同体的链接纽带，与“一带一路”建设范围高度重合。所以，第三极和泛第三极气候环境变化同“一带一路”建设密切相关，深入研究泛第三极地区气候环境变化，解决重点地区、重点国家和重点工程相关的气候环境问题，将为打造绿色、健康、智力、和平的“一带一路”提供坚实的科技支持。

中国政府高度重视“一带一路”建设中的气候与环境问题，提出要将生态环境保护理念融入绿色丝绸之路的建设中。2015年3月，中国政府发布的《推动共建丝绸之路经济带和21世纪海上丝绸之路的愿景与行动》明确提出，“在投资贸易中突出生态文明理念，加强生态环境、生物多样性和应对气候变化合作，共建绿色丝绸之路”。2016

年8月，在推进“一带一路”建设工作座谈会上，习近平主席强调，“要建设绿色丝绸之路，提高风险防控能力”。2017年5月，《“一带一路”国际合作高峰论坛圆桌峰会联合公报》提出，“要加强生态环境、生物多样性和应对气候变化合作，注重绿色发展和可持续发展，实现经济、社会、环境三大领域综合、平衡、可持续发展”。2017年8月，习近平主席在致第二次青藏高原综合科学考察研究队的贺信中，特别强调了聚焦水、生态、人类活动研究和全球生态环境保护的重要性和紧迫性。

2009年以来，中国科学院组织开展了TPE国际计划，联合相关国际组织和国际计划，揭示了第三极地区气候环境变化及其影响，提出了适应气候环境变化的政策和发展战略建议，为各级政府制订长期发展规划提供了科技支撑。中国科学院深入开展了“一带一路”建设及相关规划的科技支撑研究，同时在丝绸之路沿线国家建设了15个海外研究中心和海外科教中心，成为与丝绸之路沿线国家开展深度科技合作的重要平台。2018年11月，中国科学院牵头成立了“一带一路”国际科学组织联盟（ANSO），初始成员包括近40个国家的国立科学机构和大学。2018年3月，中国科学院正式启动了“泛第三极环境变化与绿色丝绸之路建设”A类战略性先导科技专项（简称“丝路环境专项”）。丝路环境专项将聚焦水、生态和人类活动，揭示泛第三极地区气候环境变化规律和变化影响，阐明绿色丝绸之路建设的气候环境背景和挑战，提出绿色丝绸之路建设的科学支撑方案，为推动第三极和泛第三极地区可持续发展、推进国家和区域生态文明建设、促进全球生态环境保护做出贡献，为“一带一路”沿线国家生态文明建设提供有力支撑。

《泛第三极环境变化与绿色丝绸之路建设》丛书是丝路环境专项重要成果的表现形式之一，将系统展示第三极和泛第三极气候环境变化与绿色丝绸之路建设的研究成果，为绿色丝绸之路建设提供科技支撑。

白春礼

中国科学院院长、党组书记

2019年3月

前言

乌兹别克斯坦共和国，简称乌兹别克斯坦，面积为 44.7 万 km^2，位于图兰低地的北部，南北宽 925 km，西北和东南相距 1 400 km，北部和西北部与哈萨克斯坦接壤，南邻阿富汗，西南部与土库曼斯坦相邻，东接吉尔吉斯斯坦，东南部同塔吉克斯坦相连。

乌兹别克斯坦全境地势东高西低，平原区占国土面积的 80%，主要分布于克孜勒库姆沙漠周边。东部和南部属天山山系和吉萨尔—阿赖山系的西缘，内有著名的费尔干纳盆地和泽拉夫尚盆地。河流有阿姆河、锡尔河和泽拉夫尚河，均为内流河。特殊的区位和区域环境，形成了乌兹别克斯坦以小半灌木和灌木荒漠类型为主体、以世界典型干旱土为代表的荒漠生态系统，荒漠是乌兹别克斯坦的基本自然景观。

河流上、中、下游水资源分配不均和人类活动对水生态系统的破坏，是乌兹别克斯坦沙漠化、盐渍化和水质恶化的主要因素。乌兹别克斯坦约有 3 265 万人口，人均用水量仅为 10 ~ 12 m^3/a，与国际人均用水量 60 m^3/a 的标准相差很大，这种不平衡说明了乌兹别克斯坦水资源问题的紧迫性和严重性。同时，水资源问题又引起了环境和生态系统问题，对自然生态系统和社会经济系统产生重大影响。本书系统分析了乌兹别克斯坦水资源的形成、转化和利用状况，将为科学管理和合理利用干旱区水资源、保护中亚大湖区生态环境以及乌兹别克斯坦水资源管理提供科学依据。

《乌兹别克斯坦水资源及其利用》是在中国与乌兹别克斯坦科学家研究成果基础上凝练而成的。撰写过程中不仅整理了大量乌兹别克斯坦政府部门的资料，还包括国际水利协调委员会科学研究中心、联合国教科文组织、世界银行、联合国欧洲经济委员会等从事水文水资源研究的科研机构的资料。此外，还综合了乌兹别克斯坦农业与水利部灌溉、水利和水问题研究所的大量科研成果。

本书分为中文版本和俄文版本，中文版本由陈曦负责，俄文版本由马赫穆多夫·伊纳扎（Makhmudov Ernazar）负责。中文版本全书共分8章：第1章介绍了乌兹别克斯坦基本地理环境特征；第2章分析了乌兹别克斯坦河流水文与水资源管理与利用；第3章介绍了乌兹别克斯坦的地下水资源及其利用；第4章重点介绍了乌兹别克斯坦的湖泊和水库及其利用情况；第5章介绍了乌兹别克斯坦社会经济和农业用水现状；第6章着重介绍了乌兹别克斯坦灌溉农业与水利工程和土壤改良方法；第7章详细阐明了阿姆河流域中、下游耕地开发与水资源可持续利用；第8章深刻分析了阿姆河流域水资源利用与咸海变化的关系。吴淼、贺晶晶、安冉、张小云、郝韵完成了中俄文版本之间的翻译和校对，胡汝骥、阿布都米吉提·阿布力克木、葛拥晓、王亚俊、李均力、张军峰和阿也提古丽·斯迪克组成的技术小组做了大量的、卓有成效的工作，为完成本书提供了保障。全书由陈曦多次审定和修改。

本书是在中国科学院战略性先导科技专项“泛第三极环境变化与绿色丝绸之路建设”课题“中亚大湖区水—生态系统相互作用与协同管理”（XDA20060303）和联合国开发计划署（UNDP）资助项目（41361140361），国家自然科学基金和联合国环境署（UNEP）联合资助项目（00056957、00094618、0865031）的支持下完成的。感谢中国科学院、国家自然科学基金、联合国环境署和联合国开发计划署的大力支持。中国科学院中亚生态与环境研究中心作为本书的依托单位，在本书写作过程中给予了全力支持和调研考察，以及数据、经费方面的大量帮助，中国环境出版集团的同志们承担了本书出版任务，尽心竭力使本书得以圆满问世。在此，敬致衷心的感谢！

由于时间仓促，书中不妥之处，敬请指正。

编 者

2019年4月8日

目录

第 1 章　乌兹别克斯坦地理环境概述

1.1　地理位置与人口

乌兹别克斯坦共和国（乌兹别克语：O’zbekiston Respublikasi；英语：The Republic of Uzbekistan），简称乌兹别克斯坦，是一个位于中亚的内陆国家。乌兹别克斯坦文化起源于古索格狄亚那（粟特文化），内涵丰富，意义深远，凝聚了咸海沿岸地区广大人民的心愿，组成了中亚地区人口最多的国家。

乌兹别克斯坦位于图兰低地的北部，范围 37°11′—45°33′N，56°00′—73°10′E，形状像一个狭长的不规则多边形，南北宽 925 km，西北和东南相距 1 400 km。乌兹别克斯坦北部和西北部与哈萨克斯坦接壤，南邻阿富汗，西南部与土库曼斯坦相邻，东接吉尔吉斯斯坦，东南部同塔吉克斯坦相连（图 1.1）。

乌兹别克斯坦总面积为 447 400 km^2，大部分是平原，主要分布于图兰低地（部分是已消逝的古地中海海底），它是世界上最大的低地之一。图兰低地的边缘地带是乌斯秋尔特高原和克孜勒库姆沙漠，东部和南部属天山山系和吉萨尔－阿赖山系（吉萨尔山系拥有全国的最高点，4 643 m）的西缘，其中有许多山间盆地和谷地（费尔干纳盆地、泽拉夫尚盆地、奇尔奇克-安格列盆地、卡什卡达里亚谷地和苏尔汉河谷地）（吉力力等，2015）。

乌兹别克斯坦地势复杂，地形多样，由高原、低地平原、山麓平原、天山山系和吉萨尔山系构成其主要地貌。乌兹别克斯坦西北部是乌斯秋尔特高原和咸海低地，与克孜勒库姆沙漠相邻的是以饥饿草原、卡尔纳布秋里草原和卡尔希草原命名的狭窄平原，分布在山脉之间，一直延伸到很远的东部，它沿着山麓分布，与西部的沙漠平原和山地形成一个环状。咸海南岸是广阔的克孜勒库姆沙漠（红沙漠），其面积约占乌兹别克斯坦总面积的 40%。

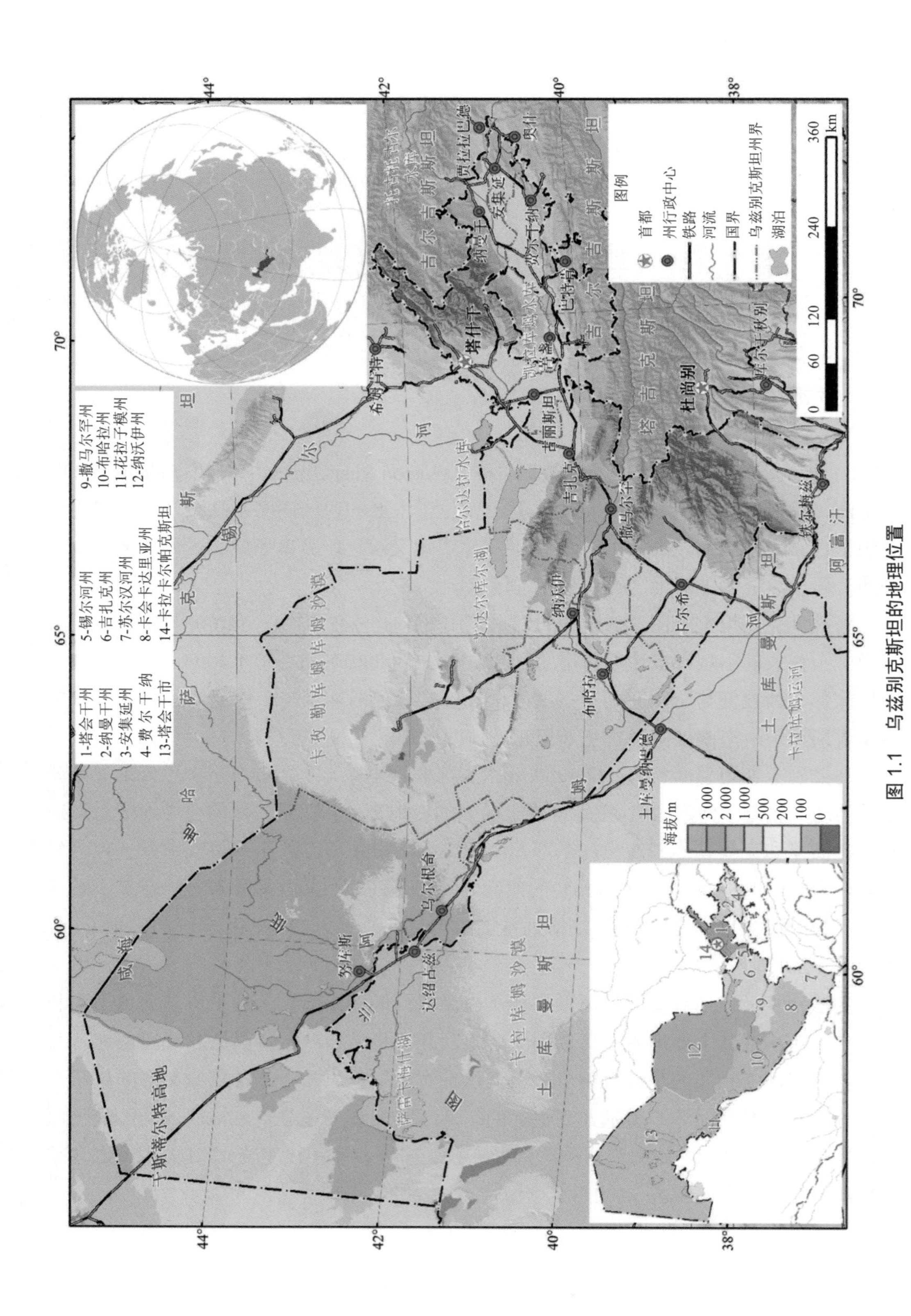

图 1.1　乌兹别克斯坦的地理位置

乌兹别克斯坦总人口数为 3 265 万（2018 年），是一个多民族的国家。主要的民族有乌孜别克族、塔吉克族和哈萨克族等，其中乌孜别克族占总人口数的 80%，并且该比例还在不断增加；塔吉克族约 116.6 万人，占总人口数的 4.5%；哈萨克族约 99 万人，占总人口数的 2.5%；卡拉卡尔帕克族约 50.4 万人，占总人口数的 2%；柯尔克孜族约 23.2 万人，占总人口数的 1%。乌兹别克斯坦的少数民族还有俄罗斯族（119.9 万人）、乌克兰族（10.5 万人）、土库曼族（约 15.2 万人）、亚美尼亚族（4.2 万人）、波斯族（近 3 万人）、维吾尔族（2 万人）、白罗斯族（2 万人）、克里米亚—塔塔尔族（1989 年为 18.9 万人，苏联解体后大部分人回到了克里米亚地区）、犹太族（2000 年为 9 700 人，1989 年为 2.8 万人）、土耳其族（1 万人左右，1989 年为 10.6 万人）、德意志族（7 900 人，1989 年为 3.98 万人）、希腊族（不足 1 万人，1989 年为 1 万人）等。乌兹别克斯坦官方语言为乌兹别克语，俄语在乌兹别克斯坦的使用也比较广泛。

乌兹别克斯坦首都塔什干市，总人口 272.59 万人（2014 年），是乌兹别克斯坦最大的城市，也是该国的经济、教育及文化中心。1966 年，被大地震破坏后迅速重建，出现了新的大道、街道、高楼大厦、医院及疗养区，面貌焕然一新。

撒马尔罕是乌兹别克斯坦第二大城市，总人口 40 万人，是乌兹别克苏维埃社会主义共和国 1930 年以前的首都，以独特的建筑纪念碑而闻名。在费尔干纳盆地还坐落着一些大城市，如纳曼干（45 万人）、安集延（38 万人）、费尔干纳（23 万人）、浩罕（22 万人）等，古老的布哈拉市（27 万人）和卡拉卡尔帕克斯坦首府努库斯市（27.5 万人）也是乌兹别克斯坦的重要城市。其中，古老的布哈拉市曾经在很长一段时间内都是中亚最大的文化及政治中心。

乌兹别克斯坦是中亚地区一个由 130 个民族组成的人口最多的国家，受地理位置、地貌条件和生态环境的限制，乌兹别克斯坦人口的分布呈现格外集中的特点（图 1.2）。有 1 521.9 万人居住在城市，有 1 451.67 万人居住在农村（城乡居民占总人口数的比例分别为 51.2%和 48.8%）（包安明等，2018；Чен Ши и др.，2013）。这在世界上都是十分罕见的。

1.2　气候环境

1.2.1　气候基本特征

乌兹别克斯坦位于温带，夏季气候炎热干燥，属于典型的温带大陆性气候（表 1.1）。全年日照时数较长。塔什干（41°20′N）夏至当天的太阳高度角可达 72°，铁尔梅兹太阳高度角则达到了 76°。乌兹别克斯坦夏季白天长达 15 h，冬季白天也不少于 9 h。平原地区的平均年日照时间为 2 400～3 000 h（费尔干纳和基塔布为 2 600 h，塔什干为 2 889 h，铁尔梅兹为 3 059 h），大约比莫斯科的年日照时长多一倍。乌兹别克斯坦 5—10 月的日照时长，甚至比地中海沿岸和加利福尼亚的日照时数还长得多。然而，年内各月之间的日照时长变化很大，在 5 月可以增加到 395 h，到 10 月就减少到了 104 h（塔什干）。

乌兹别克斯坦北部年接收的太阳辐射量达 120 $kcal/m^2$，南部为 160 $kcal/m^2$。由于日照时间长、白昼时间长及云层稀少，乌兹别克斯坦夏季地表接收的热量是冬季的 3～4 倍。乌兹别克斯坦的大气环流是在太阳的高辐射背景下进行的，这便形成了乌兹别克斯坦夏季的持续高温的气候环境。

乌兹别克斯坦的太阳辐射量（大部分领土每年的太阳辐射量达 50 $kcal/m^2$）和太阳光的反射率（地球接收的太阳能大部分会反射出去，平原地区的反射率为 25%～30%）都非常高，实际接收的热量也相当高，太阳辐射和太阳直射的热量达到 140～160 $kcal/cm^2$，日照时数范围达到 65%～75%。这一点可能只有美国西海岸（加利福尼亚）能与之相媲美。在平原地区能达到 45～55 $kcal/m^2$。在山区，尤其是在高山地区，由于海拔高度及一些其他因素，如岩石多寡、日照长短等，都会在很大程度上影响热量的接收（如费琴科冰川地区 6 月接收量为 9.3 $kcal/m^2$，8 月为 1.1 $kcal/m^2$，10 月为 1.7 $kcal/m^2$）（Чен Ши и др.，2013）。

大气层顶太阳辐射的不均匀分布驱动着大气环流，也是地球气候形成的决定性因素。来自寒带、温带、热带的气团在中亚地区上空汇聚，对当地气候影响显著。例如，穆尔加布河流域和里海南部的气团在初春时节带来了伊朗的热带空气；而在其北部、东北部及西北部的冷空气入侵，会带来西伯利亚的寒带及温带气团，形成冬季或春天初寒时节的急剧降温。

在严寒时节（10 月—次年 4 月），由于乌兹别克斯坦与阿富汗、伊朗、阿拉伯等热带地区和温带地区相邻，冷热气团的交替，造成了乌兹别克斯坦境内的温差极大。来自北部或者西北部的冷空气会侵入气团的间隙中，导致乌兹别克斯坦的冬季相对较寒冷，天气多变，同时又会出现温暖天气，以及大面积云层和大范围降水。

在燥热时节（5—10 月），中亚及南部地区（阿富汗、伊朗、印度）之间的温差会缓和些，中亚本身就是一个副热带气旋形成的中心，该地气温可达到 27～30℃（伊朗地区为 28～33℃）。这段时间，气团活动及降水都非常少，而天气的变化只能是周期性的冷空气入侵引起。在这些月份里，高温会产生 “热低压气旋”，它就像一个电风扇，将冷空气强拉进来，以中断温度的持续上升（陈曦等，2012；2016）。

乌兹别克斯坦平原地区的年平均风速为 2～5 m/s。最大的平均风速（4～6 m/s）主要发生在咸海沿岸、于斯狄尔特高原和山区，最小（2 m/s）发生在平原南部及东南部。

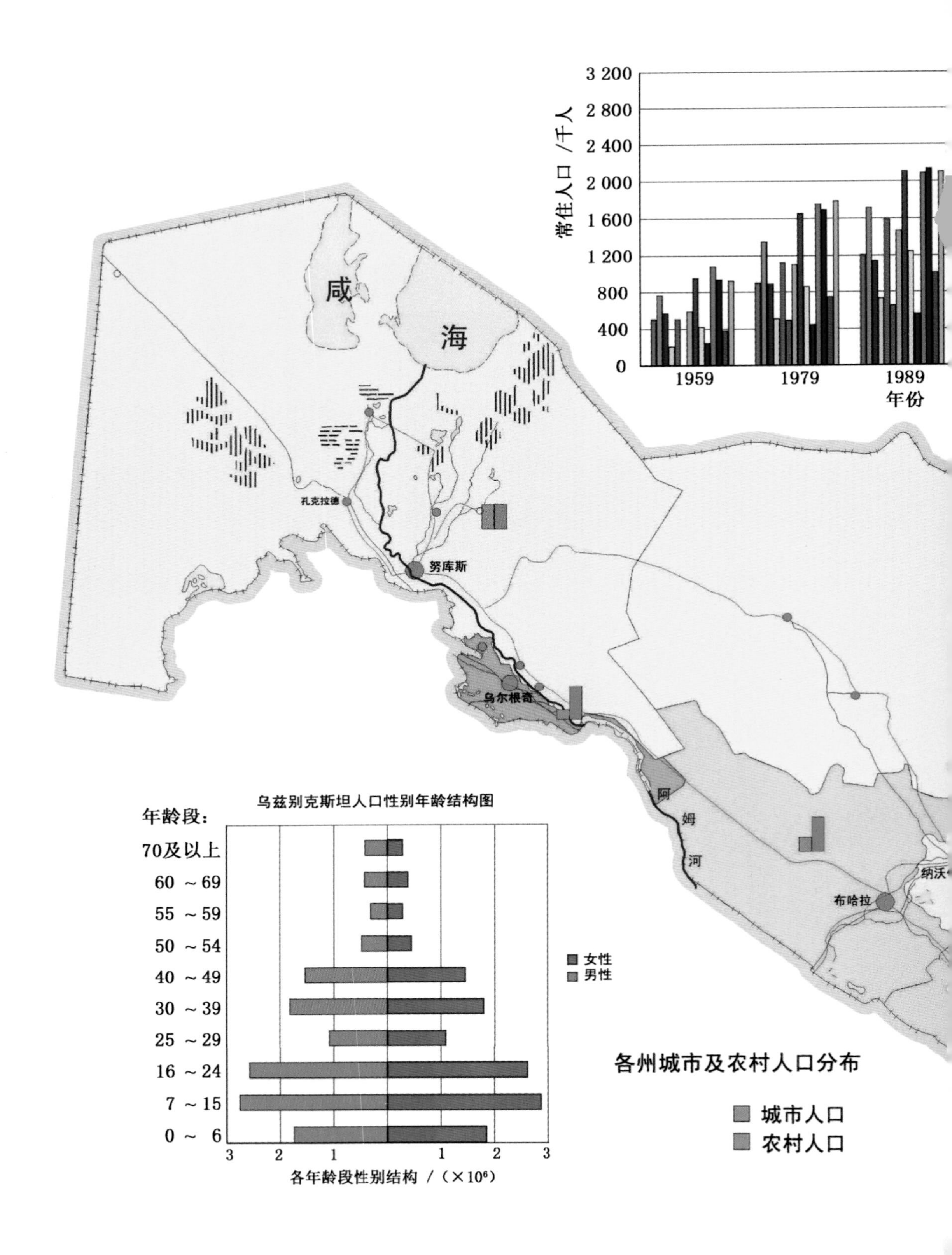
3 200
2 800
2 400
2 000
1 600
1 200
800
400
0
常住人口 /千人
1959
1979
1989
年份
咸
海
孔克拉德
努库斯
乌尔根奇
阿
姆
河
纳沃
布哈拉
乌兹别克斯坦人口性别年龄结构图
年龄段:
70及以上
60 ~69
55 ~59
50 ~54
40 ~49
30 ~39
25 ~29
16 ~24
7 ~15
0 ~ 6
3 2 1 1 2 3
各年龄段性别结构 /（×10⁶）
女性
男性
各州城市及农村人口分布
城市人口
农村人口

图 1.2　乌兹别克斯坦

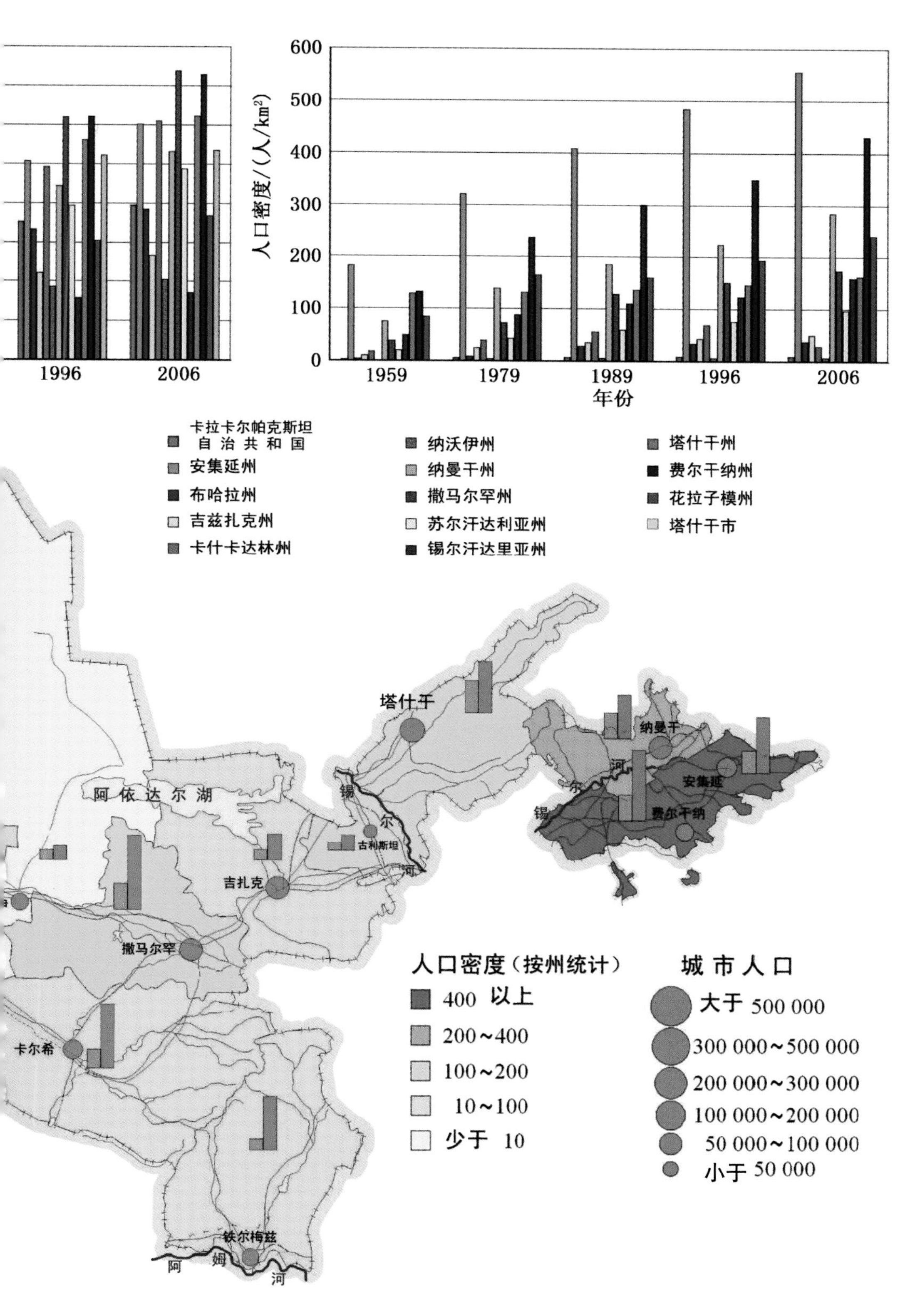

600
500
400
300
200
100
0
人口密度/(人/km²)
1996
2006
1959
1979
1989
1996
2006
年份
卡拉卡尔帕克斯坦自治共和国
安集延州
布哈拉州
吉兹扎克州
卡什卡达林州
纳沃伊州
纳曼干州
撒马尔罕州
苏尔汗达利亚州
锡尔汗达里亚州
塔什干州
费尔干纳州
花拉子模州
塔什干市
塔什干
纳曼干
安集延
费尔干纳
阿依达尔湖
锡
尔
河
古利斯坦
吉扎克
撒马尔罕
卡尔希
铁尔梅兹
阿
姆
河
人口密度（按州统计）
400 以上
200～400
100～200
10～100
少于 10
城市人口
大于 500 000
300 000～500 000
200 000～300 000
100 000～200 000
50 000～100 000
小于 50 000

政区人口密度图

最大的平均风速常发生在初春（平原达 3 m/s，山区达 8 m/s），而最小（1～4 m/s）发生在秋季和初夏。一天中，夜晚和凌晨的风速减弱，白天又会增强。

表 1.1　乌兹别克斯坦气候指数（Бугаев，В. А. и др，1957）

<table>
<tr><th rowspan="2">地区</th><th rowspan="2">年平均气温/℃</th><th colspan="2">月平均气温/℃</th><th rowspan="2">绝对最低温度/℃</th><th rowspan="2">定期观测最高温度/℃</th><th rowspan="2">7 月 13 小时相对平均湿度/%</th><th rowspan="2">年降水量/mm</th></tr>
<tr><th>1 月</th><th>7 月</th></tr>
<tr><td>乌斯秋尔特</td><td>8.5～9.0</td><td>−11.0～8.5</td><td>26.5～27.5</td><td>−37～34</td><td>45</td><td>20</td><td>118～122</td></tr>
<tr><td>克孜勒库姆</td><td>10.7～14.8</td><td>−9.2～1.9</td><td>29.0～31.2</td><td>−34～28</td><td>46</td><td>14～22</td><td>85～122</td></tr>
<tr><td>阿姆河下游地区</td><td rowspan="2">10.0～11.8</td><td rowspan="2">−7.1～5.1</td><td rowspan="2">25.8～27.3</td><td>−32～29</td><td>43</td><td>25～35</td><td>82～108</td></tr>
<tr><td>咸海地区</td><td></td><td></td><td rowspan="2">59</td><td rowspan="2">102</td></tr>
<tr><td>西部地区</td><td>9.3</td><td>9.3</td><td>25.7</td><td>−2.9</td><td>37</td></tr>
<tr><td>东南部</td><td rowspan="2">9.1</td><td rowspan="2">−8.1</td><td rowspan="2">25.8</td><td>−3.3</td><td>40</td><td>52</td><td>132</td></tr>
<tr><td>阿姆河上游地区</td><td></td><td></td><td rowspan="2">19～22</td><td></td></tr>
<tr><td>低地地区</td><td>17.4～18.0</td><td>2.8～3.6</td><td>31.4～32.1</td><td>−21～20</td><td>48</td><td>133～154</td></tr>
<tr><td>山麓地区</td><td>14.8</td><td>1.4</td><td>28.2</td><td>−27</td><td>42</td><td>21</td><td>611</td></tr>
<tr><td>泽拉夫尚—卡什卡达里亚河</td><td>13.4～14.8</td><td>−0.2</td><td>25.9</td><td>−27</td><td>40</td><td>17</td><td>187</td></tr>
<tr><td>低地地区</td><td>14.7</td><td>−0.2～0.8</td><td>28.8</td><td>−26</td><td>47</td><td>23</td><td>328</td></tr>
<tr><td>山麓地区</td><td></td><td></td><td>28.0</td><td>−26</td><td>43</td><td>27</td><td>545</td></tr>
<tr><td>费尔干纳</td><td></td><td></td><td></td><td></td><td></td><td></td><td></td></tr>
<tr><td>西部地区</td><td>13.4</td><td>−2.2</td><td>26.8</td><td>−23</td><td>42</td><td>36</td><td>98</td></tr>
<tr><td>东部地区</td><td>13.1</td><td>−3.5</td><td>26.7</td><td>−26</td><td>40</td><td>35</td><td>226</td></tr>
<tr><td>低山地区</td><td>13.1</td><td>−1.6</td><td>26.8</td><td>−23</td><td>39</td><td>27</td><td>502</td></tr>
<tr><td>塔什干-饥饿草原</td><td></td><td></td><td></td><td></td><td></td><td></td><td></td></tr>
<tr><td>西部地区</td><td>13.3</td><td>−2.3</td><td>27.2</td><td>−34</td><td>44</td><td>30</td><td>295</td></tr>
<tr><td>南部地区</td><td>15.0</td><td>−0.8</td><td>29.9</td><td>−28</td><td>47</td><td>21</td><td>312</td></tr>
<tr><td>低山地区</td><td>11.5</td><td>−1.0</td><td>23.7</td><td>−30</td><td>37</td><td>30</td><td>878</td></tr>
</table>

自然地理条件影响着当地的风向。山区和山麓地带的风向主要取决于山脉走向和内部的山势。例如，撒马尔罕常吹东南风（34%）和东风（19%），一直吹到泽拉夫尚盆地。吉扎克常吹西南风（32%），顺着一直吹到桑扎拉（санзара）盆地。苦盏（塔吉克斯坦境内的州中心）和费尔干纳盆地之间常刮风，并且常发生在冬季，最大风速可达 30～40 m/s，平均每次持续 3 d。

山间盆地粉尘和水汽白天从山麓吹到山里，晚上再从山里吹到山麓，由此形成了焚风，即从山顶吹来的温暖而干燥的风。焚风会使温度上升 10～20℃，空气湿度降低 30%～60%。

平原地区还会出现沙尘暴，这是由稀疏的植被和干燥的气候造成的。沙尘暴常发生在夏季和秋季。沙尘暴发生时，空气中的沙子和尘土的重量可达几百万吨。

1.2.2 气温

中亚地区复杂的山势对所有的气团活动都有影响，使冬季山区地带形成局部的高压气旋，将气团分为两个部分，即山谷气旋（迎风坡寒冷湿润）以及焚风（背风坡高温干燥）等。

中亚地区，尤其是平原地带，冬季寒冷，夏季炎热而漫长，气温的变化取决于海拔高度、地势、日照量（山区）及其他一些区域性的特点。例如，山麓地带（海拔 500～1 000 m）气温的变化从吉尔吉斯山脉东北部的−7～−6℃到南部吉萨尔支脉的 1～2℃。另一个特点是，山麓地带可能会出现因为冷空气在山区地带滞留过久造成的逆温现象，即气温随高度的增加会有所上升，如在乌尔古特（海拔 1 000 m）1 月的平均气温为 0.5℃，而在卡塔库尔干（海拔 1 000 m）为 1.9℃，在天山及帕米尔高山地带 1 月的平均气温为−24～−10℃，海拔 3 620 m 处的恰特尔科里（чатырколь）湖的平均气温为−23.9℃。

中亚及南亚个别年份温度可达到−30℃，阿姆河下游可达−35℃，山区地带（帕米尔山脉的喀拉湖）可达−50℃。如 1968—1969 年的冬天就相当地冷，因为当时寒带气流大量涌入中亚地区。而有时，中亚地区的冬季非常暖和，平原地区可达 15～20℃，山区达 5～10℃，这与来自南部的暖平流相关，使来年的春天温度回升也很快，4 月平原及山麓的大部分地区温度可达到 10～15℃，甚至更高。时常发生的春冻、降雪和降温，对乌兹别克斯坦种植业会产生很严重的危害，但一般这种情况不会持续很久（南方 3 月中旬就会结束，其他地方在 3 月底至 4 月初）。

乌兹别克斯坦最热的月份为 7 月，山区为 7—8 月。平原及山麓地带 7 月的平均气温为 25～30℃，最高气温都可达到 42～47℃。在铁尔梅兹和舍拉巴德温度可达 31～32℃，这种温度对克孜勒库姆沙漠和卡拉库姆沙漠而言比较寻常。在山区地带温度变化与海拔高度相关，海拔 1 000～2 000 m 的山区地带北部温度达 15℃，南部温度达 23℃。最高气温出现在靠近查尔朱的铁尔梅兹等区域。

夏季的高温使得山区积雪和冰川融化，河流蒸发量增大。某些地区夏季会出现短暂的降温（平原地区降至 7～15℃，山区降至 4～10℃），这与冷空气的入侵有关，但通常它会随着强热空气的到来而很快结束。中亚夏季的昼夜温差可达 15～20℃，夜晚气温会降低很多。

大幅度的降温通常发生在 9 月（根据温度及总体特征该月可归为夏季）和 10 月。秋季的第一次结冰现象一般出现在 9 月底至 10 月初，在北部地区一般出现在 10 月中旬。阿姆河下游的无霜期持续 190～210 d，塔什干周边地区及费尔干纳盆地为 200～240 d，苏尔汉舍拉巴德地区为 220～260 d。因此，苏尔汉舍拉巴德盆地的无霜期持续时间最长，夏季温度最高，温和的冬季对于喜热作物而言是生长的最佳时间，如长纤维棉花、甘蔗、柿子、无花果等。空气湿度对此也意义重大。在平原最寒冷的北部地区冬季空气湿度为 2～3 hPa，而在最南端（铁尔梅兹和舍拉巴德）为 5～6 hPa。在山区由于温度较低，空气湿度也更低一些。因此，在恰特卡尔山谷（海拔 2 000 m）的顶部空气湿度约 2 hPa，在西帕米尔地区（部分地方超过 3 000 m）为 1～1.5 hPa，在东帕米尔地区小于 1 hPa。

冬季温度也不同，北部年平均气温 9℃，南部年平均气温 16℃，1 月的平均气温从–10℃到 2～3℃，最低温为–38～–25℃，夏季乌兹别克斯坦平原地区的平均温度维持在 30℃，最高位超过 42℃。山区（高于 3 000 m）夏季的平均温度降至 20～22℃，最高达 49.5℃（铁尔梅兹市）（图 1.3～图 1.5）。

较大的太阳辐射，尤其是下垫面和大气环流，形成了大陆型气候，其特点是气温变化大，表现为持续干燥炎热的夏季、潮湿的春季和不稳定的冬季（图 1.3～图 1.5）。

夏季是气旋活动最少的季节，天气炎热干燥。6 月的平均气温，即使在该国北部地区都超过 26℃（图 1.6），而南部达 31～32℃。白天在空旷地区的地表温度可达到 60～70℃。夏季高温导致地表温度升高达 60℃，而沙漠中达到 80℃。这会影响空气湿度，空气湿度在 7 月不超过 30%，山麓地区也如此（图 1.7）。

南方平原的冬季持续时间长达 2 个月，北部的冬季长达 5 个月，在乌斯秋尔特和阿姆河下游（图 1.8）的平均温度–7～–2℃，平原的大部分地区是接近 0℃，而在南方，在铁尔梅兹为 3℃（图 1.9）。几十年来，由于人类排放温室气体和其他气候因素造成的全球变暖现象十分明显。

1.2.3　降水

炎热的夏季降水稀少，此时的空气湿度绝大部分与地面的情况相关，空气湿度较高（15～25 hPa）的地方主要是靠近水库、河流、沼泽（咸海沿岸及阿姆河下游）、低地（小于 10 hPa）和荒漠一些绿洲的空气湿度也可达 2～7 hPa。

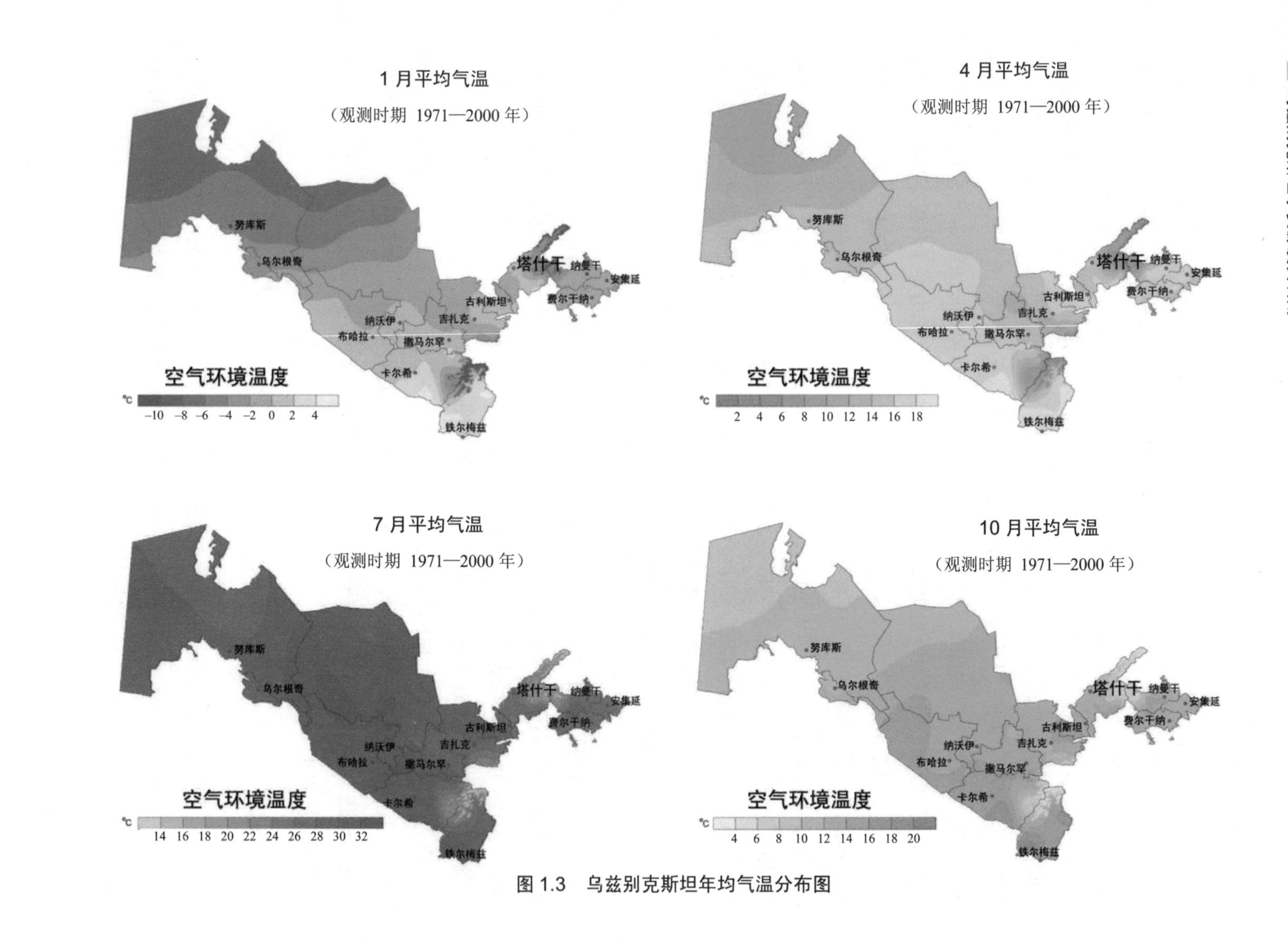

图 1.3 乌兹别克斯坦年均气温分布图

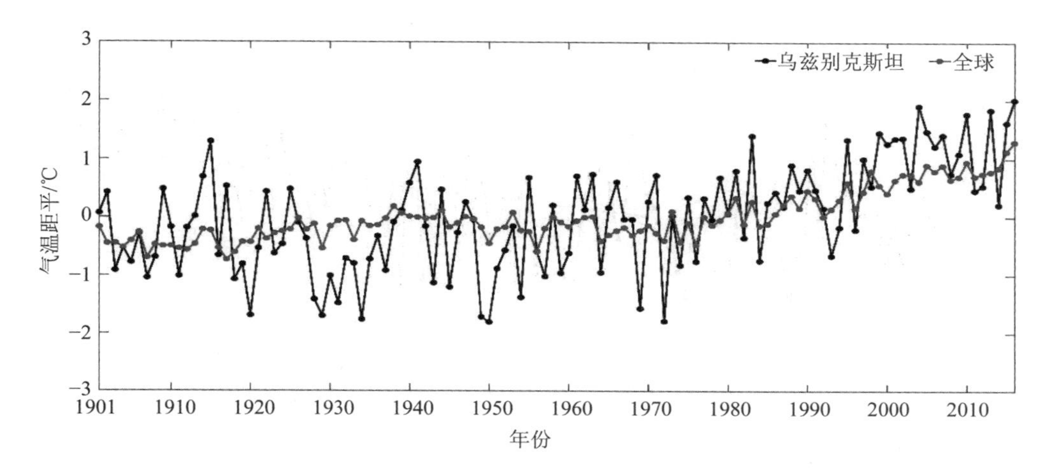

图 1.4　乌兹别克斯坦与全球气温距平比较

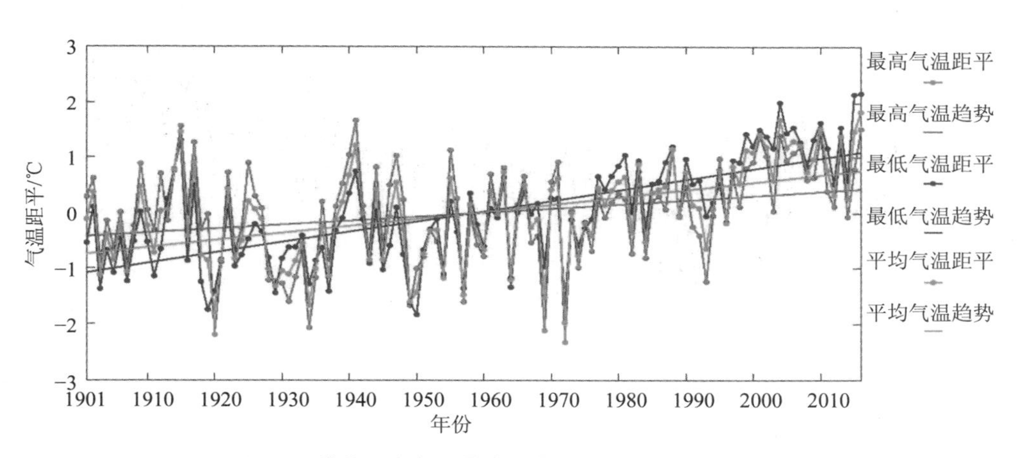

图 1.5　塔什干市年均最高、最低和平均气温变化距平

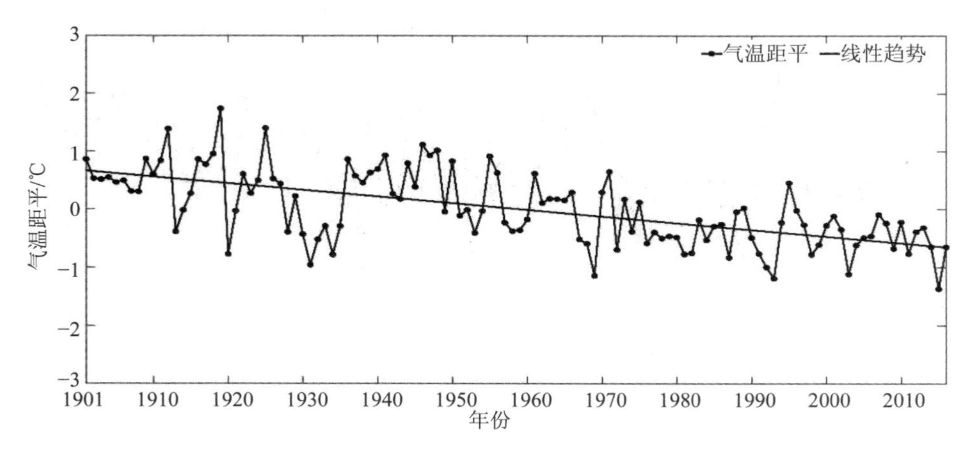

图 1.6　塔什干的年均气温极差变化

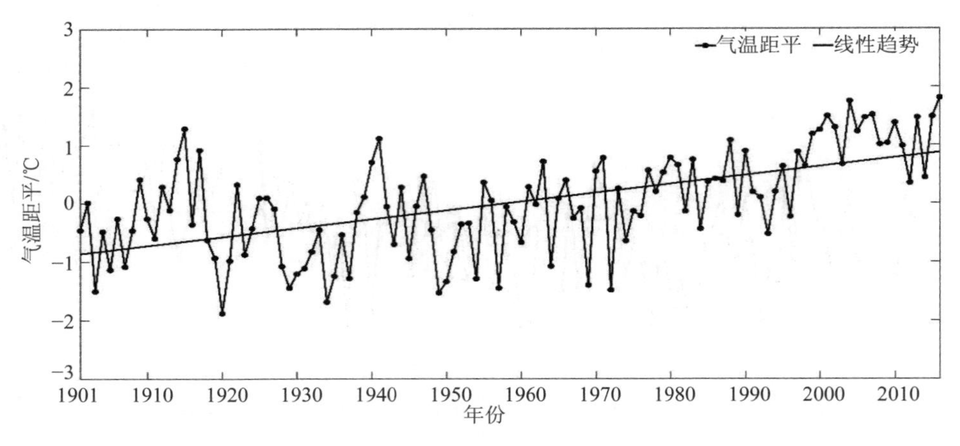

图 1.7　费尔干纳的年均气温变化

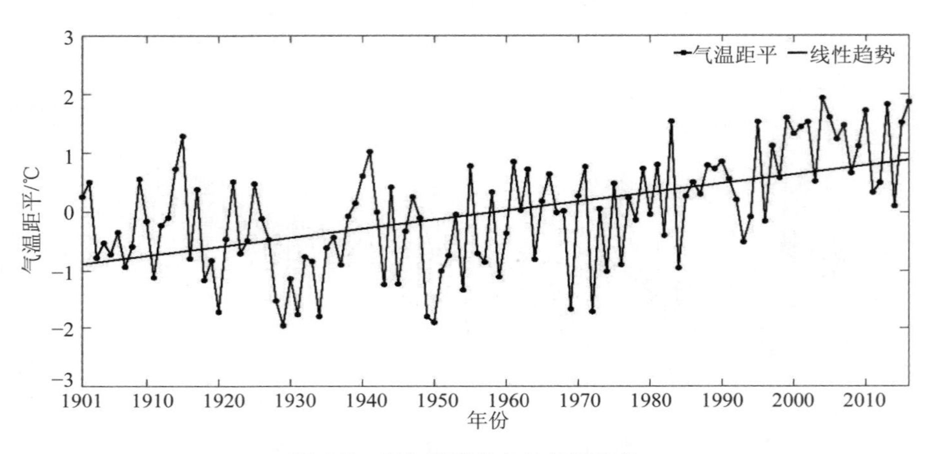

图 1.8　乌尔根奇的年均气温变化

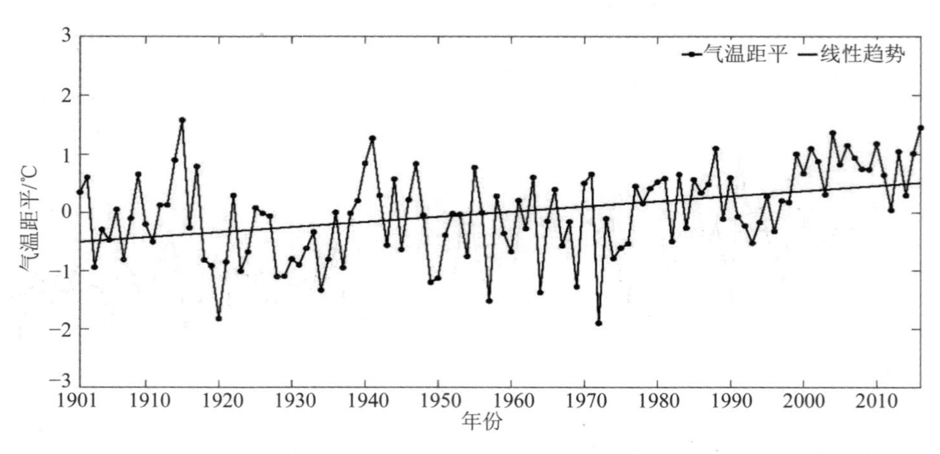

图 1.9　铁尔梅兹的年均气温变化

平原和山麓地区 1 月平均相对空气湿度为 65%～80%（铁尔梅兹 79%，塔什干 71%），山区稍低一些，如齐木干（чимган）（最高点 1 438 m）为 59%，沙希马尔丹（шахимардан）（最高点 1 545 m）为 55%。7 月相对空气湿度最低的地方是克孜勒库姆和卡尔希草原（30%～35%），个别天还会降至 5%。其他地区的相对空气湿度在 40%～45%浮动（塔什干 41%，安集延 46%）。当相对空气湿度降至 30%或者更低时，对农作物非常有益。这种气候（干燥晴空）在卡甘市一年会持续 300 d（7 月持续 30 d），在山麓地区持续 120～180 d。

地处欧亚大陆的中亚地区高温以及空气中水分含量的匮乏导致蒸发异常强烈，年蒸发量自咸海沿岸南部的 900 mm 到克孜勒库姆沙漠和卡拉库姆沙漠南部的 1 200～1 500 mm。

蒸发量在个别年份中也有所差别，例如，在干燥的 1921 年蒸发量约为当年降水量的 10 倍。由于中亚的平原地区基本上没有地表径流，多年的平均蒸发量与降水量持平，在有降水的情况下年蒸发量会急剧增加。

在山麓及山区晴天的天数大量减少，如塔什干一年中晴天的天数为 142 d，恰特卡尔（最高点 1 958 m）为 202 d，费尔干纳为 140 d。一年中晴天最多，阴天最少的月份，无论是平原还是山区，都是 8—9 月。平原地区 8 月、9 月中晴天为 20～27 d，在库什卡甚至达 29 d，而在山区晴天的天数一般不超过 12～15 d。晴天天数最少是在冬季及初春，每月平均为 3～6 d。费尔干纳盆地的阴天天数逐渐增多，因为它远离沙漠，靠近山区。

一年中阴天天数最多是在 1—3 月，最少在 8—9 月，因此可以得知，乌兹别克斯坦的太阳光能和热量非常丰富，但自然湿度，也就是降水量完全不适合进行农业生产。为此，中亚地区很早就开始建设水利设施和研究灌溉技术。

过去监测的数据显示（胡汝骥等，2014），中亚平原地区年平均降水量为 100～200 mm，中亚中部还不足 100 mm（纳沃伊 177 mm，卡甘 125 mm，努库斯 82 mm，希瓦 79 mm）。中部的俄罗斯平原 6—9 月的降水量超过 220 mm，德涅斯特河沿岸地区为 170 mm，这里的农作物不需要人工灌溉。还需强调一点，整体而言这里非常干旱，但山区的空气湿度要大得多。在天山和帕米尔的迎风坡降水量很大，降水的原因是由于冷空气的入侵，会使空气湿度大大增加。这里的夏季是雨季，冷空气来源于北部及西北部。

与此同时，夏季（7—9 月）克孜勒库姆、卡尔希、卡尔纳布斯卡亚草原以及泽拉夫尚河和苏尔汉河低地的降水量仅为全年降水量的 1%～6%，而山麓地区及费尔干纳盆地为 10%～15%，秋季大幅增加（达到 10%～20%）。在海拔超过 2 500～3 000 m 的帕米尔和天山高山地区刚好相反：寒冷时节的降水量远远少于温暖时节。

每年的降水量变化较大，且降水分布不均匀，平原和山麓地区在某些年份的降水量会比多年平均降水量多 1.5～2 倍，而其他地区会比多年平均降水量少 3～4 倍（图 1.10 和图 1.11）。荒漠地区降水很少甚至没有降水，但是也会突然一场大雨的降水量是年降水量的 2～3 倍。有时也会出现同时段大面积大范围的强降水，如 1948 年 4 月乌兹别克斯坦大范围内降水达 70～75 mm，而吉萨尔山脉南坡降水超过 100 mm（图 1.9），这样的降水非常危险，可能会引发泥石流和洪水。

不同的自然条件使积雪层厚度和积雪时间也不同。平原地区并不是每年都会被雪覆盖，这里的积雪年平均厚度为 5～15 cm，山麓地区为 10～15 cm。与此同时，费尔干纳山脉西部的积雪厚度可达 40～60 cm，恰特卡尔西部支脉达 80～90 cm，而恰特卡尔盆地可达 180 cm。中亚山区的冰雪非常重要，它是所有河流的源泉。

农业生产对气候也会带来影响，尤其是灌溉技术产生的“绿洲农业”生产活动对乌兹别克斯坦气候环境影响突出。乌兹别克斯坦蒸发 1 m^3 的水需要消耗将近 6 亿卡路里的能量，显而易见，乌兹别克斯坦灌溉地区及全国范围内的蒸发量需要的能量多么巨大。在乌兹别克斯坦广大的平原地区形成了独特的“绿洲气候”，较高的空气湿度和大面积的植被将夏季的平均气温和最高气温降低了 1.5～3℃（与沙漠地区相比），而绿洲的空气湿度常常也比沙漠高 10%～15%。

乌兹别克斯坦的年降水量很少超过 200 mm（图 1.10 和图 1.11），某些地方不足 70～80 mm。只有在山区，降水量可达 500～600 mm。在东南面迎风坡的降雨量则更大，这为旱田耕作的发展创造了条件。

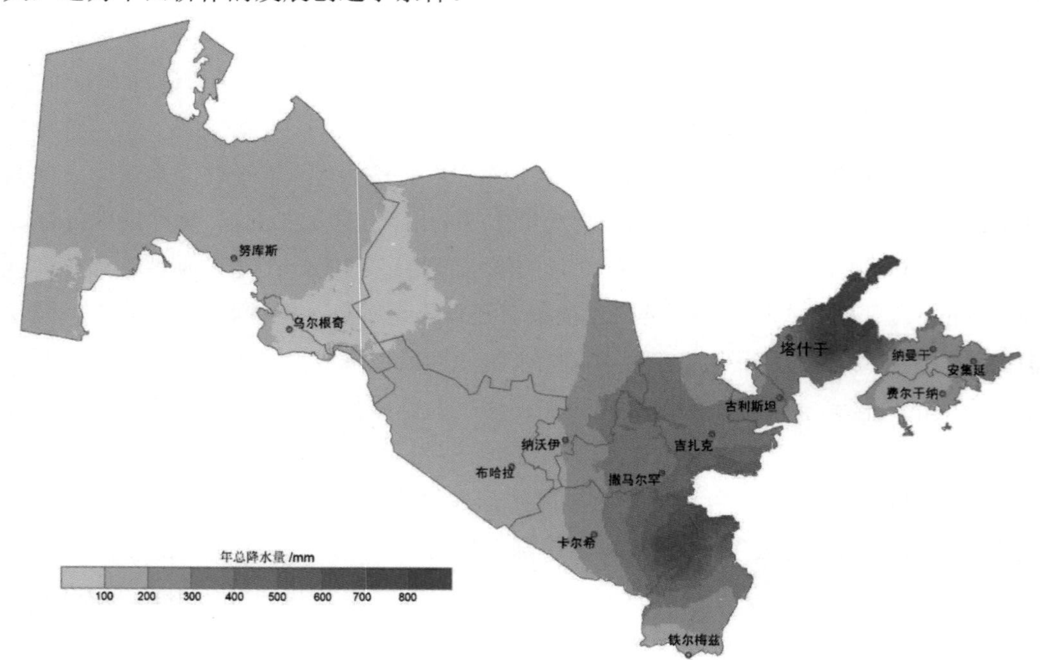

图 1.10　乌兹别克斯坦境内年平均降水量分布（Чен Ши и др.，2013）

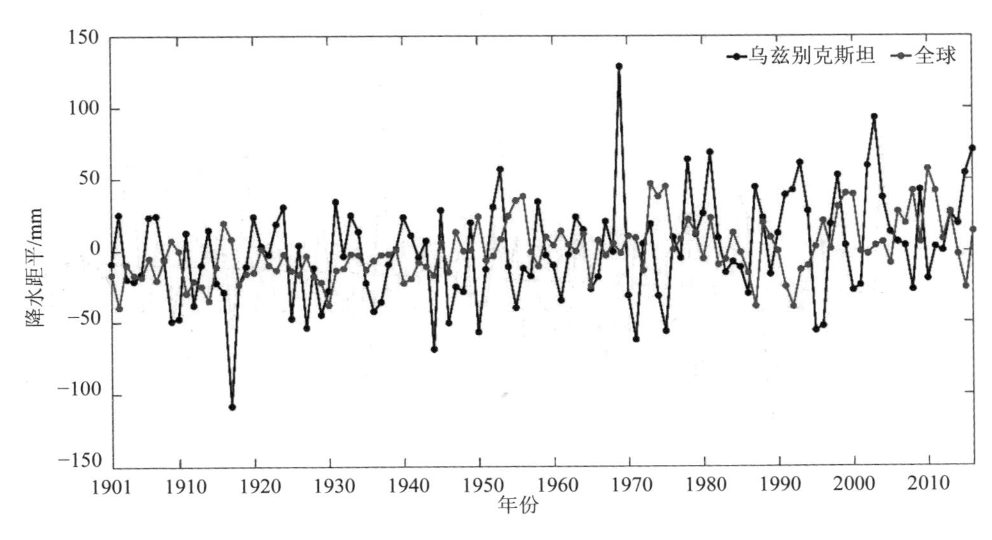

图 1.11　乌兹别克斯坦年平均降水变化

乌兹别克斯坦北部平原地区年降水量大部分是在春季（30%～50%）和冬季（25%～40%），夏季只有 1%～6%，秋季占年降水量的 10%～20%（图 1.12 和图 1.13）。在乌兹别克斯坦南部平原的大多数地区冬季的气温有利于植被生长（短命植物，类短命植物），而夏季的高温和干旱不利于植物生长，因而这里只生长有最适应沙漠环境的植物（荒漠植物）（图 1.14）。

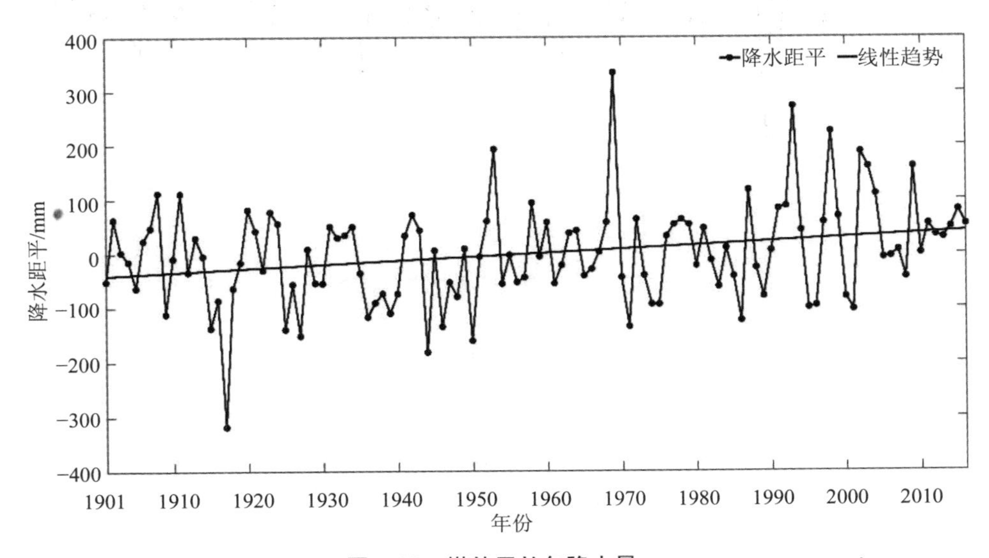

图 1.12　塔什干的年降水量

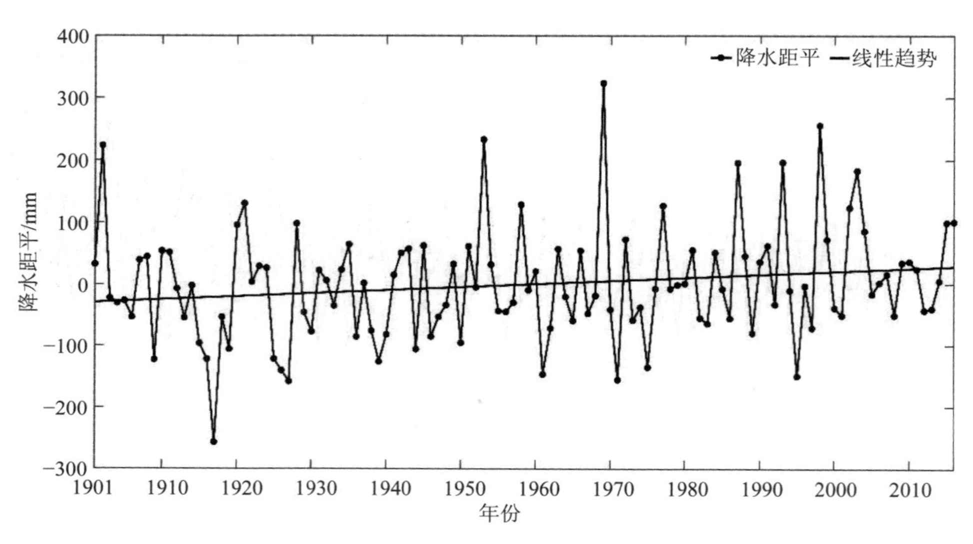

图 1.13　费尔干纳的年降水量

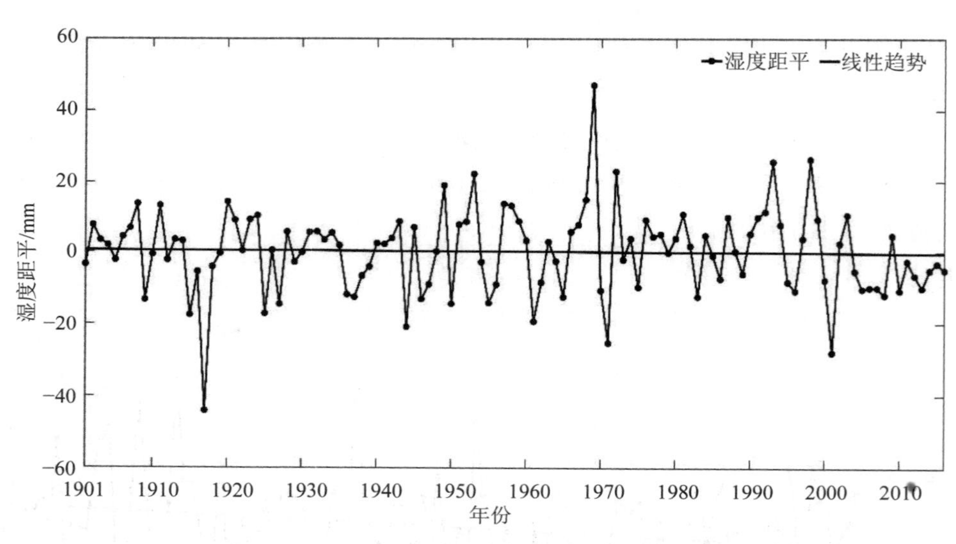

图 1.14　塔什干湿度变化趋势

除了灌溉农业，乌兹别克斯坦的气候条件也可发展亚热带农业（如棉花、酿酒作物等）。非灌溉农业仅限于东部非高山地区。

根据自然生态气候环境条件（高温、缺水、多灰尘）和供水、农业、社会经济条件，可以将乌兹别克斯坦从适宜居住区到极不适宜居住地区分为6个区域（图 1.15）（Чен Ши и др.，2013）。

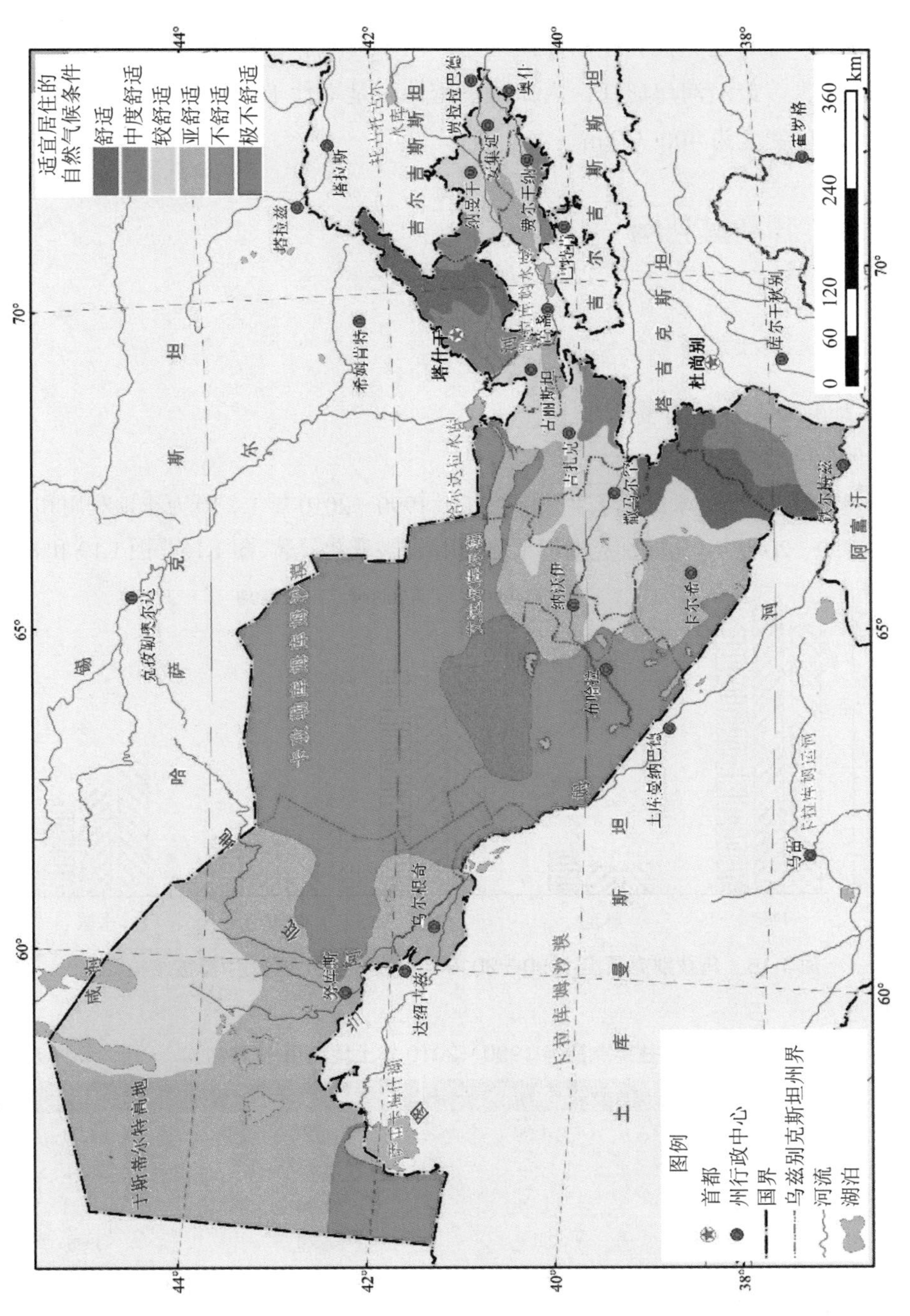

图 1.15　乌兹别克斯坦境内自然气候条件分区图

东部地区属于居住条件较舒适和舒适地区，北部咸海周边属较适宜居住地区，这里的气候条件相对适宜居住；较不适宜居住区是乌斯秋尔特、咸海南部地区和乌兹别克斯坦的中部地区；不适宜居住地区为克孜勒库姆沙漠和乌斯秋尔特南部；极不适宜居住地区位于中部靠近克孜勒库姆沙漠地区。由于自然和气候条件，人们大多居住在绿洲和山谷地带，或沿河岸居住。人口最稠密地区是塔什干、花剌子模和费尔干纳盆地，这里的人口密度为 400 人/km^2。

1.3 土地资源及其利用

1.3.1 土地利用与土地覆被变化过程与特征

1.3.1.1 土地利用与土地覆被特征

（1）土地利用与覆被

利用卫星遥感制图技术定义了乌兹别克斯坦 1990—2010 年 1∶10 万土地利用和土地覆被变化图。1990—2010 年，乌兹别克斯坦土地利用/覆被变化显著（图 1.16～图 1.19 和表 1.2）。

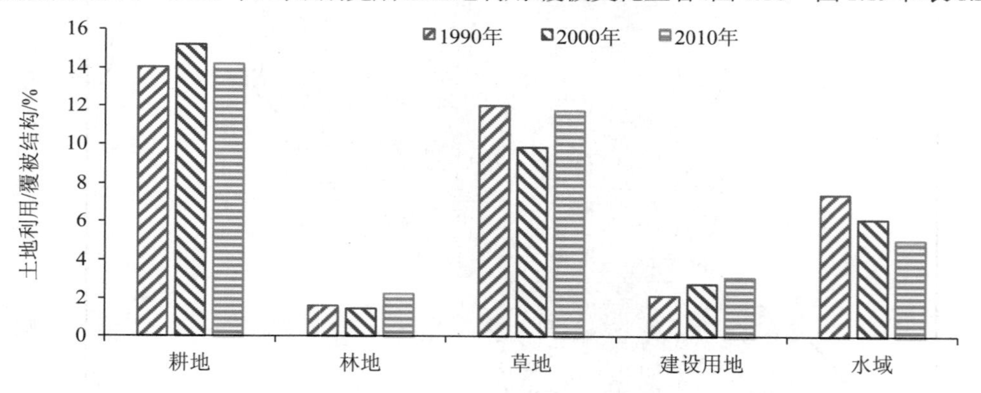

图 1.16 乌兹别克斯坦 1990—2010 年主要地类土地利用/覆被结构

表 1.2 乌兹别克斯坦 1990—2010 年土地利用/覆被结构 单位：%

土地利用类型	1990 年	2000 年	2010 年
耕地	14.04	15.20	14.21
林地	1.59	1.44	2.24
草地	11.98	9.84	11.71
建设用地	2.11	2.74	3.08
交通运输用地	0.01	0.01	0.01
水域	7.38	6.08	5.01
未利用土地	62.89	64.69	63.72
合计	100.00	100.00	100.00

1）1990 年土地利用与土地覆被

1990 年，乌兹别克斯坦土地利用类型主要以未利用地、耕地、草地和水域为主，它们占乌兹别克斯坦总面积的 96.30%。其中以未利用地面积最大，占 62.89%，主要以沙漠（24.90%）、戈壁（28.51%）和裸土地（6.22%）为主。未利用地主要分布在乌兹别克斯坦中部的克孜勒库姆沙漠和咸海西部的于斯蒂尔特高原以及西北部的巴尔萨克尔梅斯盐沼。其中，卡拉卡尔帕克斯坦、纳沃伊州和布哈拉州的未利用地面积较大（分别为 109 589 km^2、104 295 km^2 和 31 854 km^2），分别占全国未利用地总面积的 38.94%、37.06%和 11.32%。其余各州的未利用地面积占全国未利用地面积的比例较小，均在 4%以下。其中，该国东部和南部的费尔干纳盆地和泽拉夫尚盆地及周边区域的未利用地面积较少，锡尔河州、安集延州、费尔干纳州、纳曼干州、花剌子模州和塔什干州所占比例均在 1%以下。

1990 年，该国第二大的土地利用类型是耕地，面积为 62 891 km^2，占全国总面积的 14.04%。其中，主要以水浇地为主（面积约 58 596 km^2），占全国总面积的 13.17%，水田和旱地也有少量分布，分别占 0.25%和 0.63%。耕地主要分布在乌兹别克斯坦中东部冲积洪积平原上，咸海南部冲积而成的阶地平原也有部分分布。卡什卡河州、卡拉卡尔帕克斯坦和吉扎克州的耕地面积相对较大，分别为 10 524 km^2、7 347 km^2 和 6 528 km^2，各占全国耕地总面积的 16.67%、11.64%和 10.34%；其余各州（除巴特肯州外）的耕地面积均占全国耕地面积的 10%以下。耕地面积最小的为纳沃伊州，拥有 1 942 km^2 的耕地面积，仅占全国耕地总面积的 3.08%。

草地是乌兹别克斯坦第三大土地利用类型，以低覆盖度和中覆盖度草地为主，分别占全国总面积的 8.88%和 2.38%（面积分别为 39 760 km^2 和 10 637 km^2），高覆盖度草地仅占 0.72%（面积为 3 241 km^2）。草地主要分布在东部和东南部的山区和冲积洪积平原上以及西北部的山地及高原区（于斯蒂尔特高原）。位于西北部的卡拉卡尔帕克斯坦和东部及东南部的苏尔汉河州、卡什卡河州和塔什干河州的草地面积较大（面积为 17 323 km^2、7 866 km^2、7 285 km^2 和 5 743 km^2），分别占全国草地总面积的 32.32%、14.68%、13.59%和 10.74%。其余各州均有一定面积的草地分布，锡尔河州、费尔干纳州、安集延州和花剌子模州的草地面积较小，合计占全国草地总面积的 2.02%。

1990 年，该国的水域面积为 33 053 km^2，占全国总面积的 7.38%。其中，湖泊面积最大（23 723 km^2），占全国总面积的 5.30%。位于乌兹别克斯坦西北部的咸海为该国最大面积的水体，其次为中部的艾达尔库尔湖和西部的萨雷卡梅什湖。滩地和永久性冰川积雪面积次之，分别为 6 383 km^2 和 1 380 km^2，分别占全国总面积的 1.43%和 0.31%。滩地主要分布在卡拉卡尔帕克斯坦西部的盐土平原上，永久性冰川积雪主要分布在东部的高山地区。卡拉卡尔帕克斯坦的水域面积最大（27 444 km^2），占全国水域总面积的 83.11%。吉扎克州、塔什干州和纳沃伊州的水域面积均在 3%～4%，其余各州均有零星分布。

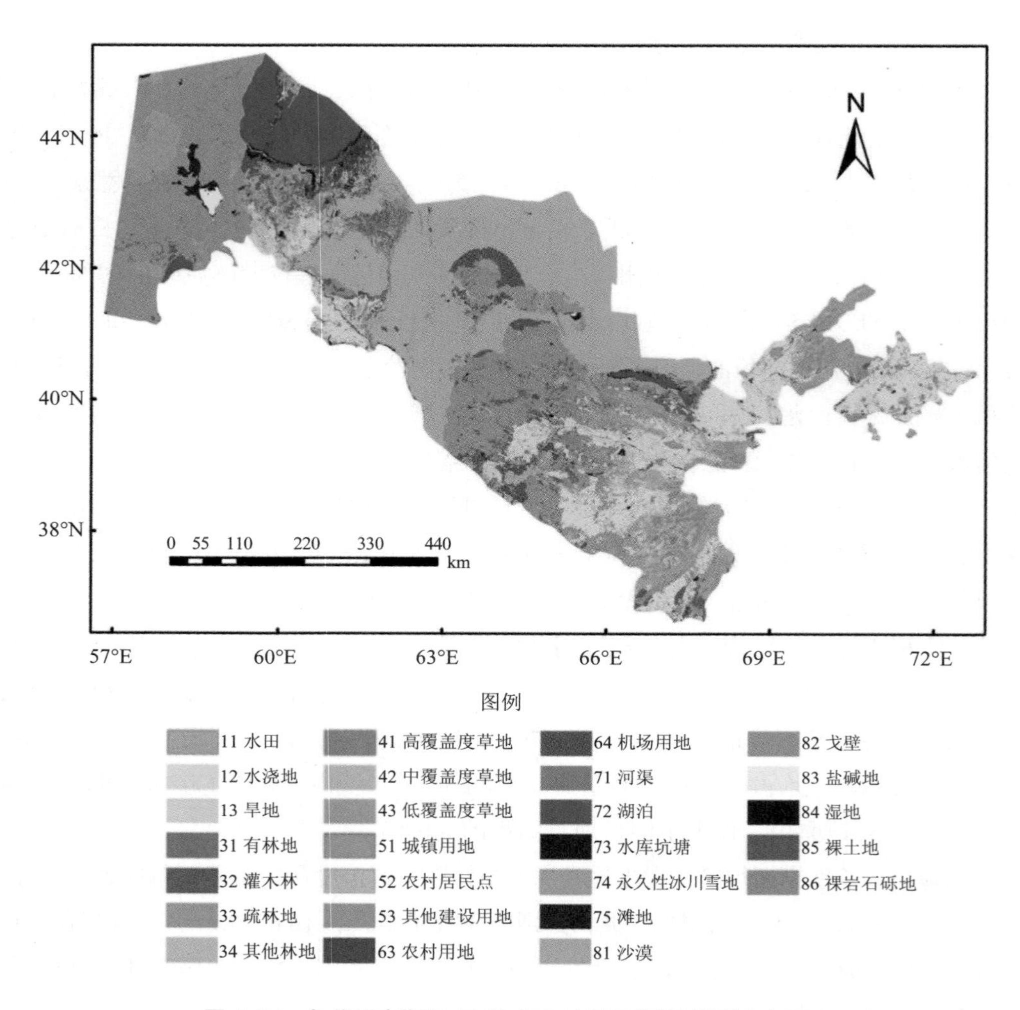

图 1.17 乌兹别克斯坦 1990 年土地利用/覆被类型分布图

1990 年，林地（有林地、疏林地、灌木林地和其他林地）面积为 7 109 km^2，仅占全国总面积的 1.59%。其中有林地和灌木林地面积较大，分别为 3 500 km^2 和 3 261 km^2，其他类型的林地占全国总面积的比例不超过 0.1%。林地主要集中在布哈拉州、塔什干州、苏尔汉河州、卡拉卡尔帕克斯坦和卡什卡河州，其余各州仅有零星分布。其中，布哈拉州的林地面积最大，占全国林地总面积的 23.72%。

1990 年，该国的建设用地面积为 9 440 km^2，占全国总面积的 2.11%。建设用地主要以农村居民点为主（面积为 6 798 km^2），是城镇用地面积的近 3 倍。其中，东部的撒马尔罕州、塔什干州和费尔干纳州的建设用地面积较大，占全国建设用地面积的 37.47%。其余各州建设用地面积均在 2%～10%，锡尔河州面积最小，仅为 284 km^2。

交通运输用地（机场用地）在各土地利用类型中面积最小，仅为 40 km^2，占全国总面积的 0.01%。塔什干州、费尔干纳州、苏尔汉河州、卡什卡河州和布哈拉州所占比例相对较大，其余各州均有少量分布。

所有土地利用类型中，非天然类型（包括水田、水浇地、旱地、城镇用地、农村居民点、其他建设用地、机场用地、河渠、水库坑塘）占乌兹别克斯坦总面积的 16.51%，说明 1990 年该国土地利用程度较低。

2）2000 年土地利用与土地覆被

2000 年，乌兹别克斯坦土地利用类型主要以未利用地、耕地、草地和水域为主，它们占乌兹别克斯坦总面积的 95.81%。其中，未利用地面积最大，占 64.69%，主要以沙漠（25.12%）、戈壁（28.09%）和裸土地（8.07%）为主。草地以低覆盖度和中覆盖度草地为主，高覆盖度草地仅占 0.75%。水域仍主要以湖泊和滩地为主，分别占 4.13%和 1.63%，河渠和水库坑塘共计 0.25%。水浇地为乌兹别克斯坦主要耕地类型，占全国面积的 14.56%，水田和旱地也有少量分布，分别占 0.11%和 0.54%。2000 年，乌兹别克斯坦境内林地面积有所减少，仅占 1.44%，以灌木林和有林地为主。建设用地占 2.75%，以农村居民的和城镇用地为主。

其中，卡拉卡尔帕克斯坦、纳沃伊州和布哈拉州的未利用地面积较大（121 244 km^2、104 285 km^2 和 31 657 km^2），分别占全国未利用地总面积的 27.08%、23.29%和 7.07%。其余各州的未利用地面积占全国未利用地面积的比例较小，均在 0.03%～1.58%。未利用地面积较小的州主要集中在乌兹别克斯坦东部。

2000 年，该国第二大的土地利用类型仍然是耕地，面积为 68 060 km^2，占全国总面积的 15.20%。其中，水浇地所占比例最大，面积为 65 185 km^2，占全国总面积的 14.56%；水田和旱地也有少量分布，分别占全国总面积 0.11%和 0.54%。卡什卡河州、卡拉卡尔帕克斯坦、撒马尔罕州和吉扎克州的耕地面积相对较大，分别为 11 498 km^2、8 987 km^2、7 197 km^2 和 6 877 km^2，各占全国耕地总面积的 16.83%、13.16%、10.54%和 10.07%；其余各州（除巴特肯州外）的耕地面积均占全国耕地面积的比例均在 3.90%～6.98%。耕地面积最小的为纳沃伊州，为 2 665 km^2。

草地是乌兹别克斯坦第三大土地利用类型，以低覆盖度和中覆盖度草地为主，分别占全国总面积的 6.35%和 2.74%（面积分别为 28 434 km^2 和 12 255 km^2），高覆盖度草地仅占 0.75%（面积为 3 371 km^2）。卡拉卡尔帕克斯坦、苏尔汉河州、卡什卡河州、塔什干河州和吉扎克州的草地面积较大（面积为 9 659 km^2、7 221 km^2、7 330 km^2、6 381 km^2 和 5 230 km^2），分别占全国草地总面积的 21.94%、16.40%、16.65%、14.50%和 11.88%。其余各州均有一定面积的草地分布，锡尔河州、费尔干纳州、安集延州和花剌子模州的草地面积较小，合计占全国草地总面积的 1.80%。

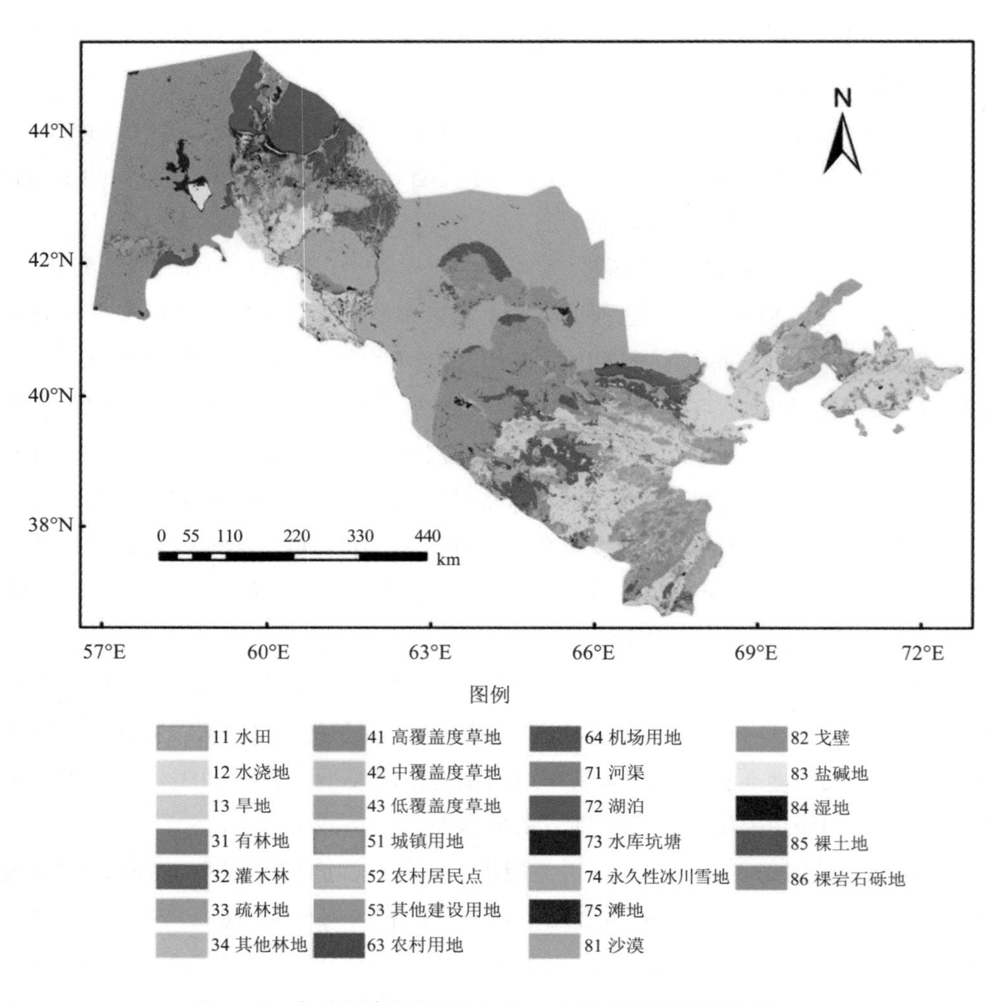

图 1.18　乌兹别克斯坦 2000 年土地利用/覆被类型分布图

2000 年，该国的水域面积为 27 210 km^2，占全国总面积的 6.08%。其中，湖泊仍是面积最大的水体类型（18 514 km^2），占全国总面积的 4.13%。滩地和河渠面积次之，分别为 7 283 km^2 和 721 km^2，分别占全国总面积的 1.63%和 0.16%。卡拉卡尔帕克斯坦的水域面积最大（21 693 km^2），占全国水域总面积的 79.79%。吉扎克州、布哈拉州、塔什干州和纳沃伊州的水域面积在 1.23%～6.90%，其余各州均有零星分布，所占比例均在 1%以下。

2000 年，林地面积为 6 458 km^2，仅占全国总面积的 1.44%。其中有林地和灌木林面积较大，面积分别为 3 265 km^2 和 3 005 km^2，其他类型的林地占全国总面积的比例不超过 0.05%。林地主要集中在布哈拉州、苏尔汉河州、卡什卡河州、卡拉卡尔帕克斯坦和塔什干州，其余各州仅有零星分布。其中，布哈拉州的林地面积最大（1 696 km^2），占全国林地总面积的 26.28%。

2000 年，该国的建设用地面积为 12 280 km^2，仅占全国总面积的 2.74%。建造用地主要以农村居民点和城镇用地为主（面积为 8 519 km^2 和 3 338 km^2）。其中，东部的撒马尔罕州、塔什干州、费尔干纳州和卡什卡河州的建设用地面积较大，占全国建设用地面积的 40.08%。其余各州建设用地面积均在 2.75%～9.00%，锡尔河州面积最小，仅为 339 km^2。

交通运输用地（机场用地）在各土地利用类型中面积最小，仅为 44 km^2，占全国总面积的 0.01%。塔什干州、费尔干纳州、苏尔汉河州、卡什卡河州和布哈拉州所占比例相对较大，其余各州均有少量分布。

2000 年，乌兹别克斯坦的非天然类型（包括水田、水浇地、旱地城镇用地、农村居民点、其他建设用地、机场用地、河渠、水库坑塘）占全国总面积的 18.20%，较 1990 年有一定提高。

3）2010 年土地利用与土地覆被

2010 年，乌兹别克斯坦土地利用类型主要以未利用地、耕地、草地和水域为主，它们占乌兹别克斯坦总面积的 94.66%。其中以未利用地面积最大，占 63.72%，主要以沙漠（25.02%）、戈壁（26.80%）和裸土地（8.86%）为主。其中，卡拉卡尔帕克斯坦、纳沃伊州和布哈拉州的未利用地面积较大（分别为 122 553 km^2、104 199 km^2 和 32 099 km^2），分别占全国未利用地总面积的 42.98%、36.54%和 11.26%。其余各州的未利用地面积占全国未利用地面积的比例较小，均在 3%以下。其中，费尔干纳盆地和泽拉夫尚盆地及周边区域的未利用地面积较少，锡尔河州、安集延州、费尔干纳州、纳曼干州、花剌子模州和塔什干州所占比例均在 1%以下。

2010 年，该国第二大的土地利用类型是耕地，面积为 63 648 km^2，占全国总面积的 14.21%。其中，主要以水浇地为主（面积约 61 223 km^2），占全国总面积的 13.67%，水田和旱地也有少量分布，分别占 0.40%和 0.14%。卡什卡河州、卡拉卡尔帕克斯坦、撒马尔罕州和吉扎克州的耕地面积相对较大，分别为 10 564 km^2、7 761 km^2、6 714 km^2 和 6 581 km^2，各占全国耕地总面积的 16.54%、12.15%、10.51%和 10.30%；其余各州（除巴特肯州外）的耕地面积均占全国耕地面积的 8%以下。耕地面积最小的为纳沃伊州，拥有 2 417 km^2 的耕地面积，仅占全国耕地总面积的 3.78%。

草地是乌兹别克斯坦第三大土地利用类型，以低覆盖度为主，面积为 35 977 km^2，占全国总面积的 8.03%，中覆盖度和高覆盖度草地分别占 2.56%和 1.16%。卡拉卡尔帕克斯坦、苏尔汉河州、卡什卡河州、吉扎克州和塔什干河州的草地面积较大（面积为 13 259 km^2、8 560 km^2、8 237 km^2、6 287 km^2 和 6 093 km^2），分别占全国草地总面积的 25.31%、16.34%、15.73%、12.00%和 11.63%。其余各州均有一定面积的草地分布，锡尔河州、费尔干纳州、安集延州和花剌子模州的草地面积较小，合计占全国草地总面积的 1.97%。

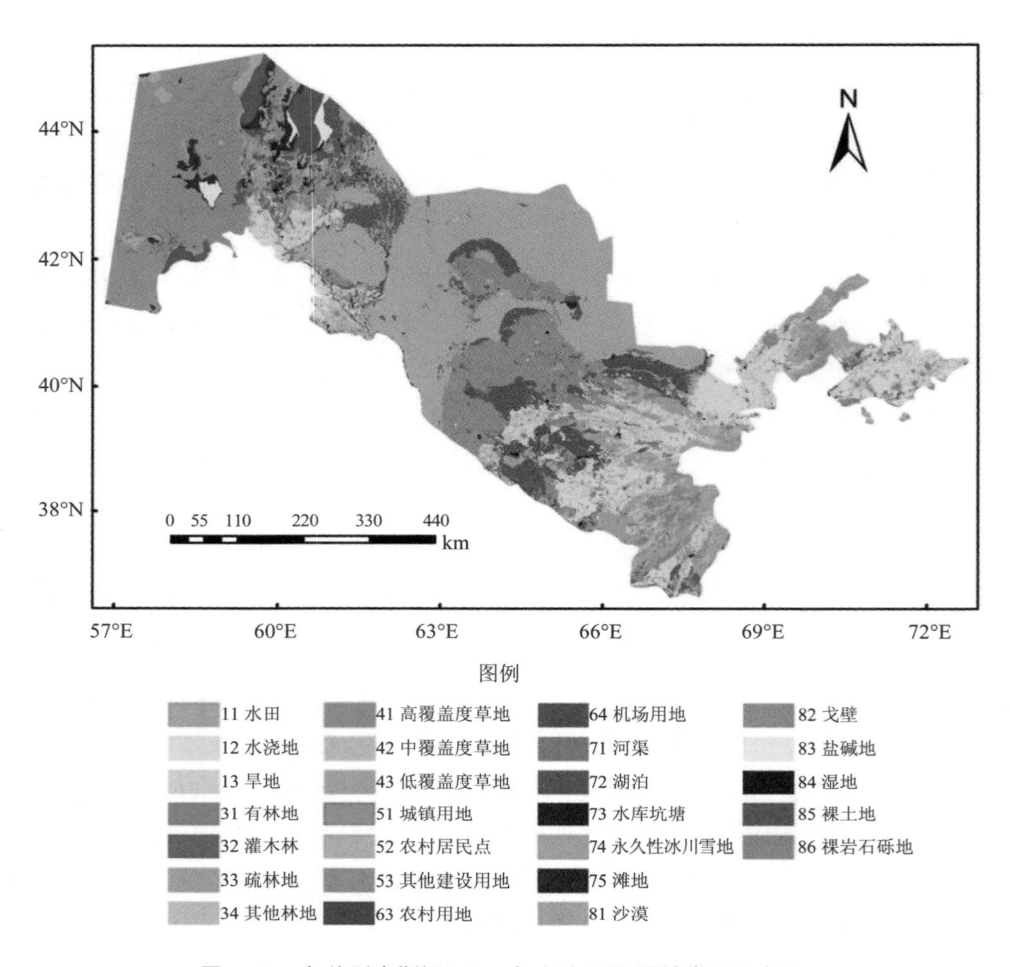

图 1.19　乌兹别克斯坦 2010 年土地利用/覆被类型分布图

2010 年，该国的水域面积为 22 451 km^2，占全国总面积的 5.01%。其中，湖泊面积最大（12 938 km^2），占全国总面积的 2.89%。滩地和河渠面积次之，分别为 7 677 km^2 和 1 124 km^2，占全国总面积的 1.71%和 0.25%。卡拉卡尔帕克斯坦的水域面积最大（16 260 km^2），占全国水域总面积的 72.48%。苏尔汉河州、卡什卡河州、吉扎克州、布哈拉州、花剌子模州、塔什干州和纳沃伊州的水域面积在 1.06%～9.87%，其余各州均有零星分布，所占比例均在 1%以下。

2010 年，林地面积为 10 042 km^2，占全国总面积的 2.24%。其中有林地和灌木林面积较大，面积分别为 4 123 km^2 和 5 536 km^2，其他类型的林地占全国总面积的比例不超过 0.1%。林地主要集中在布哈拉州、塔什干州、苏尔汉河州、卡拉卡尔帕克斯坦和卡什卡河州，其余各州仅有零星分布。其中，卡拉卡尔帕克斯坦和布哈拉州的林地面积最大，分别占全国林地总面积的 25.58%和 21.10%。

表 1.3　乌兹别克斯坦近 20 年土地利用面积统计

土地利用类型		1990 年		2000 年		2010 年		1990—2000 年变化		2000—2010 年变化		1990—2010 年变化	
一级分类	二级分类	面积/km^2	组成/%	面积/km^2	组成/%	面积/km^2	组成/%	面积/km^2	幅度/%	面积/km^2	幅度/%	面积/km^2	幅度/%
耕地	水田	1 125	0.25	474	0.11	1 786	0.40	−651	−57.89	1 312	277.05	661	58.76
	水浇地	58 956	13.17	65 185	14.56	61 223	13.67	6 229	10.56	−3 962	−6.08	2 266	3.84
	旱地	2 809	0.63	2 402	0.54	639	0.14	−408	−14.51	−1 763	−73.39	−2 170	−77.25
	小计	62 890	14.05	68 061	15.21	63 648	14.21	5 170	−61.84	−4 413	−197.58	757	−14.65
林地	有林地	3 500	0.78	3 265	0.73	4 123	0.92	−235	−6.73	858	26.28	623	17.79
	灌木林	3 261	0.73	3 005	0.67	5 536	1.24	−255	−7.84	2 530	84.20	2 275	69.77
	疏林地	314	0.07	186	0.04	376	0.08	−128	−40.76	190	101.95	62	19.63
	其他林地	34	0.01	2	0.00	7	0.00	−32	−93.33	5	219.94	−27	−78.67
	小计	7 109	1.59	6 458	1.44	10 042	2.24	−650	−9.16	3 583	526.42	2 933	28.52
草地	高覆盖度草地	3 241	0.72	3 371	0.75	5 194	1.16	130	4.01	1 824	54.11	1 953	60.28
	中覆盖度草地	10 637	2.38	12 255	2.74	11 267	2.52	1 618	15.21	−988	−8.06	630	5.92
	低覆盖度草地	39 760	8.88	28 434	6.35	35 977	8.03	−11 326	−28.49	7 543	26.53	−3 783	−9.51
	小计	53 638	11.98	44 060	9.84	52 438	11.71	−9 578	−9.27	8 379	72.58	−1 200	56.69
建设用地	城镇用地	2 388	0.53	3 338	0.75	3 711	0.83	950	39.78	373	11.17	1 323	55.40
	农村居民点	6 798	1.52	8 519	1.90	9 597	2.14	1 722	25.33	1 078	12.65	2 799	41.18
	其他建设用地	254	0.06	423	0.09	500	0.11	168	66.18	77	18.32	246	96.63
	小计	9 440	2.11	12 280	2.74	13 808	3.08	2 840	131.29	1 528	42.14	4 368	193.21

土地利用类型		1990 年		2000 年		2010 年		1990—2000 年变化		2000—2010 年变化		1990—2010 年变化	
一级分类	二级分类	面积/km^2	组成/%	面积/km^2	组成/%	面积/km^2	组成/%	面积/km^2	幅度/%	面积/km^2	幅度/%	面积/km^2	幅度/%
交通运输用地	机场用地	40	0.01	44	0.01	57	0.01	4	10.65	13	29.34	17	43.12
	小计	40	0.01	44	0.01	57	0.01	4	10.65	13	29.34	17	43.12
	河渠	926	0.21	721	0.16	1 124	0.25	−205	−22.13	403	55.85	198	21.35
水域	湖泊	23 723	5.30	18 514	4.13	12 938	2.89	−5 208	−21.95	−5 576	−30.12	−10 785	−45.46
	水库坑塘	641	0.14	383	0.09	384	0.09	−258	−40.27	1	0.26	−257	−40.11
	永久性冰川雪地	1 380	0.31	308	0.07	329	0.07	−1 072	−77.67	20	6.57	−1 052	−76.20
	滩地	6 383	1.43	7 283	1.63	7 677	1.71	900	14.10	394	5.41	1 294	20.28
	小计	33 053	7.39	27 209	6.08	22 452	5.01	−5 843	−147.92	−4 758	37.97	−10 602	−120.14
未利用地	沙漠	111 506	24.90	112 494	25.12	112 025	25.02	988	0.89	−470	−0.42	519	0.47
	戈壁	127 674	28.51	125 776	28.09	119 993	26.80	−1 898	−1.49	−5 783	−4.60	−7 680	−6.02
	盐碱地	2 439	0.54	2 755	0.62	3 148	0.70	316	12.94	393	14.27	709	29.06
	湿地	1 919	0.43	1 787	0.40	2 667	0.60	−132	−6.89	881	49.30	749	39.01
	裸土地	27 856	6.22	36 140	8.07	39 663	8.86	8 283	29.74	3 524	9.75	11 807	42.39
	裸岩石砾地	10 235	2.29	10 737	2.40	7 859	1.76	502	4.90	−2 878	−26.80	−2 376	−23.21
	小计	281 629	62.89	289 689	64.7	285 355	63.74	8 059	40.09	−4 333	41.5	3 728	81.7
总计		447 800	100.00	447 800	100.00	447 800	100.00	—	—	—	—	—	—

2010 年，该国的建设用地面积为 13 808 km^2，仅占全国总面积的 3.08%。建造用地主要以农村居民点和城镇用地为主（面积为 9 597 km^2 和 3 711 km^2）。其中，东部的撒马尔罕州、塔什干州、费尔干纳州和卡什卡河州的建设用地面积较大，占全国建设用地面积的 46.81%。其余各州建设用地面积均在 2.87%～9.02%，锡尔河州面积最小，仅为 399 km^2。

交通运输用地（机场用地）在各土地利用类型中面积最小，仅为 57 km^2，占全国总面积的 0.01%。塔什干州、费尔干纳州、苏尔汉河州、卡什卡河州和布哈拉州所占比例相对较大，其余各州均有少量分布。

2010 年，乌兹别克斯坦的非天然类型（包括水田、水浇地、旱地城镇用地、农村居民点、其他建设用地、机场用地、河渠、水库坑塘）占全国总面积的 17.65%，较 2000 年略有下降（陈曦等，2015）。

（2）乌兹别克斯坦各州土地利用与覆被

乌兹别克斯坦各州行政区划见图 1.1。

1）安集延州

安集延州位于费尔干纳盆地东部，从行政上划分为 14 个区、11 个市、5 个市级镇和 95 个村。该州农业主要以植棉业、养蚕业、园艺业、葡萄种植业和牧草种植业为主。工业主要以矿产、石油、天然气开采及加工业、建材工业、纺织业为主。安集延州的大部分土地为可耕地，经济作物种类繁多。该州是产棉大区，棉花产量居全国第一。安集延州近 20 年土地利用/覆被变化见表 1.4。

表 1.4　安集延州近 20 年土地利用面积统计

土地利用类型		1990 年		2000 年		2010 年	
一级分类	二级分类	面积/km^2	组成/%	面积/km^2	组成/%	面积/km^2	组成/%
耕地	水田	1	0.02	1	0.02	1	0.02
	水浇地	3 169	73.35	3 172	73.43	2 907	67.28
	旱地	0	0.00	0	0.00	17	0.40
	小计	3 170	73.37	3 173	73.45	2 925	67.70
林地	有林地	0	0.00	0	0.00	0	0.00
	灌木林	0	0.00	0	0.00	0	0.00
	疏林地	0	0.00	0	0.00	0	0.00
	其他林地	0	0.00	0	0.00	0	0.00
	小计	0	0.00	0	0.00	0	0.00

土地利用类型		1990 年		2000 年		2010 年	
一级分类	二级分类	面积/km^2	组成/%	面积/km^2	组成/%	面积/km^2	组成/%
草地	高覆盖度草地	27	0.63	13	0.31	19	0.45
	中覆盖度草地	4	0.09	1	0.03	24	0.56
	低覆盖度草地	172	3.98	155	3.59	390	9.03
	小计	203	4.70	169	3.93	433	10.04
建设用地	城镇用地	167	3.87	168	3.88	170	3.95
	农村居民点	598	13.83	598	13.85	639	14.78
	其他建设用地	1	0.02	1	0.02	1	0.02
	小计	766	17.72	767	17.75	810	18.75
交通运输用地	机场用地	0	0.00	0	0.00	0	0.00
	小计	0	0.00	0	0.00	0	0.00
水域	河渠	23	0.53	22	0.51	55	1.28
	湖泊	0	0.00	0	0.00	0	0.00
	水库坑塘	6	0.13	5	0.11	6	0.13
	永久性冰川雪地	0	0.00	0	0.00	0	0.00
	滩地	12	0.27	12	0.27	6	0.13
	小计	41	0.93	39	0.89	67	1.54
未利用地	沙漠	0	0.00	0	0.00	0	0.00
	戈壁	116	2.69	146	3.38	82	1.89
	盐碱地	0	0.00	0	0.00	0	0.00
	湿地	23	0.52	23	0.53	0	0.01
	裸土地	3	0.06	3	0.07	3	0.08
	裸岩石砾地	0	0.00	0	0.00	0	0.00
	小计	142	3.27	172	3.98	85	1.98
总计		4 322	100.00	4 320	100.00	4 320	100.00

安集延州面积 4 320 km^2，占全国总面积的 0.96%，是乌兹别克斯坦面积最小的州。耕地是该州最大的土地类型，但有减少的趋势，所占比例从 1990 年的 73.38%上升到了 2000 年的 73.45%，2010 年下降至 67.70%，几乎全部是水浇地。建设用地所占比例为 18%，20 年来一直处于增加趋势。草地面积先减小、后增加，2000—2010 年增加较多，占全国面积的 10.04%。未利用地先增加、后减小，2010 年仅占全国的 1.97%。林

地和水域在该州面积较小。

2）布哈拉州

布哈拉州大部分地区处在克孜尔库姆沙漠，泽拉夫尚河流经该州，是该州的水源之一，该河流入沙漠，形成一些盐湖。南部在与土库曼斯坦相邻处有阿姆河。工业是建立在棉花和其他农产精加工以及天然气、石油、贵重金属、建材开发的基础上的。农业主要的产业部门是植棉业、养蚕业和卡拉库尔羊养殖业。布哈拉州近 20 年土地利用/覆被变化见表 1.5。

表 1.5　布哈拉州近 20 年土地利用面积统计

土地利用类型		1990 年		2000 年		2010 年	
一级分类	二级分类	面积/km^2	组成/%	面积/km^2	组成/%	面积/km^2	组成/%
耕地	水田	3	0.01	3	0.01	7	0.02
	水浇地	3 247	8.20	3 281	8.28	3 266	8.24
	旱地	3	0.01	0	0.00	0	0.00
	小计	3 253	8.22	3 284	8.29	3 273	8.26
林地	有林地	0	0.00	0	0.00	0	0.00
	灌木林	1 685	4.25	1 693	4.27	2 114	5.34
	疏林地	0	0.00	0	0.00	0	0.00
	其他林地	0	0.00	2	0.01	2	0.01
	小计	1 685	4.25	1 695	4.28	2 116	5.35
草地	高覆盖度草地	194	0.49	258	0.65	45	0.11
	中覆盖度草地	370	0.93	334	0.84	85	0.21
	低覆盖度草地	939	2.37	486	1.23	180	0.46
	小计	1 503	3.79	1 078	2.72	310	0.78
建设用地	城镇用地	111	0.28	151	0.38	145	0.37
	农村居民点	595	1.50	939	2.37	1 009	2.55
	其他建设用地	17	0.04	23	0.06	99	0.25
	小计	723	1.82	1 113	2.81	1 253	3.17
交通运输用地	机场用地	4	0.01	4	0.01	5	0.01
	小计	4	0.01	4	0.01	5	0.01
水域	河渠	67	0.17	59	0.15	63	0.16
	湖泊	416	1.05	540	1.36	466	1.18
	水库坑塘	13	0.03	0	0.00	5	0.01

土地利用类型		1990 年		2000 年		2010 年	
一级分类	二级分类	面积/km^2	组成/%	面积/km^2	组成/%	面积/km^2	组成/%
水域	永久性冰川雪地	0	0.00	0	0.00	0	0.00
	滩地	103	0.26	188	0.48	30	0.07
	小计	599	1.51	787	1.99	564	1.42
未利用地	沙漠	9 588	24.20	9 462	23.88	9 243	23.33
	戈壁	18 208	45.96	17 616	44.46	15 107	38.13
	盐碱地	63	0.16	59	0.15	78	0.20
	湿地	135	0.34	276	0.70	154	0.39
	裸土地	3 541	8.94	3 890	9.82	7 205	18.18
	裸岩石砾地	318	0.80	354	0.89	311	0.79
	小计	31 853	80.40	31 657	79.90	32 098	81.02
总计		39 620	100.00	39 618	100.00	39 619	100.00

布哈拉州面积 39 619 km^2，占全国总面积的 8.85%，是乌兹别克斯坦面积第三大的州。未利用地是该州最大的土地类型，主要由戈壁、沙漠和裸土地构成，呈现先减少，后增加的趋势。耕地几乎全部为水浇地，同样呈现先减少、后增加的趋势。林地和建设用地始终增加，草地始终减少，水域先增加、后减少，但变化幅度不大。

3）费尔干纳州

费尔干纳州位于乌兹别克斯坦共和国东部，费尔干纳盆地的南部。南与吉尔吉斯斯坦接壤，西与塔吉克斯坦相邻。该州北部为库什捷宾斯克高地和雅兹亚瓦斯克草原，州内地势自北向南逐渐升高。费尔干纳州的农业主要是植棉业、葡萄种植业、园艺业。畜牧业以发展牛羊肉、奶生产为主，养蚕业较发达。费尔干纳州近 20 年土地利用/覆被变化见表 1.6。

表 1.6　费尔干纳州近 20 年土地利用面积统计

土地利用类型		1990 年		2000 年		2010 年	
一级分类	二级分类	面积/km^2	组成/%	面积/km^2	组成/%	面积/km^2	组成/%
耕地	水田	9	0.13	9	0.13	9	0.13
	水浇地	4 768	66.73	4 756	66.57	4 537	63.49
	旱地	0	0.00	0	0.00	0	0.00
	小计	4 777	66.86	4 765	66.70	4 546	63.62

土地利用类型		1990 年		2000 年		2010 年	
一级分类	二级分类	面积/km^2	组成/%	面积/km^2	组成/%	面积/km^2	组成/%
林地	有林地	0	0.00	0	0.00	0	0.00
	灌木林	9	0.13	10	0.14	15	0.21
	疏林地	0	0.00	0	0.00	0	0.00
	其他林地	0	0.00	0	0.00	0	0.00
	小计	9	0.13	10	0.14	15	0.21
草地	高覆盖度草地	26	0.37	19	0.26	20	0.28
	中覆盖度草地	4	0.06	7	0.09	93	1.30
	低覆盖度草地	126	1.76	111	1.55	181	2.53
	小计	156	2.19	137	1.90	294	4.11
建设用地	城镇用地	475	6.65	565	7.91	613	8.58
	农村居民点	643	9.00	645	9.03	717	10.04
	其他建设用地	32	0.45	30	0.43	36	0.50
	小计	1 150	16.10	1 240	17.37	1 366	19.12
交通运输用地	机场用地	6	0.09	6	0.09	9	0.12
	小计	6	0.09	6	0.09	9	0.12
水域	河渠	36	0.50	33	0.45	34	0.48
	湖泊	0	0.00	0	0.00	7	0.10
	水库坑塘	12	0.16	9	0.13	5	0.07
	永久性冰川雪地	0	0.00	0	0.00	0	0.00
	滩地	0	0.00	5	0.07	4	0.06
	小计	48	0.66	47	0.65	50	0.71
未利用地	沙漠	0	0.00	0	0.00	0	0.00
	戈壁	584	8.17	607	8.50	561	7.85
	盐碱地	0	0.00	0	0.00	0	0.00
	湿地	35	0.49	34	0.47	24	0.34
	裸土地	283	3.96	193	2.69	190	2.66
	裸岩石砾地	96	1.35	108	1.51	91	1.28
	小计	998	13.97	942	13.17	866	12.13
总计		7 144	100.00	7 147	100.00	7 146	100.00

费尔干纳州面积 7 146 km²，占全国总面积的 1.60%。耕地是该州最大的土地类型，以水浇地为主，面积持续减少，但变化幅度不大。林地、建设用地和交通运输用地所占比例持续增加，草地和水域先减少、后增加，未利用地持续减少。

4）花剌子模州

花剌子模州位于乌兹别克斯坦西北部阿姆河下游左岸，北面是卡拉卡尔帕克斯坦，东面是布哈拉州，西面和南面与土库曼斯坦接壤。目前该州共设有 10 个农业区、3 个市、7 个城市型镇和 100 个村。植棉业是该州农业的基础，依托早熟的中长纤维棉的种植优势，这里的棉产量是全国最高的。此外，花剌子模州是乌兹别克斯坦的种稻大州。畜牧业在花剌子模州经济中有着举足轻重的地位，尤其是卡拉库尔羊养殖业，家禽饲养业在该州的发展也十分迅速。花剌子模州近 20 年土地利用/覆被变化见表 1.7。

表 1.7　花剌子模州近 20 年土地利用面积统计

土地利用类型		1990 年		2000 年		2010 年	
一级分类	二级分类	面积/km²	组成/%	面积/km²	组成/%	面积/km²	组成/%
耕地	水田	187	2.60	187	2.60	952	13.24
	水浇地	3 359	46.70	3 680	51.17	2 763	38.42
	旱地	0	0.00	0	0.00	0	0.00
	小计	3 546	49.30	3 867	53.77	3 715	51.66
林地	有林地	0	0.00	0	0.00	0	0.00
	灌木林	202	2.80	61	0.85	100	1.39
	疏林地	0	0.00	0	0.00	0	0.00
	其他林地	0	0.00	0	0.00	0	0.00
	小计	202	2.80	61	0.85	100	1.39
草地	高覆盖度草地	61	0.85	23	0.32	12	0.16
	中覆盖度草地	140	1.95	44	0.62	17	0.23
	低覆盖度草地	132	1.83	176	2.44	88	1.22
	小计	333	4.63	243	3.38	117	1.61
建设用地	城镇用地	87	1.21	146	2.03	192	2.67
	农村居民点	389	5.41	426	5.92	529	7.35
	其他建设用地	2	0.03	0	0.00	1	0.02
	小计	478	6.65	572	7.95	722	10.04

土地利用类型		1990 年		2000 年		2010 年	
一级分类	二级分类	面积/km^2	组成/%	面积/km^2	组成/%	面积/km^2	组成/%
交通运输用地	机场用地	2	0.03	2	0.03	2	0.03
	小计	2	0.03	2	0.03	2	0.03
水域	河渠	214	2.98	142	1.97	279	3.88
	湖泊	9	0.13	8	0.11	40	0.56
	水库坑塘	99	1.38	53	0.74	21	0.30
	永久性冰川雪地	0	0.00	0	0.00	0	0.00
	滩地	44	0.61	48	0.67	7	0.10
	小计	366	5.10	251	3.49	347	4.84
未利用地	沙漠	1 827	25.40	1 853	25.77	1 952	27.15
	戈壁	175	2.44	69	0.95	3	0.04
	盐碱地	2	0.03	5	0.07	0	0.00
	湿地	107	1.49	76	1.05	123	1.71
	裸土地	151	2.10	187	2.60	110	1.52
	裸岩石砾地	2	0.03	5	0.06	0	0.00
	小计	2 264	31.49	2 195	30.50	2 188	30.42
总计		7 191	100.00	7 191	100.00	7 191	100.00

花剌子模州面积 7 191 km^2，占全国总面积的 1.61%。耕地是该州最大的土地类型，以水浇地和水田构成，其中以水浇地为主。近 20 年来，耕地面积始终保持在全州面积的 50%左右，略有增加，波动较小。未利用地略有减少，各时段均占全州面积的 30%左右。林地和水域均先减少、后增加，净面积减少。草地呈持续减少的趋势。

5）吉扎克州

吉扎克州位于乌兹别克斯坦东部地区。该州北部为克孜尔库姆沙漠的东南边缘地带和艾达尔湖，努拉套山及突厥斯坦山的支脉横亘于该州南部，地势南高北低。该州工业主要为建材、采矿（钨钼）、机械制造、轻纺和食品工业。种植业主要为棉花、粮食、瓜果蔬菜。畜牧业主要为饲养卡拉库尔羊和奶牛。吉扎克州近 20 年土地利用/覆被变化见表 1.8。

吉扎克州面积 21 623 km^2，占全国总面积的 4.83%。耕地是该州主要的土地利用类型之一，近 20 年来一直稳定在 30%左右。未利用地从约 40%下降至约 25%，水体、建设用地、林地和草地均持续增加。其中林地以有林地为主，草地以低覆盖度草地为主。

表 1.8　吉扎克州近 20 年土地利用面积统计

土地利用类型		1990 年		2000 年		2010 年	
一级分类	二级分类	面积/km^2	组成/%	面积/km^2	组成/%	面积/km^2	组成/%
耕地	水田	1	0.00	0	0.00	2	0.01
	水浇地	6 497	30.05	6 873	31.79	6 580	30.43
	旱地	30	0.14	4	0.02	0	0.00
	小计	6 528	30.19	6 877	31.81	6 582	30.44
林地	有林地	328	1.52	358	1.66	289	1.34
	灌木林	12	0.05	1	0.00	128	0.59
	疏林地	49	0.22	49	0.22	201	0.93
	其他林地	3	0.01	0	0.00	1	0.00
	小计	392	1.80	408	1.88	619	2.86
草地	高覆盖度草地	156	0.72	202	0.94	265	1.23
	中覆盖度草地	671	3.10	841	3.89	1 333	6.16
	低覆盖度草地	3 677	17.00	4 188	19.37	4 689	21.69
	小计	4 504	20.82	5 231	24.20	6 287	29.08
建设用地	城镇用地	68	0.31	119	0.55	136	0.63
	农村居民点	406	1.88	376	1.74	395	1.83
	其他建设用地	7	0.03	13	0.06	5	0.02
	小计	481	2.22	508	2.35	536	2.48
交通运输用地	机场用地	0	0.00	2	0.01	0	0.00
	小计	0	0.00	2	0.01	0	0.00
水域	河渠	9	0.04	10	0.05	26	0.12
	湖泊	987	4.57	1 828	8.45	2 120	9.81
	水库坑塘	58	0.27	26	0.12	46	0.22
	永久性冰川雪地	0	0.00	0	0.00	4	0.02
	滩地	36	0.17	11	0.05	18	0.08
	小计	1 091	5.05	1 875	8.67	2 215	10.25
未利用地	沙漠	3 029	14.01	3 232	14.95	3 019	13.96
	戈壁	1 777	8.22	655	3.03	76	0.35

土地利用类型		1990 年		2000 年		2010 年	
一级分类	二级分类	面积/km²	组成/%	面积/km²	组成/%	面积/km²	组成/%
未利用地	盐碱地	23	0.11	12	0.06	1	0.00
	湿地	297	1.38	245	1.14	254	1.18
	裸土地	1 853	8.57	1 757	8.12	1 637	7.57
	裸岩石砾地	1 650	7.63	821	3.80	397	1.84
	小计	8 629	39.92	6 722	31.10	5 384	24.90
总计		21 625	100.00	21 623	100.00	21 623	100.00

6）卡拉卡尔帕克斯坦

卡拉卡尔帕克斯坦包括克孜勒库姆沙漠西北部、乌斯秋尔特高原东南部、咸海南部和阿姆河三角洲地区。该国的土地非常适合种植水稻，这里水稻的产量直接影响着整个乌兹别克斯坦的水稻供给情况，南部主要从事棉花种植和桑蚕养殖，沿咸海地带则发展渔业、牧业（包括养马业）。在广阔的克孜勒库姆荒漠牧场地区主要从事卡拉库尔羊和骆驼养殖业。卡拉卡尔帕克斯坦近 20 年土地利用/覆被变化见表 1.9。

表 1.9　卡拉卡尔帕克斯坦近 20 年土地利用面积统计

土地利用类型		1990 年		2000 年		2010 年	
一级分类	二级分类	面积/km²	组成/%	面积/km²	组成/%	面积/km²	组成/%
耕地	水田	887	0.54	153	0.09	709	0.43
	水浇地	6 460	3.95	8 835	5.41	7 052	4.32
	旱地	0	0.00	0	0.00	0	0.00
	小计	7 347	4.49	8 988	5.50	7 761	4.75
林地	有林地	0	0.00	0	0.00	0	0.00
	灌木林	1 110	0.68	1 018	0.62	2 557	1.56
	疏林地	0	0.00	0	0.00	0	0.00
	其他林地	3	0.00	0	0.00	1	0.00
	小计	1 113	0.68	1 018	0.62	2 558	1.56
草地	高覆盖度草地	1 103	0.68	1 352	0.83	1 733	1.06
	中覆盖度草地	2 493	1.53	2 510	1.54	1 477	0.90
	低覆盖度草地	13 727	8.40	5 796	3.55	10 050	6.15
	小计	17 323	10.61	9 658	5.92	13 260	8.11

土地利用类型		1990 年		2000 年		2010 年	
一级分类	二级分类	面积/km^2	组成/%	面积/km^2	组成/%	面积/km^2	组成/%
建设用地	城镇用地	163	0.10	213	0.13	260	0.16
	农村居民点	404	0.25	558	0.34	715	0.44
	其他建设用地	14	0.01	25	0.02	28	0.02
	小计	581	0.36	796	0.49	1 003	0.62
交通运输用地	机场用地	2	0.00	3	0.00	4	0.00
	小计	2	0.00	3	0.00	4	0.00
水域	河渠	212	0.13	133	0.08	284	0.17
	湖泊	21 420	13.11	14 920	9.13	8 828	5.40
	水库坑塘	165	0.10	118	0.07	52	0.03
	永久性冰川雪地	0	0.00	0	0.00	3	0.00
	滩地	5 647	3.46	6 521	3.99	7 093	4.34
	小计	27 444	16.80	21 692	13.27	16 260	9.94
未利用地	沙漠	27 241	16.67	28 204	17.26	28 132	17.22
	戈壁	67 652	41.40	74 153	45.38	74 940	45.86
	盐碱地	2 191	1.34	2 606	1.59	2 913	1.78
	湿地	926	0.57	734	0.45	1 801	1.10
	裸土地	11 184	6.84	15 063	9.22	14 416	8.82
	裸岩石砾地	396	0.24	484	0.30	351	0.22
	小计	109 590	67.06	121 244	74.20	122 553	75.00
总计		163 400	100.00	163 399	100.00	163 399	100.0

卡拉卡尔帕克斯坦面积 163 400 km^2，占全国总面积的 36.49%，是乌兹别克斯坦面积最大的州。未利用地是该州面积最大的土地利用类型，近 20 年来持续增加，达 75%。耕地、林地、草地先减少，后增加，建设用地和交通运输用地持续增加，水域持续减少。

7）卡什卡河州

卡什卡河州地处卡什卡达里亚河流域，帕米尔—阿赖山系的西缘，地势从西向东逐渐升高，北部与西北部为广阔的沙漠平原，南部为草原，东南部是吉萨尔山脉的支脉。该州共设有 14 个农业区、12 个市、4 个城市型镇和 142 个村。农业是该州经济的一个重要方面，主要的产业是植棉业、畜牧业和粮食种植业。

卡什卡河州面积 28 664 km^2，占全国总面积的 6.40%。耕地面积先增加、后减少，林地、草地、建设用地和交通运输用地均有小幅持续增长，水域先减少、后增加，未利用地近 20 年来持续减少。卡什卡河州近 20 年土地利用/覆被变化见表 1.10。

表 1.10　卡什卡河州近 20 年土地利用面积统计

土地利用类型		1990 年		2000 年		2010 年	
一级分类	二级分类	面积/km^2	组成/%	面积/km^2	组成/%	面积/km^2	组成/%
耕地	水田	6	0.02	4	0.01	9	0.03
	水浇地	8 651	30.18	10 842	37.82	9 969	34.78
	旱地	1 867	6.51	652	2.28	586	2.05
	小计	10 524	36.71	11 498	40.11	10 564	36.86
林地	有林地	963	3.36	981	3.42	1 023	3.57
	灌木林	73	0.25	96	0.33	101	0.35
	疏林地	0	0.00	0	0.00	0	0.00
	其他林地	0	0.00	0	0.00	2	0.01
	小计	1 036	3.61	1 077	3.75	1 126	3.93
草地	高覆盖度草地	538	1.88	615	2.14	1 077	3.76
	中覆盖度草地	2 061	7.19	2 438	8.50	2 217	7.74
	低覆盖度草地	4 687	16.35	4 278	14.92	4 942	17.24
	小计	7 286	25.42	7 331	25.56	8 236	28.74
建设用地	城镇用地	144	0.50	219	0.76	247	0.86
	农村居民点	754	2.63	1 214	4.24	1 271	4.44
	其他建设用地	8	0.03	39	0.14	37	0.13
	小计	906	3.16	1 472	5.14	1 555	5.43
交通运输用地	机场用地	4	0.01	9	0.03	11	0.04
	小计	4	0.01	9	0.03	11	0.04
水域	河渠	59	0.20	62	0.22	71	0.25
	湖泊	50	0.17	78	0.27	83	0.29
	水库坑塘	41	0.14	36	0.13	40	0.14
	永久性冰川雪地	13	0.04	13	0.04	17	0.06
	滩地	66	0.23	8	0.03	134	0.47
	小计	229	0.78	197	0.69	345	1.21

土地利用类型		1990 年		2000 年		2010 年	
一级分类	二级分类	面积/km^2	组成/%	面积/km^2	组成/%	面积/km^2	组成/%
未利用地	沙漠	279	0.97	347	1.21	361	1.26
	戈壁	7 488	26.12	3 225	11.25	3 099	10.81
	盐碱地	15	0.05	3	0.01	8	0.03
	湿地	36	0.12	16	0.06	19	0.07
	裸土地	718	2.50	3 005	10.48	3 157	11.01
	裸岩石砾地	145	0.51	486	1.70	183	0.64
	小计	8 681	30.27	7 082	24.71	6 827	23.82
总计		28 666	100.00	28 666	100.00	28 664	100.00

8）纳曼干州

纳曼干州位于费尔干纳盆地的北部，锡尔河右岸，大部分地区为平原，向北地势逐渐升高，北部和西北部为山地。轻工业是该州工业的主要部门。农业主要是灌溉农业，基本农作物是棉花。还种植粮食、蔬菜、葡萄、瓜果等作物。畜牧业以养牛为主，山前地带养羊。

纳曼干州面积 7 844 km^2，占全国总面积的 1.75%。耕地是该州主要的土地利用类型之一，面积先增加、后减少。林地先增加、后减少，草地、水域先减少、后增加，未利用地持续减少。纳曼干州近 20 年土地利用/覆被变化见表 1.11。

表 1.11　纳曼干州近 20 年土地利用面积统计

土地利用类型		1990 年		2000 年		2010 年	
一级分类	二级分类	面积/km^2	组成/%	面积/km^2	组成/%	面积/km^2	组成/%
耕地	水田	15	0.19	17	0.22	14	0.17
	水浇地	3 561	45.39	3 608	46.00	3 395	43.28
	旱地	0	0.00	0	0.00	0	0.00
	小计	3 576	45.58	3 625	46.22	3 409	43.45
林地	有林地	80	1.02	224	2.85	28	0.36
	灌木林	17	0.22	8	0.11	15	0.20
	疏林地	10	0.13	10	0.12	0	0.00
	其他林地	0	0.00	0	0.00	0	0.00
	小计	107	1.37	242	3.08	43	0.56

土地利用类型		1990 年		2000 年		2010 年	
一级分类	二级分类	面积/km^2	组成/%	面积/km^2	组成/%	面积/km^2	组成/%
草地	高覆盖度草地	78	0.99	26	0.33	99	1.26
	中覆盖度草地	218	2.78	308	3.92	829	10.57
	低覆盖度草地	950	12.12	898	11.44	1 267	16.15
	小计	1 246	15.89	1 232	15.69	2 195	27.98
建设用地	城镇用地	341	4.34	332	4.23	285	3.63
	农村居民点	323	4.12	348	4.43	444	5.66
	其他建设用地	3	0.04	3	0.04	3	0.04
	小计	667	8.50	683	8.70	732	9.33
交通运输用地	机场用地	2	0.02	2	0.02	2	0.02
	小计	2	0.02	2	0.02	2	0.02
水域	河渠	42	0.53	37	0.47	45	0.57
	湖泊	0	0.00	0	0.00	0	0.00
	水库坑塘	14	0.17	4	0.05	14	0.17
	永久性冰川雪地	133	1.70	3	0.04	9	0.11
	滩地	4	0.05	8	0.10	5	0.07
	小计	193	2.45	52	0.66	73	0.92
未利用地	沙漠	0	0.00	0	0.00	0	0.00
	戈壁	858	10.93	808	10.30	953	12.15
	盐碱地	0	0.00	0	0.00	0	0.00
	湿地	8	0.10	7	0.09	2	0.03
	裸土地	250	3.18	572	7.30	364	4.64
	裸岩石砾地	938	11.96	622	7.93	71	0.90
	小计	2 054	26.17	2 009	25.62	1 390	17.72
总计		7 845	100.00	7 845	100.00	7 844	100.00

9）纳沃伊州

纳沃伊州有 8 个农业区、6 个市、8 个城市型镇和 53 个村。纳沃伊州的农业以棉花种植、禾本科作物栽培、园艺、卡拉库尔羊养殖和蚕茧生产为主；工业以发电、矿山开采、建材生产和黄金开采为主。畜牧业分多个部门，每年该州能生产出 50 多万张卡拉库尔羊羔皮，产量位于布哈拉州之后，居全国第二。

纳沃伊州面积 111 402 km^2，占全国总面积的 24.88%，是乌兹别克斯坦面积第二大的州。该州 90%以上的土地为未利用地，以沙漠和戈壁为主。耕地、建设用地和水域持续增加，林地先减少、后增加，草地持续减少。纳沃伊州近 20 年土地利用/覆被变化见表 1.12。

表 1.12　纳沃伊州近 20 年土地利用面积统计

土地利用类型		1990 年		2000 年		2010 年	
一级分类	二级分类	面积/km^2	组成/%	面积/km^2	组成/%	面积/km^2	组成/%
耕地	水田	1	0.00	1	0.00	8	0.01
	水浇地	1 483	1.33	1 977	1.77	2 409	2.16
	旱地	459	0.41	687	0.62	0	0.00
	小计	1 943	1.74	2 665	2.39	2 417	2.17
林地	有林地	0	0.00	0	0.00	0	0.00
	灌木林	92	0.08	36	0.03	298	0.27
	疏林地	0	0.00	0	0.00	0	0.00
	其他林地	0	0.00	0	0.00	0	0.00
	小计	92	0.08	36	0.03	298	0.27
草地	高覆盖度草地	154	0.14	65	0.06	109	0.10
	中覆盖度草地	243	0.22	215	0.19	437	0.39
	低覆盖度草地	3 048	2.74	1 842	1.65	1 447	1.30
	小计	3 445	3.10	2 122	1.90	1 993	1.79
建设用地	城镇用地	61	0.05	120	0.11	107	0.10
	农村居民点	235	0.21	380	0.34	462	0.41
	其他建设用地	81	0.07	180	0.16	178	0.16
	小计	377	0.33	681	0.61	747	0.67
交通运输用地	机场用地	2	0.00	2	0.00	2	0.00
	小计	2	0.00	2	0.00	2	0.00
水域	河渠	28	0.03	21	0.02	21	0.02
	湖泊	802	0.72	1 110	1.00	1 311	1.18
	水库坑塘	28	0.03	31	0.03	62	0.06
	永久性冰川雪地	0	0.00	0	0.00	0	0.00
	滩地	390	0.35	450	0.40	352	0.32
	小计	1 248	1.13	1 612	1.45	1 746	1.58

土地利用类型		1990 年		2000 年		2010 年	
一级分类	二级分类	面积/km²	组成/%	面积/km²	组成/%	面积/km²	组成/%
未利用地	沙漠	69 366	62.27	69 239	62.15	69 157	62.08
	戈壁	23 734	21.30	22 855	20.52	21 801	19.57
	盐碱地	135	0.12	62	0.06	139	0.13
	湿地	208	0.19	256	0.23	177	0.16
	裸土地	7 272	6.53	7 779	6.98	8 949	8.03
	裸岩石砾地	3 580	3.21	4 094	3.68	3 976	3.57
	小计	104 295	93.62	104 285	93.62	104 199	93.54
总计		111 402	100.00	111 403	100.00	111 402	100.00

10）撒马尔罕州

撒马尔罕州位于泽拉夫尚河流域的山间盆地。东北部有突厥斯坦山的支脉，南部有泽拉夫尚山的支脉，西南部是卡尔纳布楚里草原，北部邻近克孜尔库姆沙漠边缘。比较发达的工业部门是机械制造业、金属加工业、化工业、轻工业、食品业及建材工业。农业主要是棉花种植业、养蚕业、葡萄种植业和园艺业。撒马尔罕州近 20 年土地利用/覆被变化见表 1.13。

表 1.13　撒马尔罕州近 20 年土地利用面积统计

土地利用类型		1990 年		2000 年		2010 年	
一级分类	二级分类	面积/km²	组成/%	面积/km²	组成/%	面积/km²	组成/%
耕地	水田	0	0.00	0	0.00	0	0.00
	水浇地	6 187	37.47	6 315	38.24	6 714	40.66
	旱地	58	0.35	882	5.34	0	0.00
	小计	6 245	37.82	7 197	43.58	6 714	40.66
林地	有林地	16	0.10	22	0.13	25	0.15
	灌木林	38	0.23	18	0.11	36	0.22
	疏林地	1	0.00	3	0.02	3	0.02
	其他林地	2	0.01	0	0.00	0	0.00
	小计	57	0.34	43	0.26	64	0.39
草地	高覆盖度草地	137	0.83	164	0.99	176	1.07
	中覆盖度草地	602	3.64	401	2.43	546	3.31
	低覆盖度草地	2 854	17.29	2 415	14.63	3 571	21.62
	小计	3 593	21.76	2 980	18.05	4 293	26.00

土地利用类型		1990 年		2000 年		2010 年	
一级分类	二级分类	面积/km^2	组成/%	面积/km^2	组成/%	面积/km^2	组成/%
建设用地	城镇用地	226	1.37	381	2.31	502	3.04
	农村居民点	1 016	6.16	1 311	7.94	1 377	8.34
	其他建设用地	9	0.05	25	0.15	23	0.14
	小计	1 251	7.58	1 717	10.40	1 902	11.52
交通运输用地	机场用地	1	0.01	2	0.01	2	0.01
	小计	1	0.01	2	0.01	2	0.01
水域	河渠	47	0.28	48	0.29	64	0.39
	湖泊	0	0.00	0	0.00	9	0.05
	水库坑塘	80	0.48	23	0.14	63	0.38
	永久性冰川雪地	0	0.00	0	0.00	0	0.00
	滩地	31	0.19	10	0.06	0	0.00
	小计	158	0.95	81	0.49	136	0.82
未利用地	沙漠	0	0.00	0	0.00	0	0.00
	戈壁	3 521	21.32	1 142	6.92	361	2.19
	盐碱地	1	0.01	2	0.01	2	0.01
	湿地	46	0.28	27	0.16	30	0.18
	裸土地	643	3.90	2 202	13.34	2 287	13.85
	裸岩石砾地	994	6.02	1 117	6.76	722	4.37
	小计	5 206	31.53	4 490	27.19	3 402	20.60
总计		16 511	100.00	16 510	100.00	16 513	100.00

撒马尔罕州面积 16 513 km^2，占全国总面积的 3.69%。耕地、草地和未利用地是该州主要的土地利用类型。耕地面积先增加、后减少，林地、草地和水域先减少，后增加，未利用地近 20 年来持续减少。

11）苏尔汉河州

苏尔汉河州位于乌兹别克斯坦南部，东部与北部同塔吉克斯坦接壤，西部同土库曼斯坦相连，南部沿阿姆河同阿富汗相邻。目前苏尔汉河州共设有 14 个农业区、8 个市、7 个城市型镇和 114 个村。苏尔汉河州的农业以棉花种植业、瓜果种植业、亚热带农作物种植业、畜牧业、卡拉库尔绵羊养殖业为主；工业以食品工业、轻工业、煤炭、石油、天然气、磷酸盐、贵重金属、有色金属、盐等矿产资源开采及加工业为主。苏尔汉河州近 20 年的土地利用/覆被变化见表 1.14。

表 1.14　苏尔汉河州近 20 年土地利用面积统计

土地利用类型		1990 年		2000 年		2010 年	
一级分类	二级分类	面积/km^2	组成/%	面积/km^2	组成/%	面积/km^2	组成/%
耕地	水田	6	0.03	31	0.16	48	0.24
	水浇地	3 615	18.11	3 581	17.94	3 449	17.28
	旱地	388	1.94	174	0.87	35	0.18
	小计	4 009	20.08	3 786	18.97	3 532	17.70
林地	有林地	1 082	5.42	1 106	5.54	1 306	6.54
	灌木林	10	0.05	61	0.31	130	0.65
	疏林地	19	0.10	7	0.04	67	0.34
	其他林地	5	0.02	0	0.00	0	0.00
	小计	1 116	5.59	1 174	5.89	1 503	7.53
草地	高覆盖度草地	409	2.05	445	2.23	700	3.50
	中覆盖度草地	2 161	10.82	2 530	12.67	2 354	11.79
	低覆盖度草地	5 297	26.53	4 247	21.27	5 506	27.58
	小计	7 867	39.40	7 222	36.17	8 560	42.87
建设用地	城镇用地	103	0.52	192	0.96	263	1.31
	农村居民点	577	2.89	761	3.81	920	4.61
	其他建设用地	1	0.00	1	0.01	1	0.01
	小计	681	3.41	954	4.78	1 183	5.93
交通运输用地	机场用地	5	0.03	5	0.03	5	0.02
	小计	5	0.03	5	0.03	5	0.02
水域	河渠	85	0.42	79	0.40	70	0.35
	湖泊	11	0.05	10	0.05	12	0.06
	水库坑塘	55	0.28	28	0.14	37	0.19
	永久性冰川雪地	93	0.47	45	0.23	106	0.53
	滩地	10	0.05	10	0.05	13	0.07
	小计	254	1.27	172	0.87	238	1.20
未利用地	沙漠	60	0.30	48	0.24	52	0.26
	戈壁	3 069	15.37	3 972	19.89	2 750	13.77

土地利用类型		1990 年		2000 年		2010 年	
一级分类	二级分类	面积/km^2	组成/%	面积/km^2	组成/%	面积/km^2	组成/%
未利用地	盐碱地	2	0.01	3	0.02	3	0.02
	湿地	33	0.17	26	0.13	28	0.14
	裸土地	1 643	8.23	1 339	6.71	1 234	6.18
	裸岩石砾地	1 225	6.13	1 263	6.32	877	4.39
	小计	6 032	30.21	6 651	33.31	4 944	24.76
总计		19 964	100.00	19 964	100.00	19 965	100.00

苏尔汉河州面积 19 965 km^2，占全国总面积的 4.46%。耕地面积持续减少，林地、建设用地面积持续增加，草地、水域面积先减少、后增加，未利用地先增加、后减少。

12）塔什干州

塔什干州是乌兹别克斯坦工业较为发达、农业高度集约化的地区之一。它位于乌兹别克东北部，处在天山西部支脉和锡尔河之间。塔什干州行政上划分为 15 个区、17 个市、18 个市级镇和 4 146 个行政村，首府设于塔什干直辖市。塔什干州平原地带大多是耕地，农业主要有棉花种植业、粮食作物种植业、园艺业、葡萄种植业、家禽养殖业等，工业主要有冶金工业、机械制造业、电力工业、化学工业、纺织工业、食品工业等。塔什干州近 20 年的土地利用/覆被变化见表 1.15。

表 1.15　塔什干州近 20 年土地利用面积统计

土地利用类型		1990 年		2000 年		2010 年	
一级分类	二级分类	面积/km^2	组成/%	面积/km^2	组成/%	面积/km^2	组成/%
耕地	水田	9	0.06	30	0.20	16	0.10
	水浇地	4 615	30.02	4 563	29.68	4 594	29.88
	旱地	0	0.00	0	0.00	0	0.00
	小计	4 624	30.08	4 593	29.88	4 610	29.98
林地	有林地	1 027	6.68	570	3.71	1 448	9.42
	灌木林	10	0.07	0	0.00	9	0.06
	疏林地	235	1.53	117	0.76	104	0.68
	其他林地	2	0.01	0	0.00	0	0.00
	小计	1 274	8.29	687	4.47	1 561	10.16

土地利用类型		1990 年		2000 年		2010 年	
一级分类	二级分类	面积/km^2	组成/%	面积/km^2	组成/%	面积/km^2	组成/%
草地	高覆盖度草地	334	2.18	141	0.92	891	5.80
	中覆盖度草地	1 588	10.33	2 558	16.64	1 758	11.43
	低覆盖度草地	3 820	24.85	3 683	23.96	3 444	22.40
	小计	5 742	37.36	6 382	41.52	6 093	39.63
建设用地	城镇用地	471	3.06	732	4.76	792	5.15
	农村居民点	611	3.97	694	4.52	796	5.18
	其他建设用地	79	0.51	81	0.53	87	0.57
	小计	1 161	7.54	1 507	9.81	1 675	10.90
交通运输用地	机场用地	11	0.07	7	0.05	16	0.11
	小计	11	0.07	7	0.05	16	0.11
水域	河渠	52	0.34	36	0.24	58	0.37
	湖泊	3	0.02	2	0.01	49	0.32
	水库坑塘	56	0.37	43	0.28	21	0.13
	永久性冰川雪地	1 140	7.41	246	1.60	189	1.23
	滩地	28	0.18	5	0.03	8	0.05
	小计	1 279	8.32	332	2.16	325	2.10
未利用地	沙漠	0	0.00	0	0.00	0	0.00
	戈壁	232	1.51	335	2.18	116	0.75
	盐碱地	3	0.02	0	0.00	0	0.00
	湿地	47	0.31	62	0.41	36	0.24
	裸土地	113	0.74	113	0.74	62	0.41
	裸岩石砾地	884	5.75	1 352	8.80	879	5.72
	小计	1 279	8.33	1 862	12.13	1 093	7.12
总计		15 370	100.00	15 370	100.00	15 373	100.00

塔什干州面积 15 373 km^2，占全国总面积的 3.43%，以草地和耕地为主。耕地面积近 20 年来变化不大，略有减少。林地面积先减少、后增加，草地和未利用地面积先增加、后减少，建设用地持续增加，水域面积持续减少。

13）锡尔河州

锡尔河州位于乌兹别克斯坦中部偏东，锡尔河的左岸，该河在费尔干纳盆地的出口处。锡尔河州地势南高北低，东部是锡尔河谷地，州内有部分荒漠草原。锡尔河州的经济主要依赖棉花和谷物生产，畜牧业也在发展。主要工业部门是棉花加工工业，其次为机械制造业、金属加工业、建材业、食品业等。另外，乌兹别克斯坦最大的一个水力发电站坐落在锡尔河州内，为全国提供约 1/3 的电力。锡尔河州近 20 年的土地利用/覆被变化见表 1.16。

表 1.16　锡尔河州近 20 年土地利用面积统计

土地利用类型		1990 年		2000 年		2010 年	
一级分类	二级分类	面积/km^2	组成/%	面积/km^2	组成/%	面积/km^2	组成/%
耕地	水田	0	0.00	37	0.78	10	0.21
	水浇地	3 596	75.87	3 950	83.33	3 828	80.76
	旱地	0	0.00	0	0.00	0	0.00
	小计	3 596	75.87	3 987	84.11	3 838	80.97
林地	有林地	0	0.00	0	0.00	0	0.00
	灌木林	0	0.00	0	0.00	28	0.59
	疏林地	0	0.00	0	0.00	0	0.00
	其他林地	20	0.42	0	0.00	0	0.00
	小计	20	0.42	0	0.00	28	0.59
草地	高覆盖度草地	21	0.44	45	0.96	44	0.93
	中覆盖度草地	73	1.55	57	1.20	65	1.38
	低覆盖度草地	298	6.29	140	2.94	199	4.20
	小计	392	8.28	242	5.10	308	6.51
建设用地	城镇用地	1	0.02	34	0.71	35	0.73
	农村居民点	281	5.93	303	6.40	361	7.63
	其他建设用地	2	0.05	2	0.05	3	0.05
	小计	284	6.00	339	7.16	399	8.41
交通运输用地	机场用地	0	0.00	0	0.00	0	0.00
	小计	0	0.00	0	0.00	0	0.00
水域	河渠	53	1.11	40	0.85	56	1.19
	湖泊	0	0.01	0	0.00	0	0.00
	水库坑塘	15	0.32	5	0.11	12	0.26
	永久性冰川雪地	0	0.00	0	0.00	0	0.00
	滩地	5	0.10	0	0.00	1	0.01
	小计	73	1.54	45	0.96	69	1.46

土地利用类型		1990 年		2000 年		2010 年	
一级分类	二级分类	面积/km²	组成/%	面积/km²	组成/%	面积/km²	组成/%
未利用地	沙漠	0	0.00	0	0.00	0	0.00
	戈壁	164	3.45	107	2.26	56	1.19
	盐碱地	0	0.00	0	0.00	0	0.00
	湿地	17	0.35	5	0.11	18	0.38
	裸土地	193	4.06	14	0.30	23	0.49
	裸岩石砾地	1	0.01	0	0.00	0	0.00
	小计	375	7.87	126	2.67	97	2.06
总计		4 740	100.00	4 739	100.00	4 740	100.00

锡尔河州面积 4 740 km^2，占全国总面积的 1.06%。耕地是最主要的土地利用类型，面积近 20 年来持续增加，2010 年达到 80%以上。林地、草地、水域先减少、后增加，建设用地持续增加，未利用地持续减少。

1.3.1.2　乌兹别克斯坦土地利用与土地覆被变化

（1）1990—2000 年土地利用与土地覆被变化

1990—2000 年，乌兹别克斯坦各土地利用类型中，耕地、建设用地、交通运输用地和未利用地的面积有所增加，林地、草地和水域的面积减少（表 1.17）。其中，增幅较大的为建设用地和交通运输用地，分别增加了 30.08%和 10.65%。此外，耕地增加 5 168.88 km^2，未利用地增加 8 039.70 km^2。

表 1.17　乌兹别克斯坦 1990—2010 年土地利用变化特征

土地利用类型	1990—2000 年			2000—2010 年			1990—2010 年		
	变化面积/km²	变化幅度/%	年变化率/%	变化面积/km²	变化幅度/%	年变化率/%	变化面积/km²	变化幅度/%	年变化率/%
耕地	5 170	8.22	0.79	−4 408	−6.48	−0.67	762	1.20	0.12
林地	−650	−9.16	−0.96	3 580	55.48	4.51	2 930	41.24	3.51
草地	−9 567	−17.86	−1.95	8 346	19.02	1.76	−1 221	−2.24	−0.23
建设用地	2 838	30.08	2.67	1 527	12.44	1.18	4 365	46.27	3.88
交通运输用地	4	10.65	1.02	13	29.34	2.61	17	43.12	3.65
水域	−5 835	−17.68	−1.93	−4 754	−17.49	−1.90	−10 589	−32.08	−3.79
未利用土地	8 040	2.86	0.28	−4 303	−1.50	−0.15	3 736	1.32	0.13

面积净增幅最大的是建设用地，10 年间面积增加了 2 840.00 km^2（表 1.17）。交通运输用地也有较大幅度的增加，10 年来净增 4.22 km^2。建设用地中的其他建设用地增长幅度最大，为 66.18%，为所有二级地类中最大。一级地类中林地、草地和水域面积有所减少，减少幅度为 9.16%、17.86%和 17.68%，面积分别减少 650.88 km^2、9 577.88 km^{2}和 5 842.05 km^2。

1990—2000 年，耕地转变为其他地类的面积共 7 482.78 km^2，从其他地类转入为 12 651.66 km^2，面积有所增加（表 1.18）。在耕地向其他各地类的转换中，以转向居民及工矿用地居多，占总转出面积的 43.91%；草地和未利用地次之，分别占 33.13%和 20.0%。

表 1.18　1990—2000 年乌兹别克斯坦土地利用转移矩阵　　单位：km^2

1990 年 \ 2000 年	耕地	林地	草地	建设用地	交通运输用地	水域	未利用土地	总计
耕地	55 408	117	2 479	3 287	5	94	1 502	62 892
林地	407	3 487	2 032	21	0	103	1 058	7 108
草地	5 317	1 578	26 646	838	2	783	18 474	53 638
建设用地	1 638	8	130	7 557	4	14	90	9 441
交通运输用地	6	0	1	2	30	0	1	40
水域	232	92	1 608	42	0	23 648	7 431	33 053
未利用土地	5 052	1 177	11 164	533	3	2 570	261 131	281 630
总计	68 060	6 459	44 060	12 280	44	27 212	289 687	447 799

在林地向其他地类之间的转换中，以转向草地和未利用地居多，转换面积分别为 2 032 km^2 和 1 058 km^2，占林地转出总面积的 85.32%。林地转入面积为 2 971 km^2，主要来自草地和未利用地。草地主要转出为未利用地、耕地和林地，分别转出 18 474 km^2、5 317 km^2 和 1 578 km^2，转入的草地主要来自未利用地，其次为耕地、林地和水域。转出的建设用地约 87%转化为耕地，新增面积主要来自耕地、草地和未利用地。水域主要转换为未利用地和草地，分别为 7 431 km^2 和 1 608 km^2（图 1.20 和图 1.21）。未利用地主要转换为草地、耕地、水域和林地，其中草地占 54.46%。

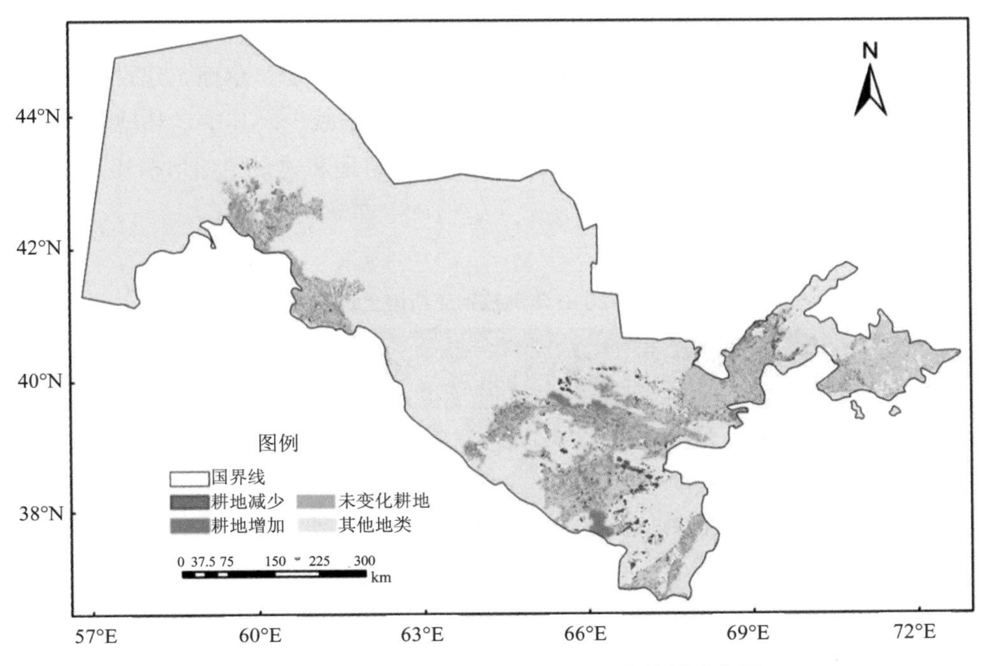

图 1.20　乌兹别克斯坦 1990—2000 年耕地变化图

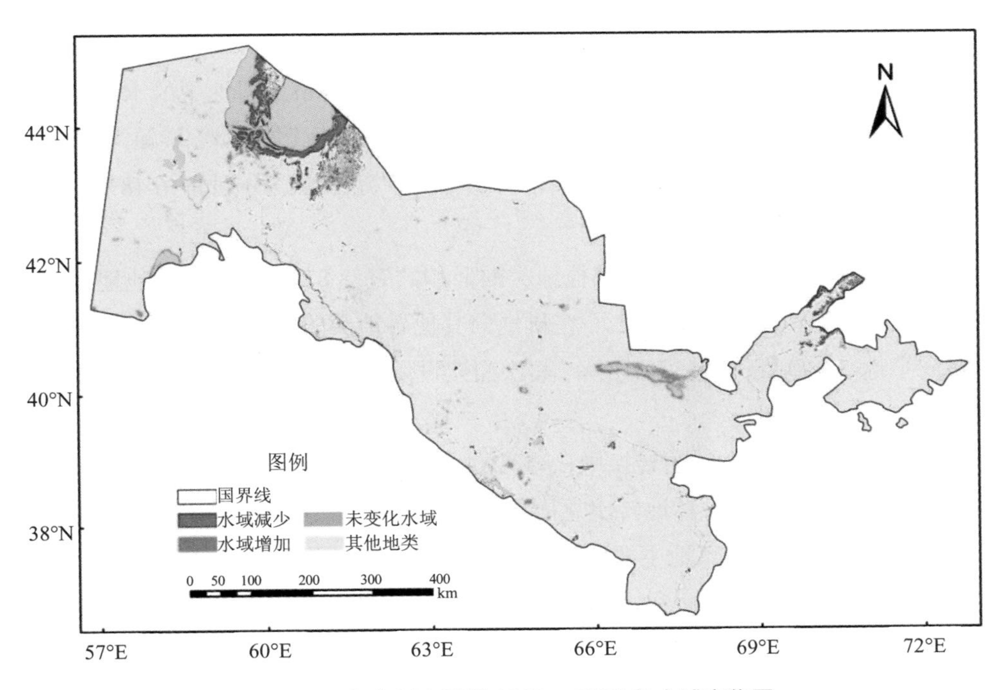

图 1.21　乌兹别克斯坦 1990—2000 年水域变化图

（2）2000—2010 年土地利用与土地覆被变化

2000—2010 年，乌兹别克斯坦各土地利用类型中，林地、草地、建设用地和交通运输用地的面积有所增加，耕地、水域和未利用地面积减少。其中，林地和交通运输用地增幅相对较大，分别增加了 55.48%和 29.34%。草地和建设用地增幅相对较小，分别增加了 19.02%和 12.44%（表 1.19）。

表 1.19　2000—2010 年乌兹别克斯坦土地利用转移矩阵　单位：km^2

2000 年 \ 2010 年	耕地	林地	草地	建设用地	交通运输用地	水域	未利用土地	总计
耕地	59 186	499	3 990	2 383	9	143	1 849	68 060
林地	88	4 456	1 066	4	0	31	812	6 458
草地	2 118	3 793	31 679	203	1	924	5 343	44 060
建设用地	1 043	15	112	10 974	3	38	96	12 280
交通运输用地	2	0	0	2	40	0	0	44
水域	83	60	630	27	0	19 546	6 863	27 210
未利用土地	1 128	1 218	14 962	215	3	1 768	270 393	289 688
总计	63 648	10 041	52 439	13 806	56	22 450	285 356	447 800

面积净增幅最大的是草地，10 年间面积增加了 8 378 km^2。耕地中的水田增长幅度最大，为 277.05%，为所有二级地类中最大。其次为林地中的其他林地，增幅为 219.94%。一级地类中耕地、水域和未利用地面积均有所减少，减少幅度分别为 6.48%、17.49%和 1.5%。

2000—2010 年，耕地转变为其他地类的面积共有 8 874 km^2，从其他地类转入为 4 462 km^2，面积有所减少（图 1.22）。在耕地向其他各地类的转换中，以转向草地居多，其中转向草地 3 990 km^2，占 44.98%，其次为建设用地和未利用地，分别占 26.86%和 20.81%。

在林地向其他地类之间的转换中，以转向草地和未利用地居多，转换面积分别为 1 066 km^2 和 812 km^2，共占林地转出总面积的 93.81%。林地转入面积为 5 586 km^2，主要来自草地和未利用地。草地主要转出为未利用地，转出面积为 5 343 km^2，林地和耕地次之，分别转出 3 793 km^2 和 2 118 km^2，转入的草地主要来自未利用地和耕地，草地与未利用地的双向转换显著。转出的建设用地中有 79.84%转化为耕地，新增面积主要来自耕地、未利用地和草地。交通运输用地分别各有 2 km^2 转换为耕地和建设用地未利用地，新增交通运输用地主要来自耕地和未利用地。水域主要转换为未利用地和草地，分别为 6 863 km^2 和 630 km^2（图 1.23）。未利用地主要转换为草地，占总转出面积的 77.54%。

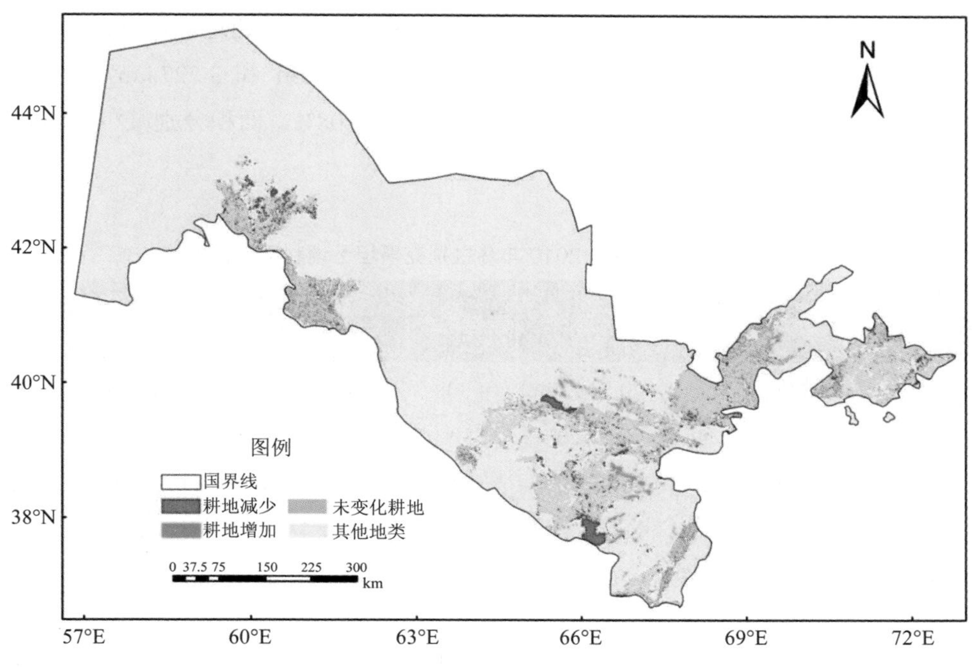

图 1.22　乌兹别克斯坦 2000—2010 年耕地变化图

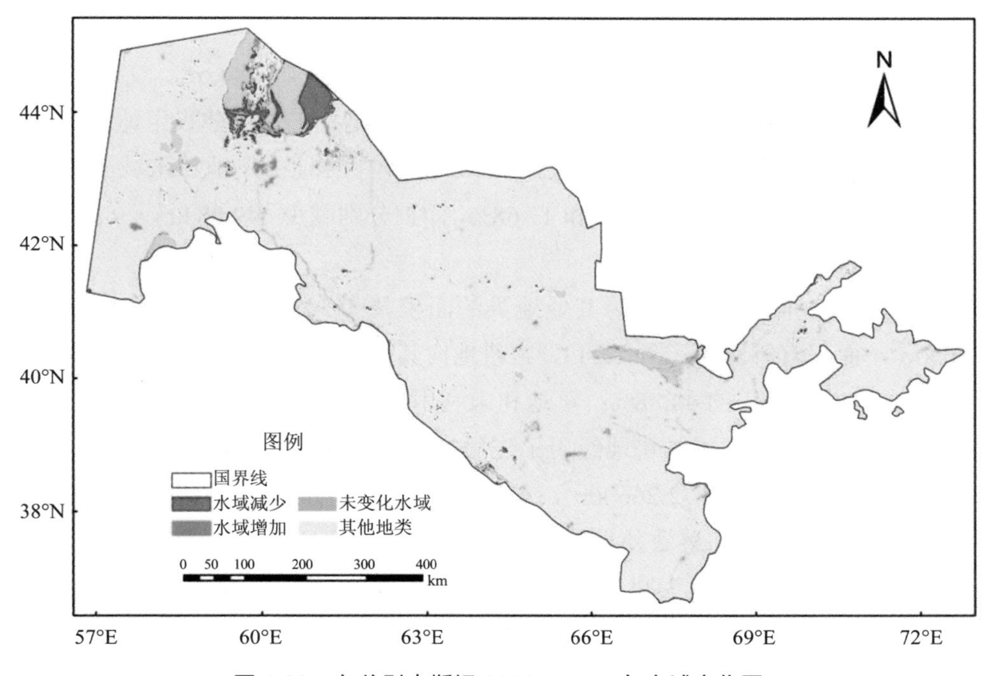

图 1.23　乌兹别克斯坦 2000—2010 年水域变化图

（3）1990—2010年土地利用与土地覆被变化

1990—2010年，乌兹别克斯坦各土地利用类型中，除草地和水域外，其他各类型土地面积均有所增加。其中，林地、居民点与工矿用地和交通运输用地的增幅均在40%以上，耕地和未利用地仅有小幅增加，分别增长758 km^{2}和3 727 km^2。一级地类中草地和水域面积有所减少，减少幅度为2.24%和32.08%，面积分别减少1 200 km^{2}和106 039 km^2（表1.20）。

表1.20　1990—2010年乌兹别克斯坦土地利用转移矩阵　单位：km^2

1990年 \ 2010年	耕地	林地	草地	建设用地	交通运输用地	水域	未利用土地	总计
耕地	53 293	378	3 217	4 308	10	122	1 564	62 891
林地	357	4 034	1 209	30	0	128	1 351	7 109
草地	4 858	3 210	28 745	939	4	1 262	14 620	53 638
建设用地	1 347	14	148	7 846	4	22	58	9 440
交通运输用地	3	0	0	3	33	0	0	40
水域	187	266	2 517	36	0	18 228	11 819	33 054
未利用土地	3 604	2 139	16 601	646	5	2 689	255 944	281 629
总计	63 649	10 041	52 437	13 808	56	22 451	285 356	447 801

面积净增幅最大的是建设用地，30年间面积增加了4 368 km^2。交通运输用地也有较大幅度的增加，10年来净增4.22 km^2。建设用地中的其他建设用地增长幅度最大，为66.18%，为所有二级地类中最大。一级地类中林地、草地和水域面积有所减少，减少幅度分别为9.16%、17.86%和17.68%，面积分别减少649.88 km^2、9 566.88 km^{2}和585.05 km^2。

1990—2010年，耕地转变为其他地类的面积共9 598 km^2，从其他地类转入为10 356 km^2，面积有所增加（图1.24）。在耕地向其他各地类的转换中，以转向建设用地居多，占总转出面积的44.88%；草地和未利用地次之，分别占33.52%和16.30%。近20年来，乌兹别克斯坦的耕地经历了先增加后减少的变化过程，耕地面积净增加757 km^2，其中水浇地增加2 266 km^2，旱地减少2 170 km^2。苏联解体后，大量耕地撂荒，农田管理制度不完善致使土地严重退化，从而导致农作物产量下降。1995年以后，中亚各国纷纷开始扩大耕地面积，改善管理制度，粮食产量开始增加（范彬彬，2012）。之后，随着经济发展和城镇建设的扩张，部分耕地被侵占，转换为城镇用地和农村居民点等建设用地，耕地面积有所减少。此外，土地退化也是导致耕地面积减少的主要原因之一。其中，咸海大面积干涸造成海底盐漠裸露，成为尘埃和尘粒的发源地，致使盐尘暴肆虐，不断向周边扩展。目前咸海沙漠已吞并了周边 200 万 hm^2 的耕地和 15%以上的牧场，因生态恶化每年造成的经济损失达 12.5 亿～25 亿美元（邓铭江，2010）。

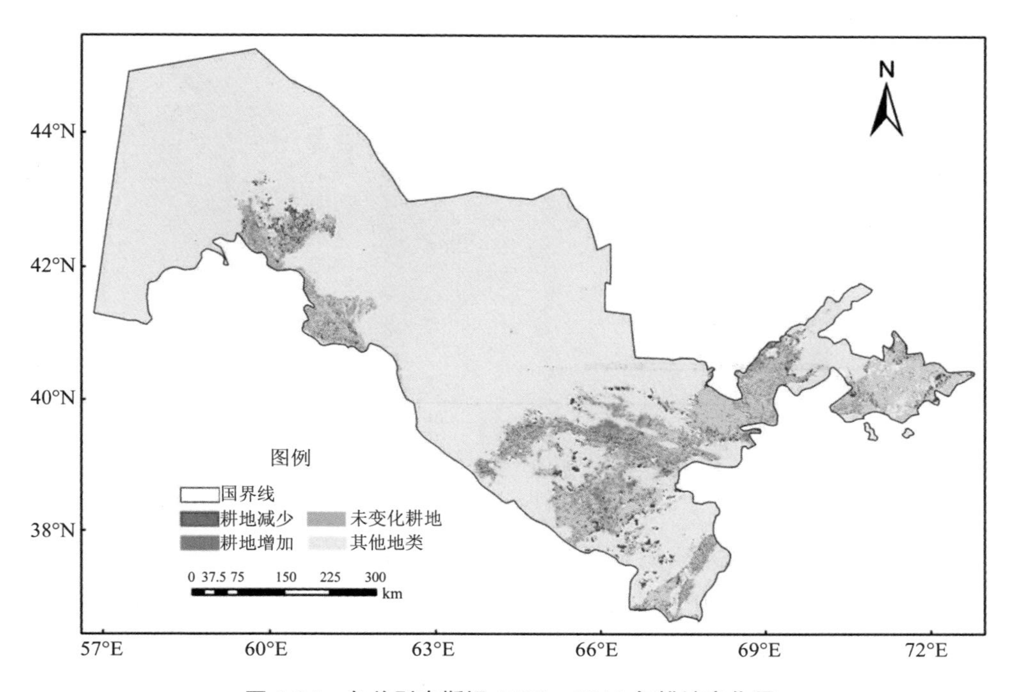

图 1.24　乌兹别克斯坦 1990—2010 年耕地变化图

在林地向其他地类之间的转换中，以转向未利用地和草地居多，转换面积分别为 1 351 km^2 和 1 209 km^2，占林地转出总面积的 83.26%。林地转入面积为 6 008 km^2，主要来自草地和未利用地。草地主要转出为未利用地、耕地和林地，分别转出 14 620 km^2、4 858 km^2 和 3 210 km^2，转入的草地主要来自未利用地，其次为耕地、水域和林地。转出的建设用地约 50%转化为耕地，新增面积主要来自耕地、草地和未利用地。水域主要转换为未利用地和草地，分别为 11 819 km^2 和 2 517 km^2。未利用地主要转换为草地、耕地、水域和林地，其中草地占 64.64%。

乌兹别克斯坦近 20 年来水域面积持续减少，从 1990 年的 33 053 km^2 减少至 2010 年的 22 451 km^2（图 1.25）。其中，以咸海为主的湖泊面积萎缩是导致该国水域面积减少的主要原因（其次是永久性冰川积雪的减少）。

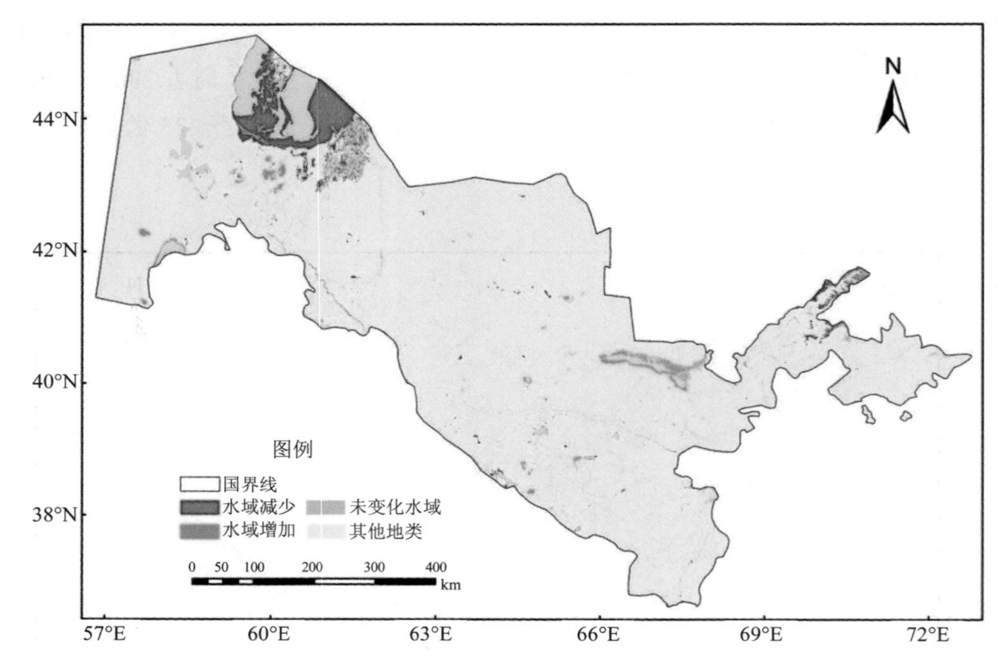

图 1.25 乌兹别克斯坦 1990—2010 年水域变化图

中亚地区可更新地表水资源量的大部分形成在塔吉克斯坦和吉尔吉斯斯坦的山区（Torgoev，1999；2000），塔吉克斯坦境内就集中了中亚地区 55.49%的水流量，以及 60%以上的冰川。发源于天山山区西部的锡尔河是流经中亚的最长的河流，全长 3 019 km（含上游纳伦河），其所灌溉的费尔干纳和塔什干绿洲，是中亚最重要的经济区；发源于帕米尔山区的阿姆河全长 2 540 km（含上游喷赤河），是中亚水量最充沛的大河。锡尔河、阿姆河最终均注入中亚最大的湖泊——咸海。在大河（咸海流域）下游的乌兹别克斯坦，也是国内形成水资源量较少的区域，人均水资源量呈逐年减少的趋势，人均取水量远远大于人均国内可更新水资源量，为中亚地区最大的取水用户国家（UNEP，2005）。农业灌溉仍是中亚各国最大的用水户，达到总取水量 80%以上（吉力力，2009）。乌兹别克斯坦、土库曼斯坦、哈萨克斯坦作为下游区域，是水资源消耗量较大的国家（Severskiy，2004），属于缺水国家。

几十年来，上游大强度的水土开发导致主要河流来水量明显减少，咸海急剧萎缩，面积显著下降。一方面，中亚地区灌溉农业发展趋向于喜水作物，如玉米和棉花，农田灌溉用水量逐年增加；另一方面，苏联的解体导致了以前集中和节制经济系统的崩解及社会经济的剧烈变动（Severskiy，2004；2005）。农田灌溉发展迅速，加速了区域水资源的再分配，再加上低效率的水资源管理引起的中亚区域水资源危机，从而导致了作为中亚较大的内陆河流——阿姆河和锡尔河流向下游的径流量大幅减少，减少了流入咸海的水量（Everett，2004；Micklin，2002；Spoor，1998）。上游来水量的减少，使咸海水面逐渐萎缩，并分裂成南北两湖，水面高度由 53.4 m 分别下降至 30.4 m（南湖）和 41.8 m（北湖）。2003 年南咸海又被分割为东、西两部分，且南咸海东部分已于 2009 年完全干涸（阿布都米吉提 • 阿布力克木，等，2019）。

全球变暖也对中亚水循环产生了影响，比较典型的是随着全球气候变暖，中亚降水量尤其是降雪量减少和冰川消融速度的急剧加快（Unger-Shayesteh，2013）。

1.3.2 土地资源

特殊的区位和区域环境，导致了乌兹别克斯坦典型干旱土资源的广泛分布（图 1.26）。因此，为了发展农业经济，需要大量水资源用于灌溉。目前，乌兹别克斯坦灌溉土地的面积为 369.51 万 hm^2（2015 年）。

在国家立法、法律和监管的基础上，国家委员会借助大地测量学、制图学和乌兹别克斯坦地籍图册审核国土资源。

土地资源监测显示灌溉面积稳步增长。2006—2009 年灌溉土地面积增加 1.03 万 hm^2，同时熟荒地的数量减少了 1.3%（图 1.27）。其间，草场面积的减少对农业产生的负面影响已引起专家们的注意。

这种趋势在乌兹别克斯坦的绝大多数地区是相当稳定的，但在吉扎克（3.7×10^3 hm^2）和塔什干地区（3.2×10^3 hm^2）却出现了灌溉土地的最高增幅，在卡拉卡尔帕克斯坦土地灌溉增加了 500 hm^2；但一些地方也出现了下降（如撒马尔罕、花刺子模、纳沃伊和苏尔汉河地区），简单地说，是土壤盐渍化（灌溉土壤的盐渍化程度）引起的（图 1.28）。

虽然没有详细的统计信息，但我们要指出：乌兹别克斯坦 141.3 万 hm^2 的灌溉土地在很大程度上都受到有毒盐分的影响。

强盐碱地主要分布在卡拉卡尔帕克斯坦、花刺子模（这里最多）和布哈拉地区，而非盐碱土地多在撒马尔罕（98.1%）、塔什干（97.3%）、安集延州（95.7%）和纳曼干州（90.7%）（图 1.29 和图 1.30）。

土壤改良工作非常艰巨，因为除了土壤中的自然盐分，还有人为影响，即灌溉排水不足、渗透的水分损失、建设灌溉水渠未进行防渗处理、过度灌溉、无控制的供水、灌溉水矿化度高等。

由于自然和人为因素的影响，地下水水位上升（图 1.31），地下水水位在各个领域上升范围为 0～2 m（图 1.32）（Чен Ши и др.，2013）。

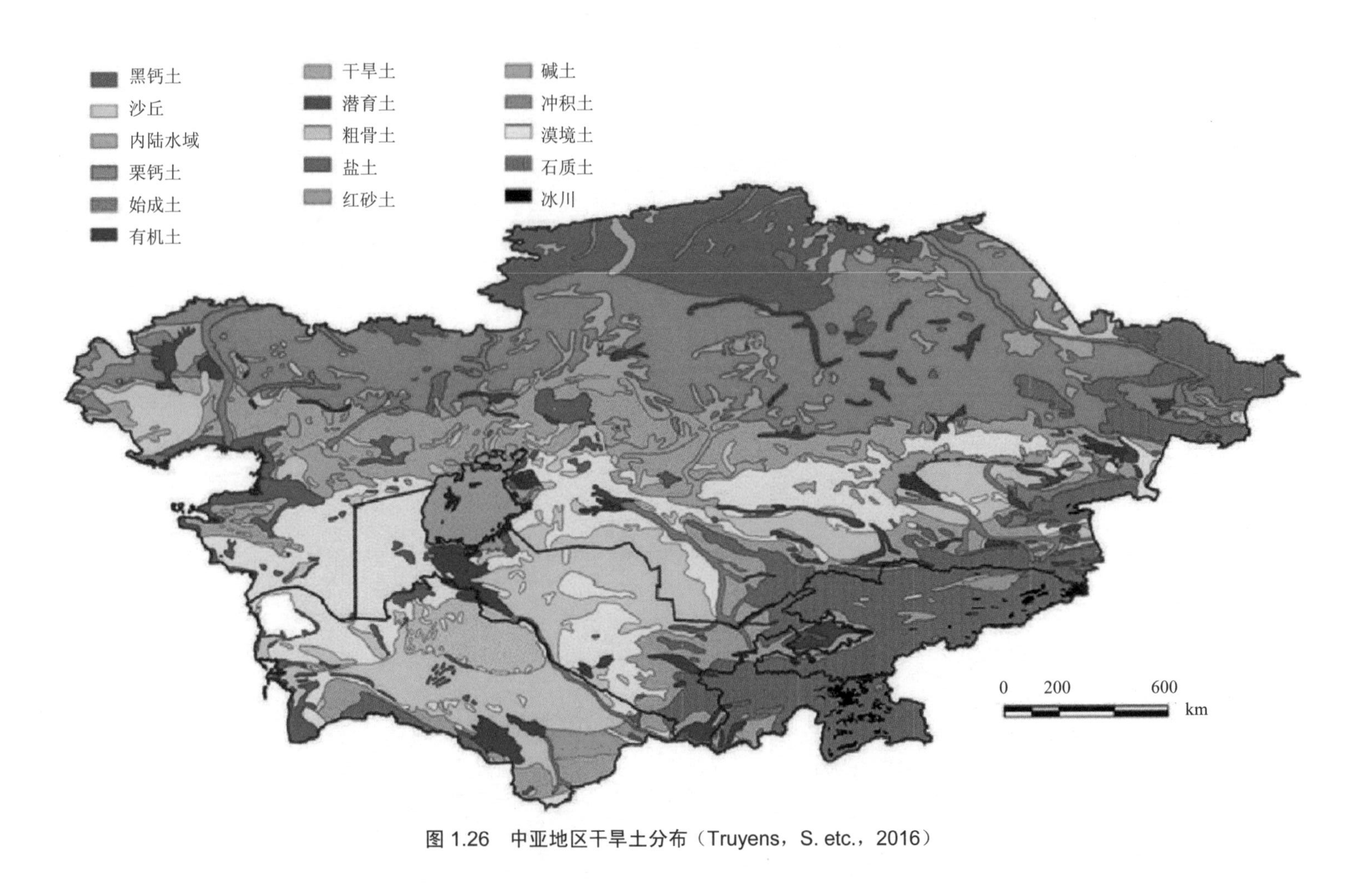

图 1.26　中亚地区干旱土分布（Truyens，S. etc.，2016）

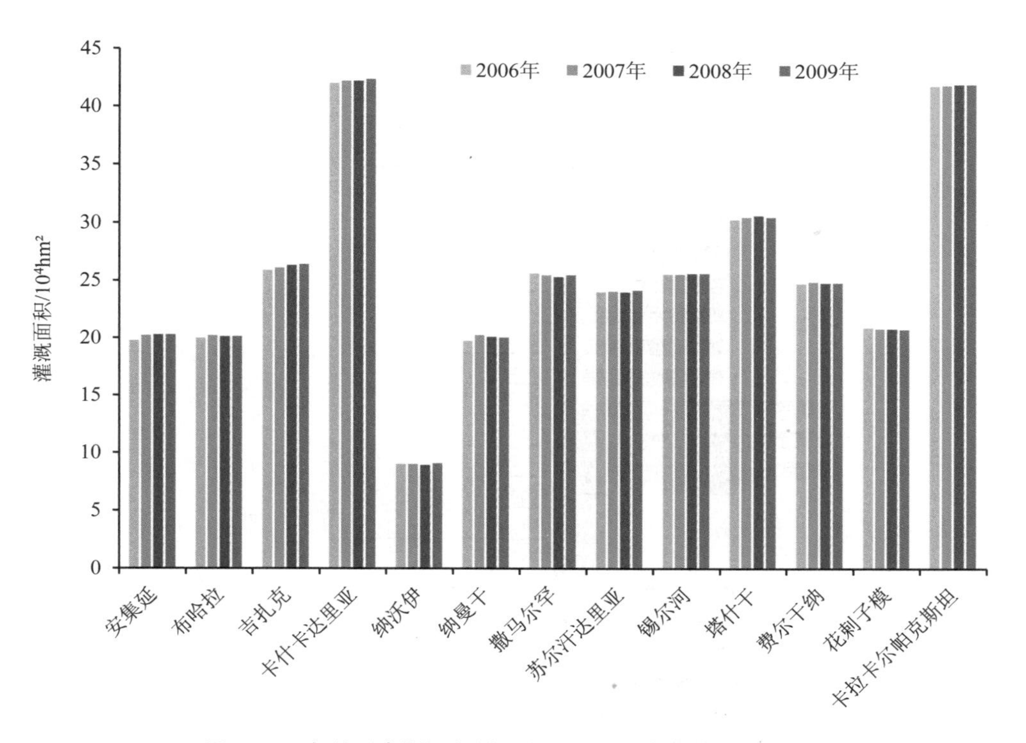

图 1.27　乌兹别克斯坦各州和卡拉卡尔帕克斯坦灌溉面积

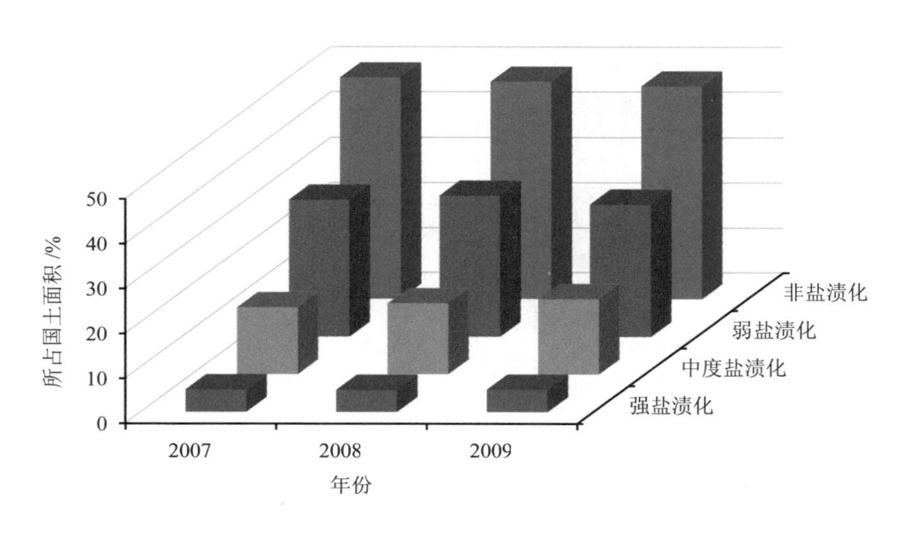

图 1.28　乌兹别克斯坦灌溉土地盐渍化程度

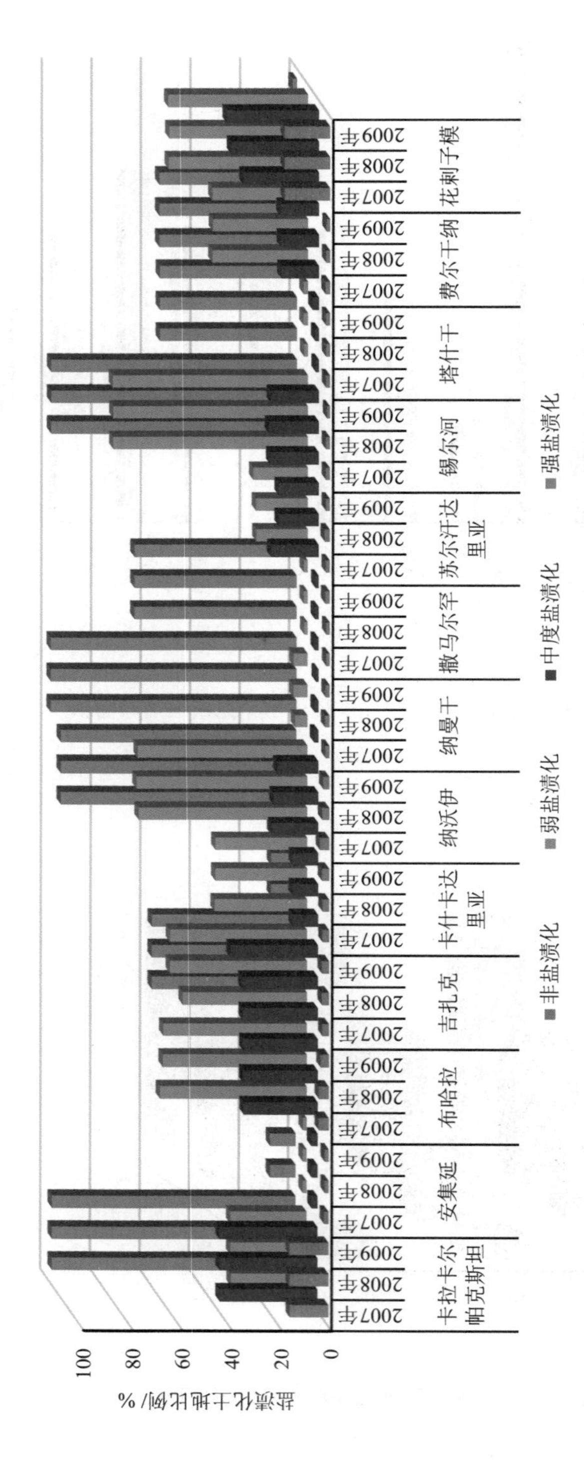

图 1.30　乌兹别克斯坦灌溉土地的盐渍化

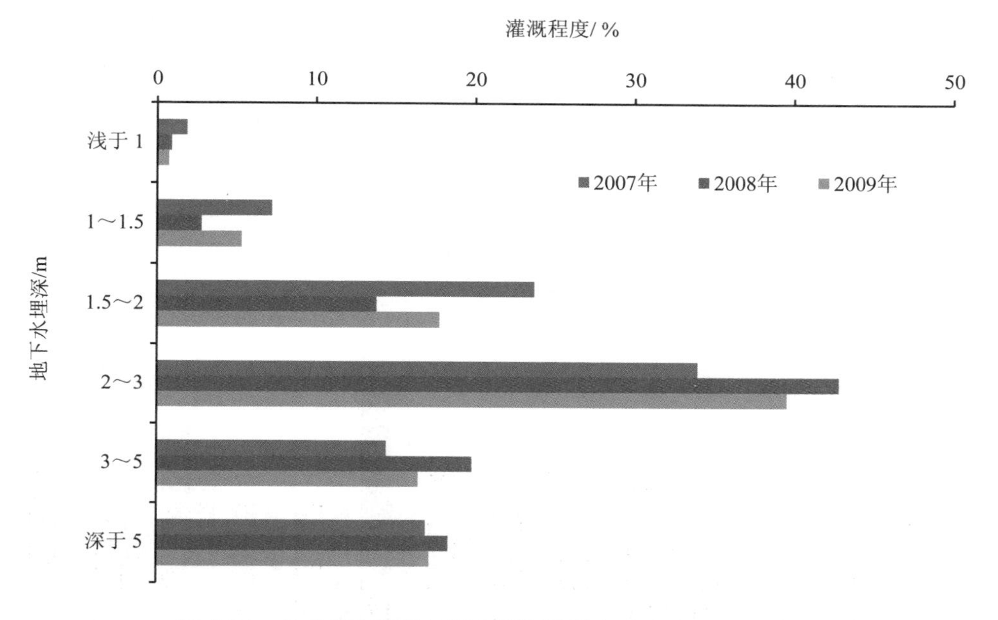

图 1.31　乌兹别克斯坦地下水灌溉的程度（2007—2009 年）

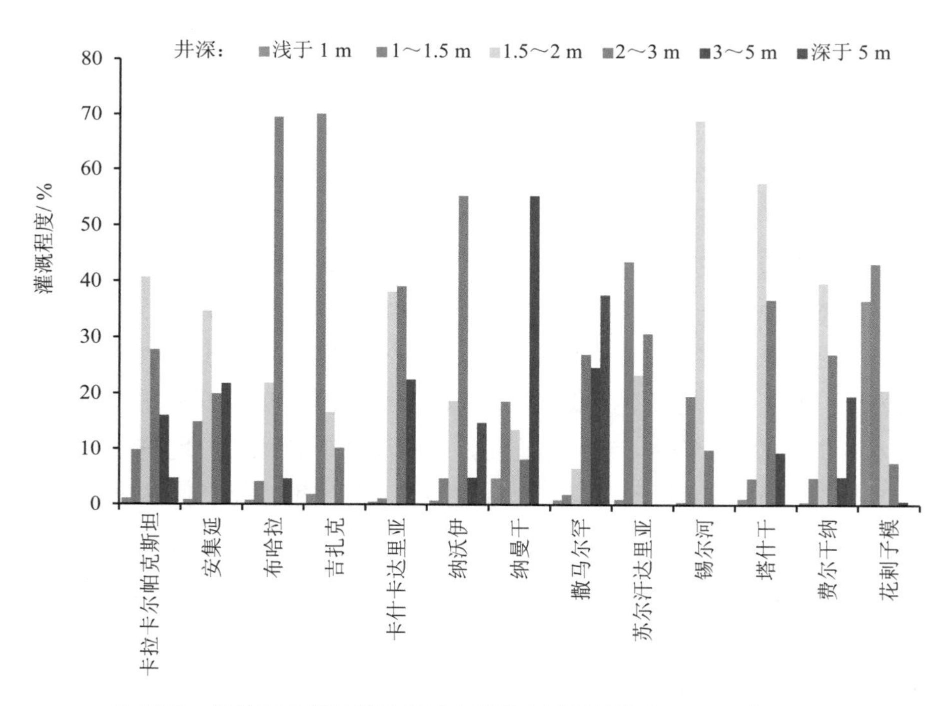

图 1.32　乌兹别克斯坦行政区域内地下水灌溉的程度（2009 年）

为了监测土壤状况，需要进行土壤鉴定，即鉴定土壤的颗粒成分、腐殖质含量、含盐量、必需的营养物质是否充足、营养成分的吸收和吸收组成等，通过这些数据可确定土壤的完整状态特征和肥沃程度（在每10年进行一次的野外和实验室研究的基础上进行计算）。

土壤监测结果表明：乌兹别克斯坦灌溉土壤的肥力状况得到改善，只在普斯肯特和乌尔加奇尔奇克地区没有检测到土壤肥力变化（图1.33），这是受到地下水水位上升的影响。

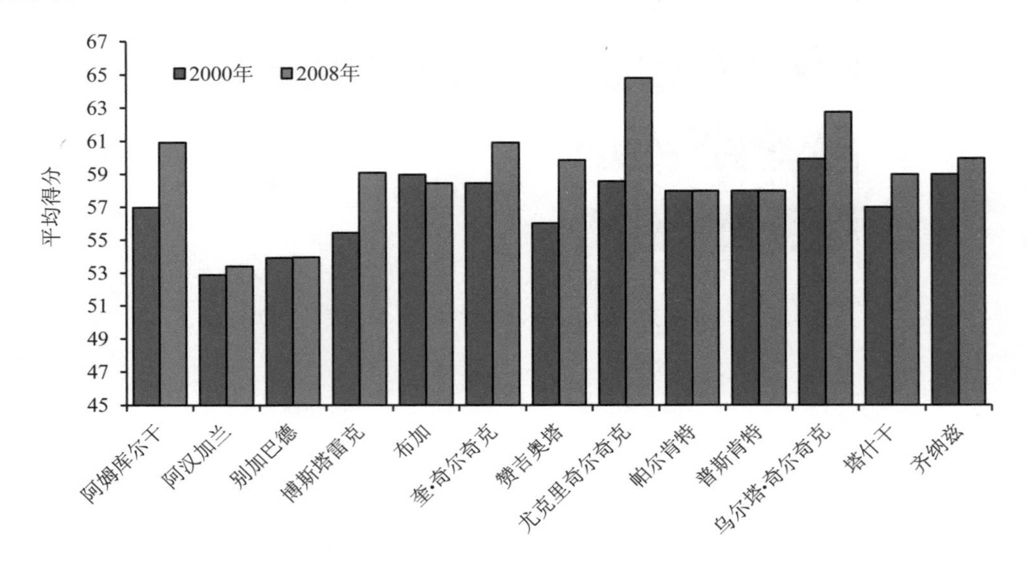

图1.33　塔什干地区的灌溉土壤的质量（平均得分）变化

评估还提供了有利信息：灰钙土（苏尔汉河州地区北部）已经被广泛地应用于农业生产，虽然有地方仍然存在因灌溉面积的增加而导致地下水水位上升和积盐的问题。

在该地区的南部常见的沙漠地带（荒漠龟裂—草甸区，草甸和草甸—龟裂区）的土壤，也表现出地下耕作层以下盐度积累，并受到风蚀作用和灌溉的影响。旱作土壤证明，这里的水分供应来源于降水，适中且充足，生物活性在土壤上层明显存在。与此同时，旱作土壤容易发生侵蚀过程，但即使如此，农民已经学会了如何保护地表10～40 cm的水分，保护土壤不受侵蚀，如此一来，就保证了营养丰富、质量优异水果的高产。

花剌子模地区有明显的地下水水位上升和盐分积累过程，盐分的主要类型为氯化物和硫酸盐。

在吉扎克州地区，这里有平原沙漠地带、山麓洼地和山间高地。由于受到人为因素的影响，灌溉土地的土壤盐渍化，大多数地区轻微盐渍，18%的地区土地盐渍化程度严重，一些地区的旱田土壤剖面样品可见到盐渍堆积，利于植物生长的的氮、磷、钾元素下降。

通过对不同地区、不同年份的灌溉土壤进行观察和研究，发现在短时间内不可能改变土壤的基本属性。盐渍化程度发生了一些变化（由于冲刷），采用易于分解的方式（如施用化肥），短暂性地可以改善土壤质量。因此，当前主要任务是正确和及时使用淡化措施和其他创新技术对灌溉土壤进行处理。

1.3.3 农业土地利用现状

乌兹别克斯坦是世界第二大棉花出口国，并跻身前 10 位生丝生产和出口的国家。乌兹别克斯坦是公认的卡拉库里羔皮的主要产地。有 40%人口从事农业。独立之后，开展重大农业改革，特别是集体农作转型为私营个体农作养殖。目前，私人农场和养殖场的数量达到了 3.1 万个（平均面积为 21 hm^2），主要生产谷物和鸡蛋。

农业用地占全国总面积的 57%，农用地中大多是草地（81%）。由于拥有超过 350 万 hm^2 的灌溉土地，所以种植业发展得更快、更好，并且在近几年发生了显著的变化。乌兹别克斯坦致力于维护粮食自给，因此改变种植作物结构就显得尤为必要。经过这一改革，粮食产量在 20 世纪 90 年代末达到了 430 万 t，与苏联时期相比，增长了约 4 倍。

利用积累的经验和现代技术，每年进行两种作物的轮作，例如，在冬小麦后种植水稻或在春玉米后种植冬小麦。谷类作物，主要是冬季和春季小麦，全国各地均有种植。水稻生产的主要产地——卡拉卡尔帕克斯坦和花剌子模州。近年来，人均粮食产量由 1990 年的 93 kg 增加到 2000 年的 175 kg。

乌兹别克斯坦最重要的农作物是具有国家战略意义的棉花，它也是最重要的出口货物和外汇收入来源。在灌溉土地上实行棉花与苜蓿（豆科）轮种。而这之前，大部分灌溉土地种植单一农作物。1990 年以来，棉花面积明显减少，粮食和饲料作物的比例增加，而在这之后的 10 年棉花的需求也有所减少。目前，原棉产量达到 400 万 t，其中约 1/4 用于出口。国内有超过 100 家轧花厂（平均每个州有 10～12 家）。原棉处理产生的副产品流入食品（从种子获取油）和化工行业（纤维素）。

其他较重要的经济作物是撒马尔罕和卡什卡达里亚东部种植的烟草，以及种植在奇尔奇克河谷中的红麻（纤维用于粗布织物和绳）。在苏联后期，乌兹别克斯坦恢复种植甜菜作物（种植面积约为 10 万 hm^2）。当时已经有 6 家糖厂，其中规模最大的是在花剌子模地区的糖厂。此外，乌兹别克斯坦还增加了蔬菜、马铃薯、瓜类的种植面积。

农业是乌兹别克斯坦国家经济发展的重点行业，乌兹别克斯坦拥有利于包括经济作物在内的各种农作物生长的气候条件。在国家的灌溉系统有重要地位的灌溉地区，大部分面积播种的几乎都是经济作物。

目前，农村人口占总人口的 63%。乌兹别克斯坦独立以来，从根本上对农业部门进行了改革。改革中最主要的是在农村发展市场经济，使农民意识到所有权。为此，进行了土地改革，推进长期（30～50年）多种形式的（除了大地主）的租赁形式，设立法律依据，保障租赁土地耕种农民的继承权，引入一种机制，刺激农民用自己的方式发展改造额外的土地，即通过民主改革改造农村，让农民感受到对土地的所有权。但最重要的改革是国家的角色转变：它已经远离了对经济的直接干预。国家对农业的调控，以及对经济的调控，现在基本上是通过金融、税收政策、价格管制和其他间接措施进行的。

1.3.3.1 谷类作物

乌兹别克斯坦独立后，乌兹别克斯坦的战略目标是加大棉花产量，并确保人民所需的粮食和粮食产品在自己土地上生产。现在，粮食已成为农业的主导产业之一。

为了育种，从俄罗斯克拉斯诺达尔边疆区引进了60多个品种的小麦，从中挑选出29种高品质、抗病虫害和抗干旱品种投入生产。目前，已确定并列入国家注册的有27个小麦品种和12个大麦品种，第28个当地的小麦品种已提交国家做品种试验。

乌兹别克斯坦已在很短的时间确立并投入生产了一批抗旱和早熟的国内品种，如“其拉克”（Чиллаки）、“寨浑”（Джайхун）、“火星1”、“友谊”（Дустлик）、“巴布尔”、“安集延-1”、“安集延-2”、“杜尔多纳”（Дурдона）、“马特纳特”（Матонат）等。

在一个相对较短的时间内，乌兹别克斯坦从粮食进口国变成了出口国。取得这样的成绩不是意外，这是国家政策刺激下的结果（播种面积的独立管理结构，建立一个公平的收购价格，有针对性的补贴等），基本确保粮食产业的可持续发展。

1.3.3.2 棉花

棉花在确保国家经济可持续发展中的地位尤为重要。乌兹别克斯坦独立后，开始特别关注棉花的育种问题。科学家的任务是培育和投入生产早熟品种，这种品种纤维的生产率为38%～40%，纤维长度为33～34 mm。目前，国家正对106个棉花新品种进行测试。

1.3.3.3 蔬菜及葡萄种植

人口的增加，导致对蔬菜、土豆和其他种类食物的需求扩大。因此，乌兹别克斯坦采取大量措施，扩大这些作物的生产满足国内市场的需要。

1.3.3.4 畜牧业

国民经济的可持续发展离不开畜牧业的发展，为鼓励畜牧业发展，乌兹别克斯坦总统推进以下措施：“关于鼓励个人、农民以及农场牲畜养殖数量的措施”（2006年3月）和“关于鼓励个人、农民、农场增加牲畜养殖数量的补充措施，以及扩大畜牧产品生产的措施”（2008年4月），这些措施促进建立一个基础的提供各种服务网络系统：有兽医服务、人工授精、饲料等其他服务，促进解决国家劳动力和社会福利的提供问题，以及商业银行为农户购买牲畜提供小额贷款的问题，也就是说，为国家、个人和自由企业创建利益和谐结合的条件。

乌兹别克斯坦各州农业主导产业如下：

- 安集延州

主导产业有棉花、蚕茧、谷类作物、蔬菜和葡萄种植业和瓜果业，亚热带作物种植。安集延州大部分土地用来耕作，广泛种植的作物有桑树、杏树、桃树、葡萄等。安集延州是棉花种植面积最大的地区，生产的棉花和棉纤维居全国之首。一年内农业种植面积达 38.33 万 hm^2，其中 50%用于种植棉花。这里开发了蔬菜和瓜果种植、粮食种植、蚕种繁育（茧产量占国家的 15%）。畜牧业主要为牛奶的生产。

- 布哈拉州

主导产业为棉花、谷类作物、畜牧业、蚕茧养殖、水果和蔬菜。布哈拉、吉日杜万、卡拉库里绿洲专门从事棉花和丝绸生产和加工农业原料，且主要是加工棉花。农业生产根据地域分为南部耕作区和北部畜牧区。畜牧业主要是肉类和奶制品。畜牧业特别要关注的是卡拉库里羔羊皮。卡拉库里的羊群在克孜勒库姆荒凉的牧场放牧。

- 吉扎克州

主导产业为棉花、谷类作物、畜牧业、粮食作物、蔬菜、葡萄、养蚕和养蜂。

- 卡什卡达里亚州

主导产业为棉花、丝绸、粮食、畜牧业、蔬菜、谷物。该地区占乌兹别克斯坦农业生产的 10.2%。畜牧业主要生产肉类和牛奶。山区牛羊放牧发达。

- 纳沃伊州

主导产业为棉花、粮食、蔬菜、瓜果、葡萄、卡拉库里羊的繁殖和养蚕。畜牧业发展多元化。在国内卡拉库里羔羊皮产量排名第二（位于布哈拉州之后）。私人农场发达（该州大约有 500 家）。

- 纳曼干州

气候条件非常有利于种植棉花等喜热作物，所以在这里生长种植杏、石榴、无花果、葡萄、柿子、苹果和梨等果树。这里降水相对较少，所以农业需要灌溉。农业的主要产业是棉花。瓜果、葡萄、丝绸、蔬菜、畜牧行业发达，主要是牧牛业，在灌溉平原地区，在山麓地区的天然牧场区放牧绵羊和山羊。私人农场发达（此区有 728 家）。

- 卡拉卡尔帕克斯坦

棉花、水稻、卡拉库里羊繁育、蔬菜和瓜果生产，是甘草的最大产地。在广袤的克孜勒库姆沙漠牧场放养着卡拉库里羊和骆驼。北部地区发展水稻种植和畜牧业。在沿海地带发展捕鱼业、牧牛、牧马业。

- 撒马尔罕州

该地区农业方面主要种植棉花，多集中在泽拉夫尚的山谷。油料作物主要是芝麻等。乌尔古特区专门种植高质量的烟草。

该地区著名的是园艺业和葡萄种植业（全国位列第一）。100%的无核葡萄产自该地区。北部和南部山麓地区的巨大的牧场畜牧业发达。这里有卡拉库里羊科研所，以提高产品质量。同时发展养蚕和养蜂。该地区养殖场有多种形式：集体农场、国营农场、合作农场和合作社，有大约 2 000 家个人农场（私有）。

- 锡尔河州

主要产业为棉花、园艺、粮食、蔬菜、畜牧业、养蚕和瓜果。这里种植著名的“米尔扎丘利”（Мирзачульские）甜瓜，其特点是非常的香甜。在这个地区有集体农场、国有农场、联合企业、合作农场，有约 600 家个人农场（私有）。

- 苏尔汉河州

气候条件使农田得到灌溉，在苏尔汉-舍拉巴德山谷可以种植喜热作物。最主要的是原棉种植（占种植面积的 55%），其中超过 50%的是细纤维等级。

南部水果的种植占重要地位：葡萄、无花果、柿子、柑橘，并设立有南乌兹别克施罗德葡萄研究所。研究所里的一个大花园里种植着独特的观赏植物，它们的幼苗用于出口。苏尔汉河州是乌兹别克斯坦唯一种植甘蔗的地区，在此基础上发展葡萄种植，在迭纳乌有朗姆酒厂。

丰富的放牧地，主要是山地，促进了畜牧业的发展。苏尔汉河地区是吉萨尔羊的故乡，拥有无与伦比的肉质和脂肪。在这里也养殖卡拉库里羊。

- 塔什干州

这里工业发达，也是重要的农业生产区。主导产业是棉花，除了东部山麓地区，到处都种植棉花。与全国其他地方一样，也发展养蚕业。除此之外，还种植小麦、马铃薯、蔬菜等。

塔什干州还是乌兹别克斯坦唯一生产红麻的地区。这里也是著名的葡萄种植和园艺工艺区。果园和葡萄园在塔什干、扬吉尤利、奇纳兹附近随处可见。

在锡尔河和奇尔奇克的洼地栽培水稻。畜牧业在该地区的经济中占重要地位。在干旱和半干旱牧场主要是养殖绵羊和山羊。在山麓和山区主要养殖肉牛，在郊区养殖奶牛和禽类。

在该区有国有农场、集体农场、合作农场和私人农场。

- 费尔干纳州

在该地区农业领域占主导的是棉花，也发展养蚕、瓜果、蔬菜种植、养蜂和畜牧业。畜禽业主要是生产肉类和奶制品。在山麓地带进行牧羊。在这个地区有集体农庄、国营农场、合作农场、合作社等，有大约 1 000 家个人（私人）农场。21 家私有化畜牧场。

- 花刺子模州

农业种植和畜牧业为该地区农业的代表产业。主要产业是棉花种植，并且该地区的棉花产量是全国最高的，中长纤维早熟棉品种占有优势。该地区是国内水稻种植领先地区。大面积种植喜湿高粱和耐旱作物，这里是典型的灌溉地区，也是世界闻名的最好的种子苜蓿种植地。

虽然瓜果的种植面积小，但花刺子模州的甜瓜和西瓜品种口感极佳，非常著名。这里从古代开始就发展蚕桑养殖。畜牧业在该地区的经济中占有可观的地位，主要产业是卡拉库里羊养殖。养猪和家禽养殖发展相对迅速。

1.4　水资源及其利用

1.4.1　地表水资源

乌兹别克斯坦境内的水资源主要由咸海流域的阿姆河和锡尔河的水量组成（图 1.34 和图 1.35）。

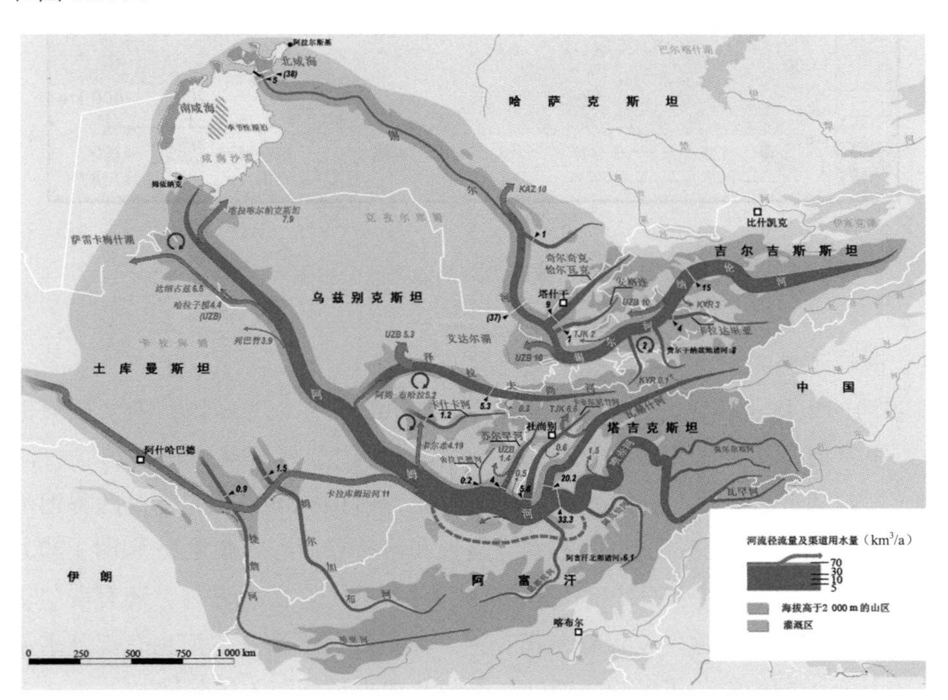

图 1.34　咸海流域水资源（Zoï Environment Network，2010）

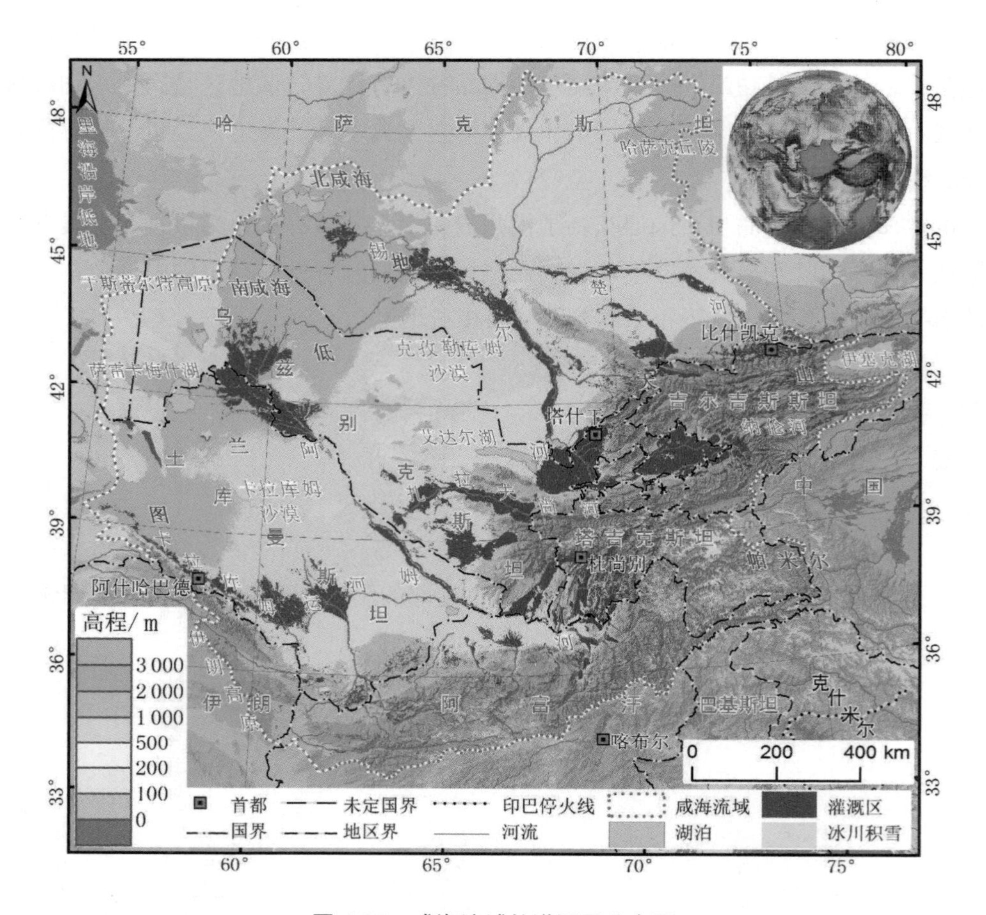

图 1.35　咸海流域的灌溉区分布图

1.4.1.1　锡尔河流域

锡尔河的旧称是雅克萨尔特（Яксарт），古希腊人称它为泰内伊斯（顿河也曾称此名）。锡尔河是中亚地区最长的河流，水资源仅次于阿姆河，排名第二。河流长 2 212 km。若从上游纳伦河开始计算则河流长度为 3 019 km。锡尔河是跨界河流，流经吉尔吉斯斯坦、塔吉克斯坦、乌兹别克斯坦和哈萨克斯坦（图 1.36 和图 1.37）。

锡尔河流域水资源主要来自纳伦河和卡拉达里亚河，除此之外，还有费尔干纳盆地的几条小河及饥饿草原的支流奇尔奇克河、安格连河和恰基尔河也有部分水流入锡尔河。卡拉套山的山脊留下的阿雷西河与卡拉套河也最终汇入锡尔河。

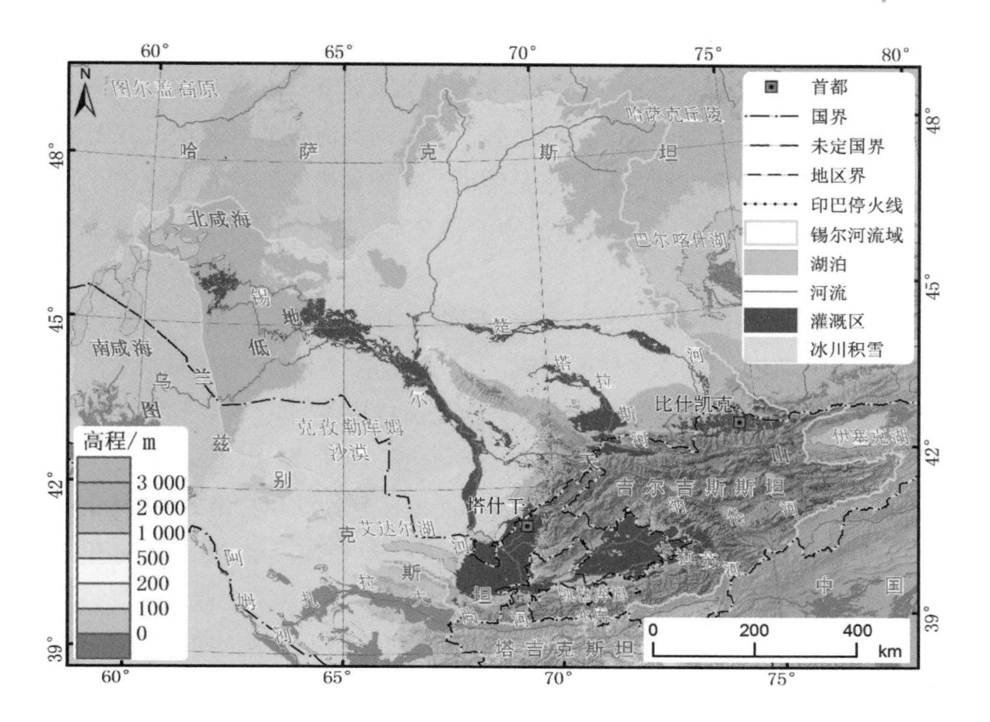

图 1.36　锡尔河流域灌溉区

图 1.37　锡尔河（维基百科）

锡尔河流域面积为46.2万km^2，其中山区部分为22.3万km^2，锡尔河恰尔达拉水文站多年平均径流量为349亿m^3。尽管锡尔河源头有许多冰川和积雪，但形成的水量仍次于远离锡尔河南部的阿姆河。除此之外，锡尔河高海拔的水源地比阿姆河少。特别是锡尔河高海拔水源区水源小，尤其是纳伦河（被称为是阿拉布加图兹，流经吉尔吉斯斯坦和乌兹别克斯坦），它是锡尔河的主要支流。纳伦河的水源地位于高山地区，一半以上的降水集中在夏季。

锡尔河流域包括纳伦河上游的左支流（阿克苏河和伊斯法拉河），以及其他从阿赖和突厥斯坦山积雪和冰川融水形成的河流，这些河流在7月、8月水量最大。主要支流纳伦河和卡拉达里亚河在费尔干纳谷地的东部汇流成锡尔河。

锡尔河在费尔干纳地区的主要支流包括卡桑赛、加瓦赛（Гавасай）、沙希马尔丹（Шахимардан）、索赫（Сох）、恰达克赛（Чаадаксай）、伊斯法伊拉姆赛（Исфайрамсай）、伊斯法拉、霍德扎巴吉尔干（Ходжабакирган）河。这些河流于11月下旬开始冻结，次年3月下旬解冻。锡尔河在苦盏地区不结冰。

纳伦河是由琼-纳伦河（大纳伦河）和基奇克-纳伦河（小纳伦河）汇流而成，是锡尔河的主要支流。全长800多千米，吉尔吉斯境内总长度535 km。该河为纳伦国家自然保护区的主要组成部分（91 023.5 hm^2），自然保护区位于纳伦河上游。除了纳伦河，自然保护区境内还有许多纳伦河左岸小支流，包括伊犁苏（Ийрисуу）、卡拉塔什（Караташ）、喀什卡苏（Кашкасуу）、切特布拉克（Четбулак）等。这些河流都是典型的山区河流，长度为10～16 km，宽度为0.5～1.5 km。

纳伦河沿着自然保护区北部边界由东向西流淌，保护区内长度为120 km。纳伦河不是一条平缓和安静的河流，而是条湍急的、不羁的蜿蜒河流。奔腾的河水沿着陡峭山坡流下，穿过堆满了石块和砾石的山区峡谷。

锡尔河平均河面宽度为30～40 m，在纳伦市地区为45 m。该河水源的补给主要靠支流的高山冰川及积雪融水、地下水及雨水。水量最大是在春季及夏季前半段时间，最小是在秋冬时期，此时河冰层厚，可达80～120 cm。寒冬过后，在3月底至4月初就开始消融，河面上的流冰会持续几天。

纳伦河水主要用于灌溉。费尔干纳大运河和北费尔干纳运河由此河引水。该河水能资源丰富，建有托克托古尔水电站、塔什库梅尔水电站、乌奇库尔干水电站、库尔普赛（курпсайская）水电站及其相应的水库。

卡拉达里亚河流经乌兹别克斯坦和吉尔吉斯斯坦境内，它由塔尔河和卡拉伊宁河汇合而成，发源于中国和吉尔吉斯交界处的山脉，流向朝西，长180 km，流域面积为3万km^2，与纳伦河汇合形成锡尔河。

卡拉达里亚河是重要的灌溉水源，在该河上建有安集延水库，用以浇灌费尔干纳盆地的土地。在费尔干纳盆地中，卡拉达里亚河被库伊甘亚尔水坝隔断，流向费尔干纳大运河。

锡尔河右岸的支流奇尔奇克河（位于乌兹别克塔什干州），长 155 km，流域面积达 1.49 万 km^2，由恰特卡尔河和普斯科姆（пскем）河汇合而成。奇尔奇克河上游（近 30 km）流经峡谷，下游峡谷变宽成为盆地，河水流速减缓。水源补给较复杂，主要是积雪融水。源头处的水流量为 221 m^3/s，10 月—次年 3 月为结冰期。在上游建有奇尔奇克水电站和加扎尔肯特水坝，沿着右边的引水渠，将水运到水轮机处，到达水电站的奇尔奇克小瀑布，以平均 183 m^3/s 的流速降落；位于奇尔奇克下游的特罗伊茨克水坝向左经卡拉苏输水渠（47 m^3/s）流入其他渠道。在奇尔奇克盆地有加扎尔肯特市、奇尔奇克市和塔什干市。

1.4.1.2　阿姆河流域

阿姆河流域的水资源来源于两条水系，一条水系是由喷赤河和瓦赫什河及其支流（昆都士河、卡菲尔尼甘河、苏尔汉河和舍拉巴德河）等一系列河流组成，流入阿姆河；另一条水系是由乌兹别克斯坦西南部流向阿姆河流域的内陆河（其径流未到达阿姆河）卡什卡达里亚河和泽拉夫尚河、土库曼斯坦河流（穆尔加布河、捷詹河、阿尔捷克河）和阿富汗北部的河流[胡利姆（хульм）、巴尔赫河、萨里普利（сарипуль）、锡林塔高/凯萨尔（ширинтагао/кайсар）]组成的（图 1.38 和图 1.39）。

阿姆河流域集水面积达 22.68 万 km^2，河水主要由雪冰融水和雨水供给，因此水量最大是在夏季，最小在 1—2 月。在自然条件下，阿姆河克尔基水文站的年平均径流量达 630 亿 m^3，10%的保证率时为 765 亿 m^3，95%的保证率时为 507 亿 m^3（Чен Ши и др., 2013）。

流入乌兹别克斯坦境内河流有发源于阿富汗部分被用于灌溉的喷赤河左岸的支流（其中最大的支流是科奇卡河/кокча）和阿姆河（昆都士河）；土库曼斯坦大部分河流发源于独联体国家以外，如发源于阿富汗的穆尔加布河、捷詹河，发源于伊朗的阿尔捷克河，在水量较少的年份里，这些河（捷詹河、阿尔捷克河）的河水大部分被这些相邻国家利用，如发源于阿富汗北部河流的大部分水资源在阿富汗境内被用完。

因此，阿姆河流域水资源的形成取决于独联体国家、阿富汗和伊朗，正是这些国家决定了该河流域范围内水资源的共同使用权。

阿姆河流域（共 43.78 万 km^2）的分布如下：18.93 万 km^2 位于独联体国家境内，20.75 万 km^2 位于阿富汗境内，4.1 万 km^2 位于伊朗境内。

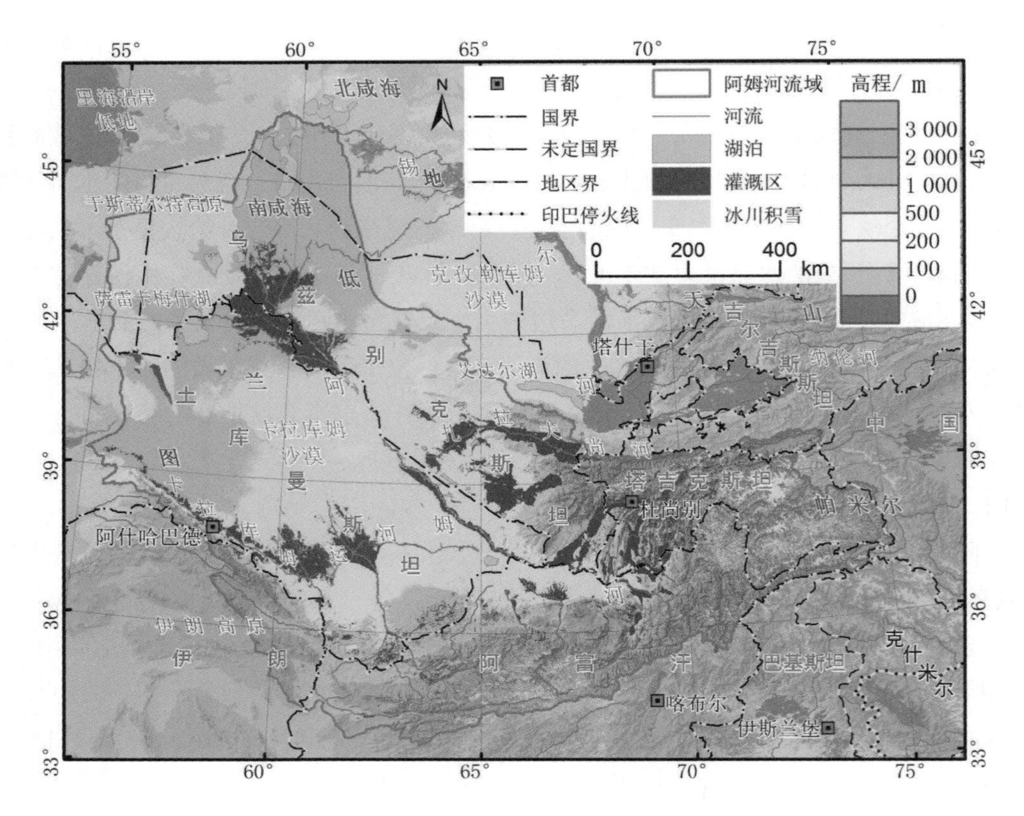

图 1.38　阿姆河流域灌溉区

图 1.39　阿姆河（维基百科）

阿姆河流域的水资源量变化很大。阿姆河流域水资源多年平均为 752 亿 m^3（形成的总量为 806 亿 m^3），仅阿姆河的水量为 659 亿 m^3（该河流域内形成的总量为 692 亿 m^3）。

阿姆河和土库曼斯坦、阿富汗、伊朗水系泄洪道的总水量可达 207 亿 m^3，由于这些河流的发源地国境内的使用量逐渐增加，导致独联体国家境内阿姆河流域的水量减少。仅阿富汗的使用增加量就会导致其减少 33 亿 m^3，土库曼斯坦也有类似的事情发生，这里平均水量的增加量可达 25 亿～30 亿 m^3，也就是说，剩余的水量不足 15 亿 m^3。

因此，现在阿姆河流域在独联体国家境内的水量（在乌兹别克斯坦西南部河流水量为 655 亿 m^3 不变的情况下）不超过 730 亿 m^3（阿姆河水量为 650 亿 m^3）。

经测算咸海沿岸水资源总量为 1 207 亿 m^3，然而，由于阿姆河部分流域位于独联体国家以外，部分（喷赤河左岸支流和昆都士河）发源于独联体国家以外，部分地区大部分（土库曼斯坦）甚至全部（阿富汗北部）水资源用于该国内的灌溉，而实际位于独联体境内阿姆河流域的水资源，也就是独联体境内的多年平均水量为 752 亿 m^3，但由于阿富汗和伊朗最近 10 年里使用水量的增加，导致现在多年的平均水量不超过 1 100 亿 m^3。

完全发源于独联体境内的河流有瓦赫什河、卡菲尔尼甘河、苏尔汉河、舍拉巴德河、喷赤河右岸支流、泽拉夫尚河和卡什卡达里亚河。

1.4.1.3　泽拉夫尚河

泽拉夫尚河发源于塔吉克斯坦，流经乌兹别克斯坦境内，多年平均径流量为 52 亿 m^3。7 月水量最大（250～690 m^3/s），3 月最少（28～60 m^3/s）。泽拉夫尚河的这一特点是其流域范围内古文明形成和发展的基础，也是灌溉农业形成的基础。

表 1.21　泽拉夫尚河水资源的形成和利用情况　　单位：亿 m^3

项目	内容	保证率		
		50%	75%	95%
1	“都布里—苏贾”测水站测得的河流水量	51.03	46.36	42.89
2	循环水及地下水总量	15.20	11.84	11.01
3	流域内总水量	66.23	58.20	53.90
4	塔吉克斯坦境内使用掉的水量	2.86	8.26	2.86
5	纳沃伊火电站使用掉的水量	12.43	12.43	12.43
6	乌兹别克斯坦境内农业灌溉用水量	50.94	42.91	38.61

据测算，21 世纪初，卡什卡达里亚州、撒马尔罕州、布哈尔州和纳沃伊州的总灌溉面积达 60 万 hm^2（表 1.21）。

表 1.22 和表 1.23 列出了咸海流域各河流水量及其国家间分配情况。

表 1.22 河系水资源（Чен Ши и др.，2013） 单位：亿 m^3

序号	河流名称	径流变化系数（C_v）	多年平均径流量（50%保证率）	90%水保证率
1	阿姆河上游径流量	0.14	659（654）	544
1.1	其中包括喷赤河下游	0.12	331（329）	281
1.2	瓦赫什河	0.14	199（199）	164
1.3	昆都士	0.23	35.0（34.2）	25.0
1.4	卡菲尔尼甘河	0.19	55.1（54.1）	41.9
1.5	苏尔汉河	0.19	36.7（36.0）	28.0
1.6	舍拉巴德	0.32	2.2（2.2）	1.4
2	乌兹别克斯坦西南河流径流量		65.5（64.8）	51.7
2.1	其中包括泽拉夫尚	0.15	52.8（52.4）	43.0
2.2	卡什卡达里亚河	0.26	12.7（12.4）	8.7
3	土库曼斯坦河流径流量		27.7（26.0）	13.5
3.1	穆尔加布河	0.29	15.4（15.0）	10
3.2	捷詹河	0.58	9.6（8.6）	3.5
阿姆河流域总计（除阿富汗北部无支流河）			752（746）	609
4	锡尔河上游径流量		（255.6）	195.9
4.1	其中包括乌奇库尔干纳伦河		（137.4）	99
4.2	卡拉达里河		（37.6）	22.4
4.3	费尔干纳河谷支流		（80.6）	74.5
4.4	中游水流量		（93）	65.1
4.4.1	饥饿草原山麓水流量		（6.0）	3.1
4.4.2	查基尔河（Чакир）水流量		（87）	62
4.4.3	其中包括查基尔河（Чакир）		（17）	48
5	水资源形成地带恰尔达拉水库测量浮标（除饥饿草原山麓水流量）		（342.6）	258
6	阿雷西河与卡拉套河		（23）	15
锡尔河流域总计		（37.2）	276	
7	阿姆河与锡尔河流域总计		（1 124）	885
8	阿姆河与锡尔河流入咸海部分总计		（1 001.1）	802

表 1.23　中亚地区咸海沿岸河流形成和利用情况

项目	咸海沿岸国家	形成量/亿 m^3	约定使用量/亿 m^3
1	哈萨克斯坦	24.3	153
2	吉尔吉斯斯坦	284.5	53
3	塔吉克斯坦	505.9	132
4	土库曼斯坦	15.5	220
5	乌兹别克斯坦	112.3	551
6	阿富汗、伊朗	223.6	35
合计		1 166.1	1 144

1.4.2　地下水资源

咸海沿岸所有流域范围内的地下水与地表水有着水力联系、相互补给，因此，如果地下水使用过量，就会导致地表水等量减少。这种情况必须考虑到地下水利用和水量平衡。再加上许多地下水的发源地都位于国家间的交界地带，因此，一个国家超量使用就会导致其他国家地下水量的减少。

乌兹别克斯坦地下水资源量为 251.18 亿 m^3/a，地下水的使用量为 84.45 亿 m^3/a，也就是说，地下水的使用量占地下水自然储存量的 34%（图 1.40，2008 年）（Чен Ши и др.，2013）。

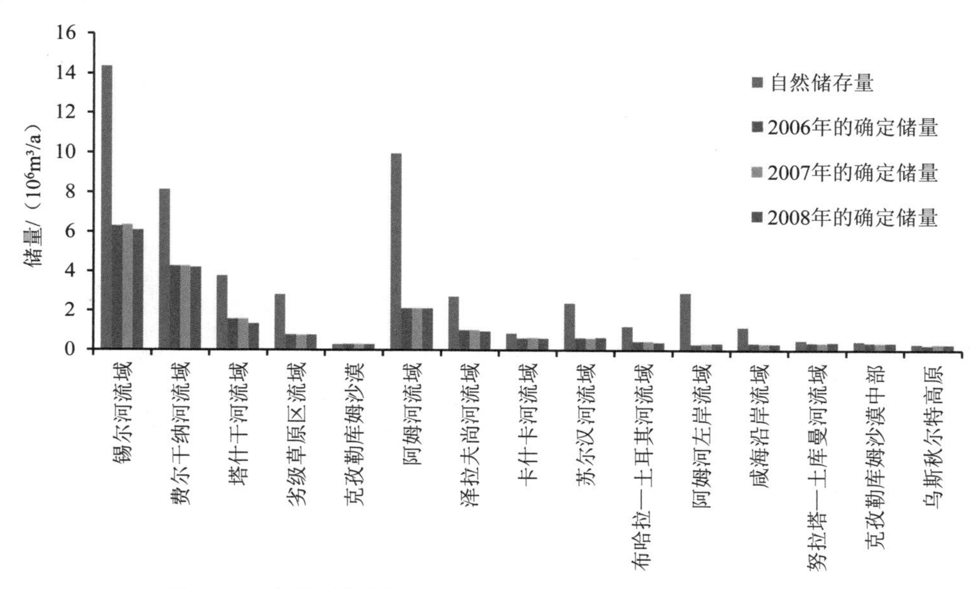

图 1.40　乌兹别克斯坦地下水的自然储存量和确定的使用量

在自然条件下，保障地下水供给的资源是天然补给量（如雨水渗入、地表水渗入、地表或地下流经水的渗入）。地下水资源的测量是通过对地下水量的测量得知的，地下水自然资源的矿化度分为小于 1 g/L、1～5 g/L 和大于 5 g/L（Чембарисов Э.И. и др.，2016）。

2006 年，淡水和咸水的抽取增加量分别为 2.87 万 m^3/d 和 5.89 万 m^3/d（表 1.24）。淡水资源的减少，一方面是由于人类活动导致地下水质量的恶化，另一方面是由于资源本身的枯竭和整个中亚地区地下淡水资源的匮乏。还因为个别企业及工业的生产活动导致地表水质量的恶化，继而影响地下水的水质，这些企业及工厂污染了干渠排水、工业、市政及农业用水，并向其中排放垃圾。例如，卡拉卡尔帕克斯坦、花剌子模州和布哈拉州的地下饮用水水资源的供应基本上没有了，大部分地下淡水不合理利用导致了优质饮用水的严重缺乏。

表 1.24　地下水（以 1985 年 1 月 1 日数据为依据）　单位：m^3/a

研究与利用指标	锡尔河流域		阿姆河流域		咸海流域	
	整个流域	其中乌兹别克斯坦	整个流域	其中乌兹别克斯坦	整个流域	其中乌兹别克斯坦
1.预测资源	21.0	11.0	40.5	8	61.6	19.0
其中包括						
1.1.1　≤1 g/L	15.3	10.4	7.4	3.1	22.7	13.5
1.1.2　1～3 g/L	4.6	0.6	2.9	1.6	7.5	2.3
1.1.3　3～5 g/L	0.2	0.0	3.3	1.8	3.6	1.8
1.1.4　>5 g/L	0.8	0.0	26.9	1.4	27.7	1.4
2. 使用蕴藏量（预测资源中已勘探到的和初步估计的）	6.9	4.2	3.4	1.3	10.3	5.5
3. 通过选择预测资源中已探明和预估蕴藏量计算地表径流损耗	6.2	3.9	2.6	0.9	8.8	4.8
4. 总的地下引水量	8.3	5.8	3.9	2.9	12.3	8.7
4.1 其中已探明蕴藏量	1.9	0.8	0.9	0.4	2.8	1.2

1.4.3　回归水资源

回归水是咸海地区水资源平衡的重要组成部分。由于没有恰当的统计方式，关于其总量的数据在某种程度上是相对的。1990—2000 年，回归水的总量（根据莫斯科水问题科研中心的测算）为 280 亿～330 亿 m^3，其中，锡尔河流域每年产生的回归水的水量达 135 亿～155 亿 m^3，阿姆河流域为 160 亿～190 亿 m^3。

乌兹别克斯坦境内咸海沿岸循环水的总量及利用量，是通过在边界、地区内和对位于咸海沿岸流域（表 1.25）范围内水量平衡基准点的测量获取的。实际上，对水量平衡的分析表明，回归水的总量很多但却是有限的，它主要是由灌溉渠系及灌溉时水的渗漏造成的，因此回归水的利用存在很大不确定性。

除此之外，回归水大部分被用于它所产生的区域内，并且通常情况下，这部分水没有计算入水资源，但它是确实存在的。总之，回归水是水资源总量中不可忽略的部分，却因地区污染出现了很大的问题。

回归水是中亚地区土壤、河流及水体污染和盐碱化的重要原因，然而与回归利用相关的生态研究目前还很少。

表 1.25　乌兹别克斯坦境内咸海沿岸整体及局部地区循环水的总量及其利用情况
（1990—2000 年的平均值/10^8 m^3）（Чен Ши и др.，2013）

循环水形成的地域	形成原因		总的形成量	利用情况		
	灌溉及干渠排水时的损失	工业生产时的损失		返回进入河流	在形成地被用于灌溉	储存在低洼地
锡尔河流域	120	14	134	92	27	15
乌兹别克斯坦境内	76	9	85	56	21	8
阿姆河流域	176	15	191	76	22	93
乌兹别克斯坦境内	108	8	116	34	20	62
整个咸海沿岸水域	296	29	325	168	49	108
乌兹别克斯坦境内	184	17	201	90	41	70

第2章　河流水文与水资源利用

2.1　河流状况

乌兹别克斯坦的河流主要发源于邻国（吉尔吉斯斯坦和塔吉克斯坦）的山区（阿姆河和锡尔河），在其流经本国时形成自己的径流。此外，人工运河的注入也是河流径流量的一部分，内陆水资源则是由湖泊水和地下水构成。水资源状况见表2.1～表2.10。

表2.1　独联体国家阿姆河流域河流水资源及其保障率

（Khamrayev et al.，1994；Makhmudov et al.，2007）

编号	河流、水系	C_v	径流额度/$10^8\ m^3$	水资源保证率/%			
				50	75	90	95
1	阿姆河水系	0.14	692	687	623	570	541
1.1	喷赤河	0.12	347	345	315	295	282
1.2	瓦赫什河	0.14	199	198	179	164	156
1.3	卡菲尔尼甘河	0.19	55.1	54.2	47.3	41.9	39.1
1.4	苏尔汉河	0.19	36.7	36.0	31.5	28.0	26.0
1.5	舍拉巴德河	0.32	2.2	2.2	1.8	1.4	1.2
1.6	孔杜兹河	0.19	52.0	51.3	45.0	39.8	37.0
2	乌兹别克斯坦西南部河流		65.5	64.8	57.5	51.7	44.8
2.1	泽拉夫尚河	0.15	52.8	52.4	47.2	43.0	40.6
2.2	卡什卡达里亚河	0.26	12.7	12.4	10.3	8.7	7.8
3	土库曼斯坦河流		46.5	46.3	36.0	28.2	24.4
3.1	穆尔加布河	0.28	22.4	21.8	17.9	14.8	13.2
3.2	捷詹河	0.39	21.8	20.7	15.6	11.8	10
3.3	阿特列克河	0.58	4.3	3.8	2.5	1.6	1.2
4	总计（除去阿富汗北部河流）		806	798	716	650	614

表 2.2　锡尔河流域主要河流水资源和年内径流分配情况，占全年的百分比（根据平均年）（Khamrayev et al.，1994）

河流，断面	单位	1 月	2 月	3 月	4 月	5 月	6 月	7 月	8 月	9 月	10 月	11 月	12 月	全年
锡尔河，恰尔达拉	$10^8 m^3$	11.2	10	15.0	31.0	56.0	66.5	56.8	38.1	21.5	16.5	14.1	12.3	349.0
	%	3.2	2.9	4.3	8.9	16.0	19.1	16.3	10.9	6.2	4.7	4.0	3.5	100.0
纳伦河，乌奇库尔干	$10^8 m^3$	4.3	4.0	5.2	10.7	19.1	27.2	24	16.2	9.2	6.9	5.7	4.9	137.4
	%	3.1	2.9	3.8	7.8	13.9	19.8	17.5	11.8	6.7	5.0	4.1	3.6	100.0
卡拉河，卡姆博拉瓦特	$10^8 m^3$	1.1	1.0	1.5	3.5	7.0	7.8	5.8	3.4	2.0	1.7	1.5	1.3	37.6
	%	2.9	2.6	4.0	9.3	18.6	20.8	15.4	9.1	5.3	4.5	4.0	3.5	100.0
奇尔奇克，霍热肯特	$10^8 m^3$	1.9	1.7	2.7	6.6	12.3	15.4	12.2	7.1	3.9	2.9	2.4	2.1	71.0
	%	2.7	2.4	3.8	9.3	17.3	21.7	17.1	10.0	5.5	4.0	3.3	2.9	100.0

表 2.3　阿姆河流域主要河流水资源和年内径流分配情况，占全年的百分比（根据平均年）（Khamrayev et al.，1994）

河流，断面	单位	1 月	2 月	3 月	4 月	5 月	6 月	7 月	8 月	9 月	10 月	11 月	12 月	全年
阿姆河，克尔吉	$10^8 m^3$	19.2	17.7	25.9	49.6	82.3	112	129	96.8	51.0	29.5	23.6	21.4	658.0
	%	2.9	2.7	3.9	7.5	12.5	17.0	19.6	14.7	7.8	4.5	3.6	3.3	100.0
喷赤河，下喷赤	$10^8 m^3$	10.8	9.8	12.8	22.9	37	52.6	66.6	50.8	27.7	15.7	12.7	11.7	331.0
	%	3.2	2.9	3.8	6.9	11.1	15.8	20.3	15.6	8.3	4.8	3.8	3.5	100.0
瓦赫什河，图特卡乌尔	$10^8 m^3$	4.6	4.2	6.1	11.7	21.9	31.8	42.8	36.9	18.6	9.3	6.5	5.5	200.0
	%	2.3	2.3	3.0	6.0	10.8	16.2	21.1	18.2	9.5	4.6	3.3	2.7	100.0

河流，断面	单位	1月	2月	3月	4月	5月	6月	7月	8月	9月	10月	11月	12月	全年
孔杜兹河，阿斯卡尔霍纳	$10^8\,m^3$	1.9	1.8	2.0	2.1	3.9	8.8	5.6	1.5	0.8	2.0	2.3	2.2	35.0
	%	5.5	5.2	5.8	6.0	11.1	25.1	16.0	4.3	2.4	5.6	6.6	6.4	100.0
卡菲尔尼干河，支流	$10^8\,m^3$	1.0	1.1	2.9	7.4	11.3	11.3	8.8	4.9	2.5	1.5	1.3	1.2	55.3
	%	1.9	2.0	5.3	13.3	20.4	20.4	15.9	8.9	4.5	2.8	2.3	2.2	100.0
苏尔汉河，支流	$10^8\,m^3$	0.7	0.8	2.1	5.5	8.1	7.4	5.2	2.7	1.4	0.9	0.8	0.8	36.5
	%	2.0	2.2	5.8	15.0	22.2	20.2	14.3	7.4	3.8	2.6	2.3	2.2	100.0
泽拉夫尚河，支流	$10^8\,m^3$	1.1	0.9	1.1	1.5	4.2	9.6	13.0	10.5	5.3	2.5	1.7	1.4	52.8
	%	21	1.8	2.0	2.8	8.0	18.1	24.7	20.0	10.1	4.8	3.1	2.5	100.0
卡什卡达里亚河，支流	$10^8\,m^3$	0.6	0.6	1.3	2.4	2.1	1.8	1.4	0.7	0.5	0.4	0.5	0. 5	12.7
	%	4.4	4.7	10.6	17.7	16.2	14.3	10.9	5.7	3.7	3.6	4.0	4.2	100.0

表 2.4　纳伦河径流调控时平均年的锡尔河水量平衡（9.25 亿 m^3 和季节调控所需水量）

单位：$10^8\,m^3$

编号	指标	月份												全年	调控所需水量
		1	2	3	4	5	6	7	8	9	10	11	12		
1	锡尔河水资源	16.9	15.9	19.9	32.9	49.6	53.6	46.6	34	23.2	20.1	18.7	17.6	349.0	
1.1	包括恰吉尔河(奇尔奇克—安格连—克列斯灌区）	2.3	2.2	4.3	10.7	16.5	18.0	13.0	7.4	4.0	3.1	3.0	2.6	87.0	
2	费尔干纳盆地水资源管理区	24.1	23.2	25.4	31.0	42.0	42.1	41.1	34.4	26.7	24.9	23.4	22.7	361.0	
2.1	河流水资源	13.6	12.7	14.6	22.3	33.2	35.6	33.6	22.6	19.2	16.0	14.7	13.9	256.0	
2.2	河流回归径流	6.0	6.2	6.6	6.7	7.8	6.5	7.5	6.8	5.5	4.7	4.4	4.3	73.0	

编号	指标	月份												全年	调控所需水量
		1	2	3	4	5	6	7	8	9	10	11	12		
2.3	河床的尖灭	4.5	4.3	4.2	2.0	1.0	—	—	1.0	2.0	4.2	4.3	4.5	32.0	
3	费尔干纳盆地需水量及损失量	1.2	10.4	20.4	6.3	3.9	38.0	50.0	46.5	24.5	9.1	14.8	7.9	233.0	
3.1	灌溉	—	9.0	19.0	4.3	1.9	36.0	48.0	44.5	22.5	7.7	13.4	6.7	213.0	
3.2	工业、日常用水	0.6	0.7	0.7	1.0	1.0	1.0	1.0	1.0	1.0	0.7	0.7	0.6	10.0	
3.3	主干道和水库损失	0.6	0.7	0.7	1.0	1.0	1.0	1.0	1.0	1.0	1.7	0.7	0.6	10.0	
4	费尔干纳盆地出口处的剩余径流	22.9	12.8	5.0	24.7	38.1	4.1	−8.9	−12.1	2.2	15.8	8.6	14.8	128	2.10
4.1	不考虑回归径流和河川尖灭	12.4	2.3	−5.8	16.0	29.3	−2.4	−16.4	−19.9	−5.3	6.9	−0.1	6.0	23.0	4.40
5	中游水资源管理区	25.9	15.8	8.0	25.7	39.1	6.1	−6.9	−10.1	4.2	18.8	11.6	17.8	156	
5.1	河川径流	23.9	13.8	6.0	24.7	38.1	4.1	−8.9	−12.1	2.2	16.8	9.6	15.8	134	
5.2	河流回归径流	1.0	1.0	1.0	1.0	1.0	1.0	1.0	1.0	1.0	1.0	1.0	1.0	12.0	
5.3	河床尖灭	1.0	1.0	1.0	—	—	1.0	1.0	1.0	1.0	1.0	1.0	1.0	10.0	
6	中游用水和损失	1.0	6.8	7.2	1.7	4.2	13.0	18.5	16.8	7.4	1.0	4.0	3.4	85.0	
6.1	灌溉	—	5.8	6.2	0.7	3.2	12.0	17.0	15.3	6.4	—	3.0	4.4	72.0	
6.2	工业、日常用水	0.5	0.5	0.5	0.5	0.5	0.5	0.5	0.5	0.5	0.5	0.5	0.5	6.0	
6.3	主干道和水库的损失	0.5	0.5	0.5	0.5	0.5	0.5	1.0	1.0	0.5	0.5	0.5	0.5	7.0	
7	中游出口处剩余径流	24.9	9.0	0.8	24.0	34.9	−6.9	−25.4	−26.9	−3.2	17.8	7.6	14.4	71.0	6.24
7.1	不考虑回归径流和河川尖灭	12.4	−3.5	−12.0	14.3	25.1	−15.4	−34.9	−36.7	−12.7	6.9	−3.1	−3.6	−56.0	
8	恰吉尔河（奇尔奇克—安格连—克列斯灌区）水资源	2.3	2.2	4.3	10.6	16.5	18.0	13.0	7.4	4.0	3.1	3.0	2.6	87.0	

编号	指标	月份												全年	调控所需水量
		1	2	3	4	5	6	7	8	9	10	11	12		
9	恰吉尔河（奇尔奇克—安格连—克列斯灌区）水资源管理区	3.3	3.2	5.6	11.7	18.0	19.6	14.4	8.7	5.2	4.3	4.4	3.6	102.0	
9.1	河流水资源	2.3	2.2	4.3	10.6	16.5	18.0	13.0	7.4	4.0	3.1	3.0	2.6	97.0	
9.2	河流回归水	1.0	1.0	1.3	1.1	1.5	1.6	1.4	1.3	1.2	1.2	1.4	1.0	15.0	
10	恰吉尔河用水量及损失	0.7	0.8	0.8	1.6	4.4	11.9	14.8	14.0	8.9	0.8	3.8	2.5	65	
10.1	灌溉	—	—	—	0.8	3.6	11.0	13.8	13.0	8.0	—	3.0	1.8	55.0	
10.2	工业、日常用水和损失	0.7	0.8	0.8	0.8	0.8	0.9	1.0	0.9	0.8	0.8	0.8	0.7	10.0	
11	汇入排放水的剩余径流	2.6	2.4	4.8	10.1	13.6	7.7	–0.4	–5.3	–3.7	3.5	0.6	1.1	37.0	0.94
11.1	不考虑回归径流和河川尖灭	1.6	1.4	3.5	9.0	12.1	6.1	–1.8	–6.6	–4.9	2.3	–0.8	0.1	22.0	1.33
12	恰尔达拉断面剩余径流总量	27.5	11.4	5.6	34.1	48.5	0.8	–25.8	–32.2	–6.9	21.3	8.2	15.5	108.0	
12.1	包括排放水的排放水	24.9	9.0	0.8	24.0	34.9	–6.9	–25.4	–26.9	–3.2	17.8	7.6	14.4	71.0	
12.2	恰吉尔的排水	2.6	2.4	4.8	10.1	13.6	7.7	–0.4	–5.3	–3.7	3.5	0.6	1.1	37.0	
13	下游水资源管理区	28.0	11.9	6.2	34.8	49.0	1.5	–25.1	–31.6	–6.3	21.8	8.8	16.0	115.0	
13.1	恰尔达拉断面剩余径流总量	27.5	11.4	5.6	34.1	48.5	0.8	–25.8	–32.2	–6.9	21.3	8.2	15.5	108.0	
13.2	河流回归径流	0.5	0.5	0.6	0.7	0.5	0.7	0.7	0.6	0.6	0.5	0.6	0.5	7.0	
14	下游用水及损失	1.3	1.4	1.9	4.0	21.0	20.8	20.9	15.4	3.5	1.6	1.9	1.3	95.0	
14.1	灌溉	—	—	0.4	2.3	19.3	18.8	18.8	13.4	1.7	—	0.4	—	75.0	
14.2	工业、日常用水	0.3	0.4	0.4	0.4	0.4	0.5	0.5	0.5	0.5	0.4	0.4	0.3	0.5	
14.3	主干道和水库的损失	1.0	1.0	1.1	1.3	1.4	1.5	1.6	1.5	1.3	1.2	1.1	1.0	15.0	
15	卡扎林斯克剩余径流	26.2	10.0	3.7	30.1	27.5	–20.0	–46.7	–7.6	–10.4	19.7	6.3	14.0	20.0	12.47
15.1	不考虑河流回归径流													–107.0	

表 2.5　瓦赫什河径流调控时（季节调控正常给水和需水）平均年的阿姆河水平衡

单位：$10^8 m^3$

编号	指标	月份												全年	调控所需水量
		1	2	3	4	5	6	7	8	9	10	11	12		
1	阿姆河水资源（自然状态）	19.2	17.7	25.9	49.6	82.3	111.8	129.2	96.8	51	29.5	23.6	21.4	658	
1.1	瓦赫什河径流调控状态下（正常给水）阿姆河水资源	31.2	30.1	36.5	54.5	77.1	96.7	103	76.5	49.1	36.8	33.8	32.7	658	
2	上游水资源管理区	34.3	32.8	39.9	58.9	85.3	103.6	110.2	83.4	55	41.8	37.6	36.2	719	
2.1	河流水资源	31.2	30.1	36.5	54.5	77.2	96.7	103	76.5	49.1	36.8	33.8	32.7	658	
2.2	河流回归径流	3.1	2.7	3.4	4.4	3.2	6.9	7.2	6.9	5.9	5	3.8	3.5	61	
3	上游用水量	1.6	1.8	7.1	9.9	16.4	25.5	30.3	25.8	14.7	6.4	3.1	1.4	1.4	
3.1	灌溉	1	1.2	6.5	8.9	15.1	24.2	29	24.5	13.4	5.8	2.5	0.9	133	
3.2	工业、日常用水	0.6	0.6	0.6	1	1.3	1.3	1.3	1.3	1.3	0.6	0.6	0.5	11	
4	上游出口处剩余径流	32.7	31	32.8	49	68.9	78.1	79.9	57.6	40.3	35.4	34.5	34.8	575	
4.1	不考虑河流回归径流	29.6	28.3	29.4	44.6	60.7	71.2	72.7	50.7	34.4	30.4	30.7	31.3	514	
5	中游水资源管理区	34.2	33.8	35.8	52.7	72.1	81.4	83.4	60.9	43.1	37.6	36	36	607	
5.1	河川径流	32.7	31	32.8	49	68.9	78.1	79.9	57.6	40.3	35.4	34.5	34.8	575	
5.2	河流回归径流	1.5	2.8	3	3.7	3.2	3.3	3.5	3.3	2.8	2.2	1.5	1.2	32	
6	中游用水和损失	15.2	16.5	17.4	19.9	26.3	37	41	38.1	22.9	16.2	11.5	11	272	
6.1	灌溉	14.7	15.8	16.6	17.6	24.3	34.2	37.8	35.5	21.1	15.2	10.8	10.4	254	

编号	指标	月份												全年	调控所需水量
		1	2	3	4	5	6	7	8	9	10	11	12		
6.2	工业、日常用水	1.4	0.4	0.4	0.6	0.6	0.6	0.6	0.6	0.6	0.4	0.4	0.4	6	
6.3	主干道损失	0.1	0.3	0.4	0.7	1.4	2.2	2.6	2	1.2	0.6	0.3	0.2	12	
7	中游出口处（达尔甘达站）剩余径流	19	17.3	18.4	33.8	45.8	44.4	42.4	22.8	20.2	21.4	24.5	25	335	
7.1	不考虑河流回归径流	14.4	11.8	12	25.7	34.4	34.2	31.7	12.6	11.5	14.2	19.2	20.3	242	
8	下游水资源管理区	19.2	17.5	18.9	34.3	46.2	44.7	42.8	23.3	20.3	21.5	24.9	25.4	339	
8.1	河川径流	19	17.3	18.4	33.8	45.8	44.4	42.4	22.8	20.2	21.4	24.5	25	335	
8.2	河流回归径流	0.2	0.2	0.5	0.5	0.4	0.3	0.4	0.5	0.1	0.1	0.4	0.4	0.4	
9	下游用水和损失	1.9	16.4	18.6	9.6	25.6	37.6	46.3	35.9	5.5	3	4.4	7.2	212	
9.1	灌溉	1.4	15.8	17.8	7.5	22.1	33.5	42.3	32.7	2.7	1.5	3.1	6.6	187	
9.2	工业、日常用水	0.3	0.4	0.4	1	1	1	1	1	1	0.3	0.3	0.3	8	
9.3	河道和水利区损耗	0.2	0.2	0.4	1.1	2.5	3.1	3	2.2	1.8	1.2	1	0.3	17	
10	克孜尔扎尔断面处剩余径流	17.3	1.1	0.3	24.7	20.6	7.1	–3.5	–12.6	14.8	18.5	20.5	18.2	127	16.1
10.1	不考虑河流回归径流	12.5	–4.6	–6.6	16.1	8.8	–3.4	14.6	–23.3	6.6	11.2	14.8	13.1	30	52.5

表 2.6　咸海流域水资源利用情况

单位：$10^8 m^3$

国家	1960 年		1970 年		1980 年		1990 年		1995 年		1999 年	
	总计	灌溉	总计	灌溉	总计	灌溉	总计	灌溉	总计	灌溉	总计	灌溉
哈萨克斯坦	97.5	94.95	128.5	122.75	142	128.3	113.2	101.36	113	101	82.35	79.59
吉尔吉斯斯坦	22.1	21.17	29.8	28.5	40.8	38.95	51.55	49.1	49.66	47.3	32.91	31
塔吉克斯坦	98	86.9	104.4	111.7	107.5	118.2	92.59	102.39	120.89	104	125.21	101.5
土库曼斯坦	80.7	79.5	172.7	170.92	230	227.35	233.38	229.63	232.3	224.7	180.75	167.88
乌兹别克斯坦	307.8	279	480.6	434.5	649.1	555.1	636.11	581.56	542.2	490.2	628.33	566.6
咸海流域	606.1	561.52	945.6	868.37	1 206.9	1 067.9	1 162.71	1 064.04	1 058.05	967.2	1 049.55	946.57
其中阿姆河流域	309.7	285.5	532.2	492.82	669.5	603.45	692.47	651.51	643.92	607	660.79	595.68
锡尔河流域	296.4	276.02	413.4	375.55	537.4	464.45	470.24	412.53	414.13	360.2	388.76	350.89

表 2.7　锡尔河干流实际引水量

国家	1992—1993 年		1993—1994 年		1994—1995 年		1995—1996 年		1996—1997 年		1997—1998 年		1998—1999 年		平均		限额/%
	$10^8 m^3$	%	$10^8 m^3$	%	$10^8 m^3$	%	$10^8 m^3$	%	$10^8 m^3$	%	$10^8 m^3$	%	$10^8 m^3$	%	$10^8 m^3$	%	
乌兹别克斯坦	110	50.7	103.6	49.1	98.2	48.1	115.4	51.9	119.5	54.1	119.8	53.99	124.6	54.5	113	51.76	50.5
哈萨克斯坦	84.6	39	84.2	39.9	84.2	41.2	84.8	38.1	81	36.7	82	36.95	83.2	36.4	83.4	38.32	42
塔吉克斯坦	20.5	9.45	21.5	10.2	19.9	9.75	20.4	9.17	18.7	8.47	18.3	8.25	18.8	8.22	19.7	9.07	7
吉尔吉斯斯坦	1.8	0.83	1.9	0.9	1.9	0.93	1.8	0.81	1.7	0.77	1.8	0.81	2.1	0.92	1.9	0.85	0.5
总计	216.9	100	211.2	100	204.2	100	222.4	100	220.9	100	221.9	100	228.7	100	218	100	100
咸海	71		92.5		65		39		49		58.8		71.3		63.8		
总计	287.9		303.7		269.2		261.4		269.9		280.7		300		281.8		
此外在阿尔纳赛低点	13		93.2		49.2		10		12.9		21.9		41.2		34.5		

表 2.8　阿姆河干流实际引水量

国家	1993—1994 年		1994—1995 年		1995—1996 年		1996—1997 年		1997—1998 年		1998—1999 年		平均		限额
	实际数据（MKBK 会议纪要）														
	$10^8 m^3$	%	$10^8 m^3$	%	$10^8 m^3$	%	$10^8 m^3$	%	$10^8 m^3$	%	$10^8 m^3$	%	$10^8 m^3$	%	%
吉尔吉斯斯坦	1.5	0.29	1.3	0.26	1.6	0.3	1.7	0.33	4.5	0.84	4.5	0.82	4.5	1.03	0.6
塔吉克斯坦	73.2	14.2	70.1	13.87	74.1	13.93	75.1	14.71	70.3	13.26	73.7	13.45	78.6	17.92	15.6
土库曼斯坦	227.6	44.15	211.5	41.84	214.6	40.34	210.2	41.17	219.9	41.47	218.9	39.35	172.3	39.29	35.8
乌兹别克斯坦	213.2	41.36	222.6	44.03	241.7	45.43	223.6	43.79	235.6	44.43	250.8	45.78	183.1	41.76	48.2
总计	515.5	100	505.5	100	532	100	510.6	100	530.3	100	547.9	100	438.5	100	100
咸海	112		89		31		49		5.2		81		32.9		
合计	627.5		594.5		563		559.6		535.5		628.9		471.4		

表 2.9　乌兹别克斯坦水体污染源监测结果（Чен Ши и др.，2013）

编号	地区	净化厂数	年净化效率%			污水净化后的污染物（阈限值）												水体
						铵离子			亚硝酸盐			生化需氧量			化学需氧量			
			2007 年	2008 年	2009 年	2007 年	2008 年	2009 年	2007 年	2008 年	2009 年	2007 年	2008 年	2009 年	2007 年	2008 年	2009 年	
1	卡拉卡尔帕克斯坦	5	27.8	40.8	45.1	0.8	0.06	1	4.6	8.0	6.5	1.6	1.1	2.2	3.1	2.4	2.2	克格里，阿姆河
2	安集延	12	43	24.1	25.0	4.0	—	6	0.9	—	1.2	11.3	—	4.6	2.3	—	3.2	卡拉达利亚河
3	布哈拉	7	75.7	62.8	62.8	4.4	24.0	12.4	0.6	1.6	1.2	10.0	26.6	8.3	2.6	7.3	6.6	萨科维奇，南卡甘地区

编号	地区	净化厂数	年净化效率%			污水净化后的污染物（阈限值）												水体
						铵离子			亚硝酸盐			生化需氧量			化学需氧量			
			2007年	2008年	2009年	2007年	2008年	2009年	2007年	2008年	2009年	2007年	2008年	2009年	2007年	2008年	2009年	
4	吉扎克	8	62.1	64.9	67.2	4.4	1.6	3.6	1.2	0.6	0.3	10.0	1.8	6.3	2.6	1.5	6.9	克雷，桑佳尔河
5	卡什卡达里亚	9	37.6	32.8	66.1	2.0	1.5	1.2	2.5	1.2	1.1	—	1.4	1.1	—	1.6	1.3	达什特，卡什卡达利亚河
6	纳曼干	10	62.1	64.9	58.8	13.0	12.8	14.8	0.5	0.5	0.9	—	5.2	4.8	1.9	1.9	1.8	锡尔河，纳伦河
7	纳沃伊	2	34.2	75.2	50.8	0	0.9	12.1	0	0.4	0.5	1.3	1.3	7.1	1	1.5	2.7	萨尼塔尔，泽拉夫尚河
8	撒马尔罕	8	59.7	68.3	46.1	23.5	6.2	10.4	2.6	2.4	4.5	2.8	3.4	2.8	1.1	0.9	1.4	霍乌扎克，塔里古梁，斯纳普，泽拉夫尚河
9	苏尔汉河	7	60	47.5	67.5	6.4	7.6	4.0	0.1	0.3	1	3.7	11.3	4.0	1.8	3.6	1.5	阿姆河，苏尔汉河
10	锡尔河	6	—	10.4	25.3	—	4.6	0.5	—	1.1	1.2	—	—	3	—	6.2	1.3	舒鲁扎克，锡尔河
11	塔什干市，塔什干州	7，26	31.9	39.9	34.1	13.2	8.3	9.0	1.2	3.7	2.7	5.6	5.4	6.8	9.1	6.8	6.7	卡拉苏，撒拉尔渠道
12	阿汉加朗湖	6	46.7	48.5	37.8	11.2	7.4	12.4	6.4	4.0	5.0	2.1	—	—	1.5	—	—	阿汉加朗
13	别卡巴德	6	49.1	27.1	38.4	4.6	12.6	12.8	0.6	0.7	0.5	1.1	4.2	1.8	0.8	0.9	1.3	吉洛娃，锡尔河
14	奇尔奇克	11	57.7	65.4	50.6	5.4	3.0	3.4	2.1	0.3	1.2	0.9	0.4	3.0	0.8	0.9	1.3	奇尔奇克何
15	扬吉撒拉	3	70.7	60.1	62.2	1.8	8.2	3.4	0.6	0.1	0.6	3.6	6.5	11.3	1.4	2.1	0.9	撒拉尔，奇尔奇克河
16	费尔干纳	8	52.3	48.6	50.3	2.2	0.7	1.9	0.5	0.6	1.2	0.5	0.3	—	1.1	1.6	2.6	吉季尔吉宾，ЮФК
17	花剌子模	7	32.0	31.6	24.6	80	8.6	32.0	2.0	1.7	2.2	21.6	15.0	30.0	7.7	22.3	12.8	恰库里，杰米尔奇，阿姆河

表 2.10　乌兹别克斯坦各行政区设计水量与质量（Чен Ши и др.，2013）

编号	地区	主管道数量			总长度/km			设计水量/m^3			矿化度/（mg/L）			剩余稠度/（g/L）		
		2007年	2008年	2009年	2007年	2008年	2009年	2007年	2008年	2009年	2007 年	2008 年	2009 年	2007 年	2008 年	2009 年
1	卡拉卡尔帕克	9	9	8	736.0	736.0	736.0	1 641.0	1 146.5	1 331.4	0.36～0.92	0.55～1.33	0.34～1.03	2.33～5.90	2.38～4.93	2.0～4.0
2	安集延	4	4	4	60.7	60.7	60.7	270.1	343.7	324.3	0.03～0.05	0.03～0.11	0.10～0.17	0.58～0.90	0.35～1.06	0.72～0.96
3	布哈拉	6	6	6	622.6	622.6	622.6	2 218.3	1 964.5	2 209.9	0.24～1.15	0.35～1.0	0.28～0.53	2.2～5.4	2.4～5.6	2.7～5.1
4	吉扎尔	4	4	4	243.0	243.0	243.0	703.8	571.3	644.6	0.75～1.36	1.05～3.29	0.87～1.96	2.35～3.90	2.66～4.66	2.8～4.3
5	卡什卡达里亚	5	5	5	153.0	153.0	153.0	1 006.0	839.5	1 083.4	0.63～0.74	0.60～0.80	0.6～0.7	4.28～5.10	4.61～5.52	4.44～4.87
6	纳沃伊	7	7	7	217.0	217.0	217.0	559.2	553.5	574.0	0.11～0.78	0.09～0.84	0.13～0.77	1.65～3.70	1.45～2.84	1.6～3.6
7	纳曼干	2	2	2	48.9	48.9	48.9	2 304.8	2 021.5	2 325.1	0.04	0.04	0.04	0.82～1.18	0.85～1.25	0.98～1.10
8	撒马尔罕	7	7	7	219.2	219.2	219.2	535.0	516.2	572.1	0.03～0.10	0.04～0.11	0.05～0.10	0.65～1.74	1.88～6.61	0.58～1.65
9	苏尔汉河	11	11	11	177.8	177.8	177.8	499.1	340.4	419.2	0.08～0.56	0.14～0.64	0.1～0.48	0.68～2.35	0.64～2.39	1.17～2.06
10	锡尔河	7	7	7	248.5	248.5	248.5	1 558.0	1 158.0	1 400.0	0.16～0.86	0.18～0.92	0.16～0.69	2.10～4.80	2.35～8.40	2.40～6.40
11	塔什干州	6	6	6	139.5	139.5	139.5	657.3	494.1	610.3	0.07～0.10	0.07～0.11	0.07～0.12	0.76～1.68	0.82～1.58	0.98～1.86
12	费尔干纳	7	7	7	145.5	145.5	145.5	1 563.8	1 200.9	1 209.8	0.08～0.12	0.08～0.13	0.09～0.11	13.5～2.44	1.27～3.46	1.61～2.53
13	花剌子模	5	5	5	179.3	179.3	179.3	2 214.9	971.0	2 605.5	0.52～0.80	0.55～1.15	0.38～0.78	2.05～4.75	2.15～5.76	1.93～3.93

注：卡拉卡尔帕克斯坦管道减少，因为别鲁尼和阿雅扎卡尔管道更名，并入南部主管道。

锡尔河水资源由多条河流组成，其中，纳伦河径流量占总流量的 37%，奇尔奇克河占 19%，卡拉达利亚河占 10%。费尔干纳盆地河流总径流量占 21%，其他河流（奇尔奇克河、安格连河及克列斯斯河）占 24%（表 2.11）。

表 2.11　锡尔河流域河流径流量分布（Khamrayev et al.，1994；Makhmudov et al.，2007）

序号	河流（区域）	平均径流量		径流量保证率			
		50%	占本区域径流量比重/%	5%	75%	90%	95%
1	纳伦河（乌齐库尔甘）	137.4	37	190	114	99	91.3
1.1	纳伦河（托克托古尔）	111.0	—	—	94	79	73
2	卡拉达里亚河（堪培拉瓦特）	37.6	10	59.2	28.7	22.4	19.2
3	费尔干纳盆地支流（凯拉库姆水库以上）	80.6	21	91.0	78	74.5	71
4	凯拉库姆水库水资源总量	255.6	68	340.2	220.7	195.9	181.5
5	饥饿草原支流	6	2	11.8	4.3	3.1	2.5
6	奇尔奇克河（塔什干）	87	24	128	72.0	62	56
6	安格连河（图尔卡）						
	克列斯河（草原）						
	其他						
	奇尔奇克河（塔什干）	71			57.0	48	43
7	恰尔达拉水库水资源总量	349	94	480	297.0	261	240
8	阿雷西河与卡拉套山	23	6	40	19.0	15	13
9	锡尔河流域总量	372	100	520	316.0	276	253

锡尔河流域地表水资源（多年平均径流量或平均径流量）为 372 亿 m^3，每年大约有 90%用于灌溉，灌溉用水达 276 亿 m^3。

大阿姆河流域也是潜在的可利用水资源之一。表 2.12 中列出了位于独联体边界上的大阿姆河流域的多年平均径流量。

据水文监测站统计，大阿姆河流域潜在水资源为 835 亿 m^3，但耗水量高于径流量。然而除了不属于独联体的阿富汗北部河流径流，有 806 亿 m^3。

咸海流域山区部分的水文特征表现为径流量时间分布的不均衡性，这种不均衡性不仅体现在季节上，也体现在昼夜变化上。在植物生长期，河流径流量占全年的 74%，而秋冬、早春时期占 26%。

表 2.12　苏联时期大阿姆河流域可支配的水资源保障性供水量

（Khamrayev etal.，1994；Makhmudov etal.，2007）　　单位：亿 m^3

序号	河流流域	统计	平均径流量	水保证率			
				50%	75%	90%	95%
1	阿姆河	0.14	659	654	594	544	517
1.1	下喷赤河—喷赤河	0.12	331	329	303	281	269
1.2	昆坦兹—阿斯卡尔哈纳	0.14	199	199	179		
1.3	瓦赫什河—图特卡乌尔	0.23	35	34.2	29.0	5.0	22.8
1.4	卡菲尔尼甘河支流	0.19	55.1	54.2	47.3	41.9	39.1
1.5	苏尔汉河支流	0.19	36.7	36.0	31.5	28.0	26.0
1.6	下舍拉巴德河—乌斯季亚河	0.32	2.2	2.2	1.8	1.4	1.2
2	乌兹别克斯坦西南方河流		5.5	64.8	57.5	51.7	48.4
2.1	泽拉夫尚—杜普利—马坚达利亚—苏特日纳	0.15	52.8	52.4	47.2	43.0	40.6
2.2	卡什卡达里亚支流	0.26	12.7	12.4	10.3	8.7	7.8
3	土库曼斯坦河流		27.7	26	18.2	14.5	12.2
3.1	穆尔加布河—塔赫塔巴扎尔（库什克）	0.29	15.4	15.0	11.2	10	8.9
3.2	捷詹河—普利哈图姆	0.58	9.6	8.6	5.5	3.5	2.6
3.3	阿特拉克河—克孜拉特列克	0.58	2.7	2.4	1.5	1.0	0.7
4	大阿姆河流域总和（除阿富汗北部河流）		752	746	663	606	578

锡尔河及阿姆河流域的西部和西北部紧靠着帕米尔—阿赖山系和天山山脉，到乌兹别克斯坦境内转为平原。与塔吉克斯坦和吉尔吉斯斯坦相比，这样的地质条件造成了水资源的短缺。从世界现状和发展前景来看，水资源的短缺逐渐成为限制国家发展的主要因素之一。

在乌兹别克斯坦境内的苏尔汉河上游、卡什卡达里亚河及普斯科姆河坐落着 525 座小型冰川，总面积达 154.2 km^2（平均每座冰川面积达 0.293 km^2）。

乌兹别克斯坦几乎所有水资源都来源于吉尔吉斯斯坦和塔吉克斯坦的高山降雨、融雪和冰川融水。灌溉农业主要集中在人口稠密的阿姆河及锡尔河河谷地带，而这些地区用水主要是乌兹别克斯坦、哈萨克斯坦和土库曼斯坦。

锡尔河和阿姆河下游国家水资源短缺，影响经济发展。据多年来对乌兹别克斯坦河流径流量的监测来看，尚未发现水资源减少的趋势，但气候变化也是未来不可避免的话题。

吉尔吉斯斯坦近 10 年里，冬季降水形成径流达到总径流量的 60%，导致了锡尔河流域径流年内分布的急剧变化：没有出现冬季枯水期，而是出现了冬季洪水期，同时伴随着冰坝和壅塞的形成，造成了锡尔河下游的水患。

咸海流域的河流径流量与其他流域一样，水情有所变化。哈萨克斯坦境内的锡尔河流域在 1969 年水量尤其丰富。中亚国家要解决社会经济用水问题，关键在于阿姆河流域（大约 60%的水资源及 70%的水电资源）。由于主要河流发源于高山，因此河流补给主要来自季节性的冰川、积雪融水、地下水及降雨。平原冰雪融水份额降低至 40%～50%，相反地下水和降雨份额则有所增加。

河流的最大流量与其集水区水汽气流的多少相关，如瓦赫什河、卡菲尔尼甘河流域，没有发现靠冰雪融水供给的河流出现径流年际变化和年内不稳定性。也就是说，在 2～3 年的观测中，流域内主要河流的水文状况在空间和时间上分配均匀。过去较少对汛期和平水期进行连续 4～6 年不间断地观测，平水期最长可达 8 年。1971—1980 年径流量总体呈下降趋势，1981—1990 年靠冰雪供给的河流总径流量有所下降，而靠冰雪融水及降雨供给的河流径流量略有上升。

由于咸海流域水资源部分产生于非独联体国家（阿富汗和伊朗），包括喷赤河左支流、昆都士河、土库曼斯坦大部分河流及阿富汗北方的全部河流，这些河流在非独联体国家也多用于灌溉。因此，包括乌兹别克斯坦在内的独联体国家的水资源明显减少，低于 1 100 亿 m^3。

通过长期对咸海流域、锡尔河流域及阿姆河流域径流的观测，如表 2.4、表 2.5、图 2.1 和图 2.2 所示，阿姆河流域径流量最大值分布在 7 月、8 月，此时最有利于灌溉。这两个月的灌溉需水量最大，占喷赤河、瓦赫什河及阿姆河本身径流量的 35%～39%，而在泽拉夫尚河需水量甚至达到径流量的 45%，同时，在锡尔河流域及锡尔河本身只占径流量的 24%～29%。

2.2　水资源管理

2.2.1　锡尔河流域的水资源管理

锡尔河流域的主要河流（纳伦河、卡拉达里亚河、奇尔奇克河、费尔干纳盆地及锡尔河自身）属于冰雪融水供给类型。5 月、6 月（表 2.3）径流量最大，灌溉需水量最大值出现在 7 月、8 月（图 2.1～图 2.4 及表 2.3、表 2.4）。

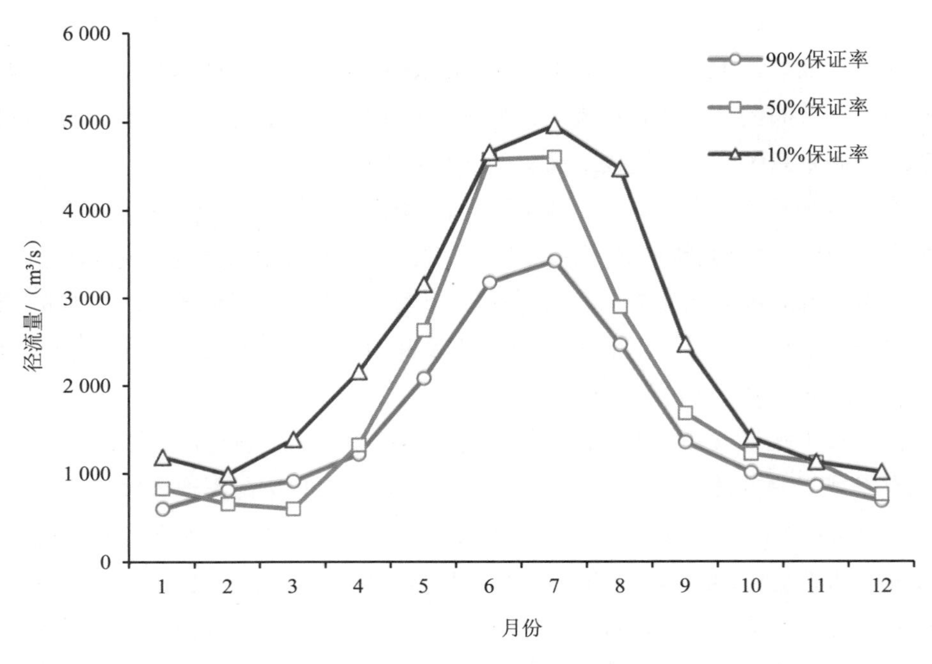

图 2.1　不同水资源保证率的阿姆河年内流量的变化

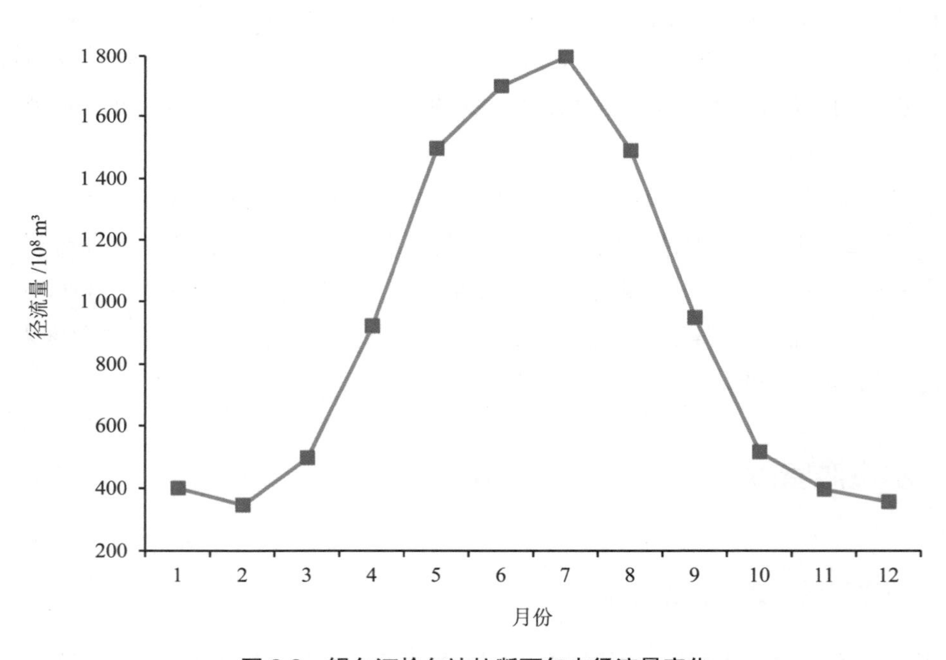

图 2.2　锡尔河恰尔达拉断面年内径流量变化

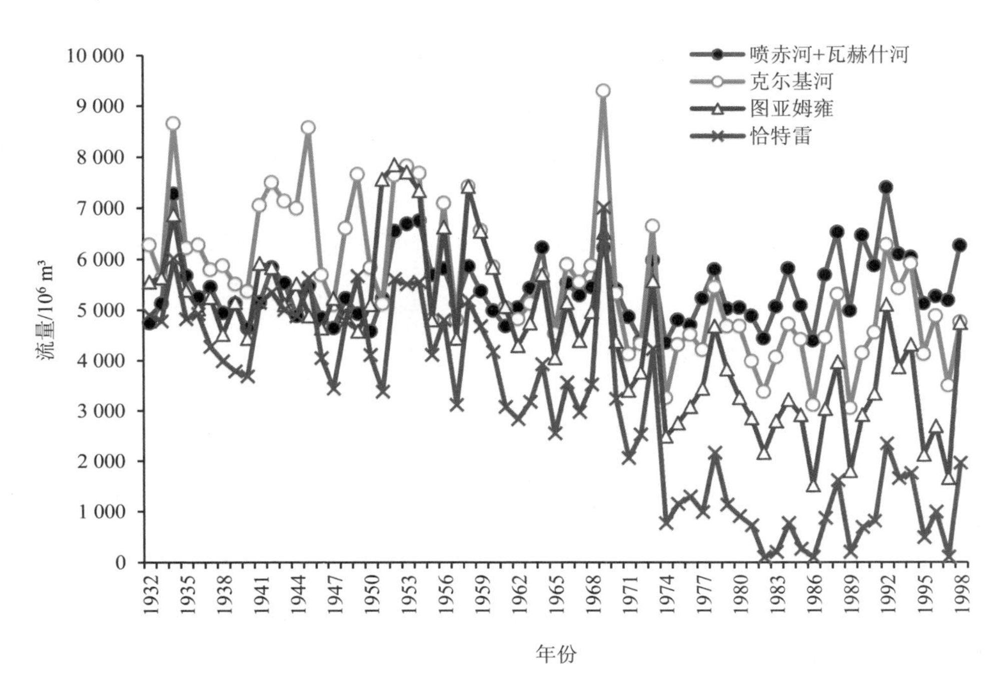

图 2.3　1932—1999 年阿姆河径流量趋势（全球环境基金会，2002）

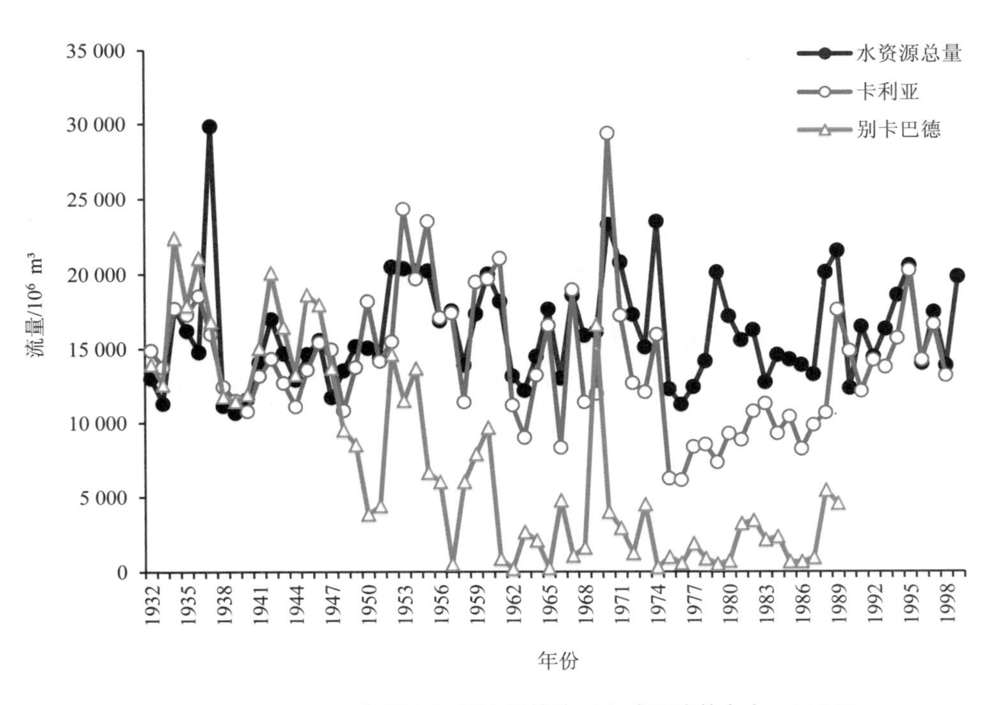

图 2.4　1932—1999 年锡尔河径流量趋势（全球环境基金会，2002）

为了调控锡尔河水资源的使用，建立了锡尔河水利系统，其中包括水库、水电站、沟渠、泵站、引水管及灌溉排水渠（图 2.5）。其目的是保证农业灌溉的需求，水量调配按照专家在河流水量平衡的基础上研究出来的规则运行（表 2.4）。同时，多年调节水库是为了用丰水年所蓄水量来弥补枯水年的缺水，也就是进行再分配和调节径流量的任务。目前，使用的水库容积在技术上已经具备了足够调节锡尔河流域水资源量的能力。

2.2.2 阿姆河流域水资源调节

为了控制阿姆河流域水资源的利用，建立了阿姆河水利系统，其中包括大型水库、水电站、沟渠、泵站、引水管及灌溉排水渠（图 2.6）。其目的是保证农业灌溉的需求，并按照专家在河流水利平衡的基础上研究出来的规则运作（表 2.5）。为了按季节管理阿姆河径流量需要 700 亿 m^3（调节度为 0.8），而保障性径流量为 510 亿 m^3。为了保障阿姆河供水的径流调节接近正常河流（克尔基河 630 亿～640 亿 m^3）多年不间断径流量的 90%，需要 390 亿～400 亿 m^3 的有效容积（数据源自全苏国家水电站和水利枢纽勘测设计院）。与此同时，只有 265 亿 m^3 的有效容积在独联体范围内，但足够保障阿姆河 610 亿 m^3 的输出量。

目前，阿姆河水库的可利用容积的标准分别是 480 亿 m^3 和 16 亿 m^3，内陆河流容积为 60 亿 m^3，可保障多年连续用水量的 90%。

2.3 水资源的利用

人类对咸海流域水资源的利用已超过 6 000 年，主要用于饮用和灌溉，但在 20 世纪尤其是 1960 年后，水资源的利用变得愈加紧张。这是由于人口的快速增长（2.7 倍）、工业的发展及最主要的方式——灌溉。1997 年前灌溉面积增长了 1.7 倍，农产品的生产增长了 3 倍（表 2.6）。从 1960 年以来咸海流域水资源利用数据可以看出，水资源引用量增长了 1.8 倍。1995 年以来，耗水量和引水量明显呈现下降趋势，这期间短暂停滞的进程波及了区域内所有国家。粮食作物产量增加的同时耗水作物的面积有所减少，这类作物包括棉花、水稻、牧草。另外一个重要因素是一些国家对农业部门的缩减，结果失去了大部分灌溉面积（表 2.13）。此外，政府控制性措施减弱，导致了耗水量和引水量的官方数据可信度下降。可以断定，在一些引入了有偿水利用制度的国家，政府的实际用水费用略高于统计报表上的数据。

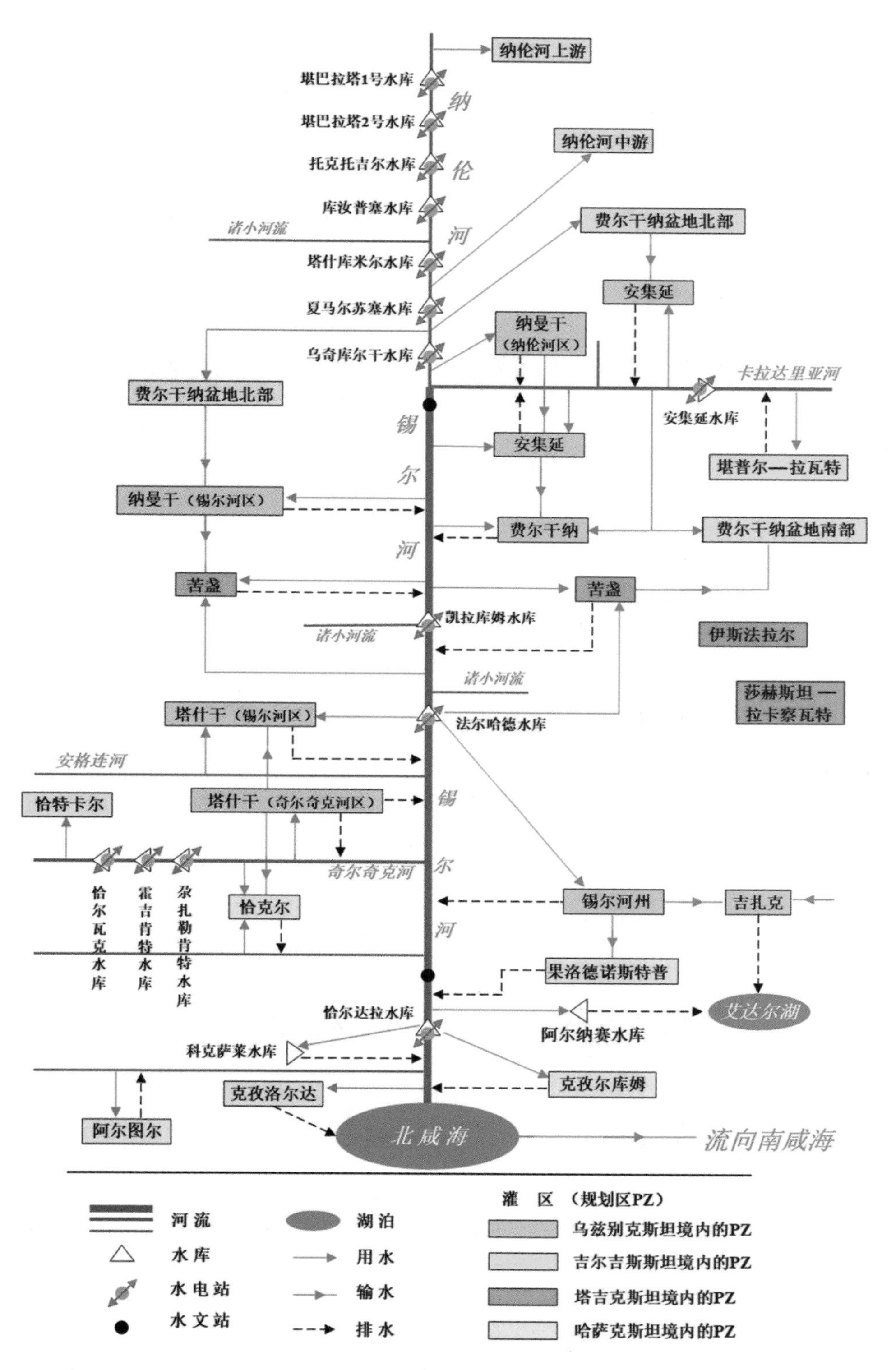

图 2.5　锡尔河水系灌区分布图

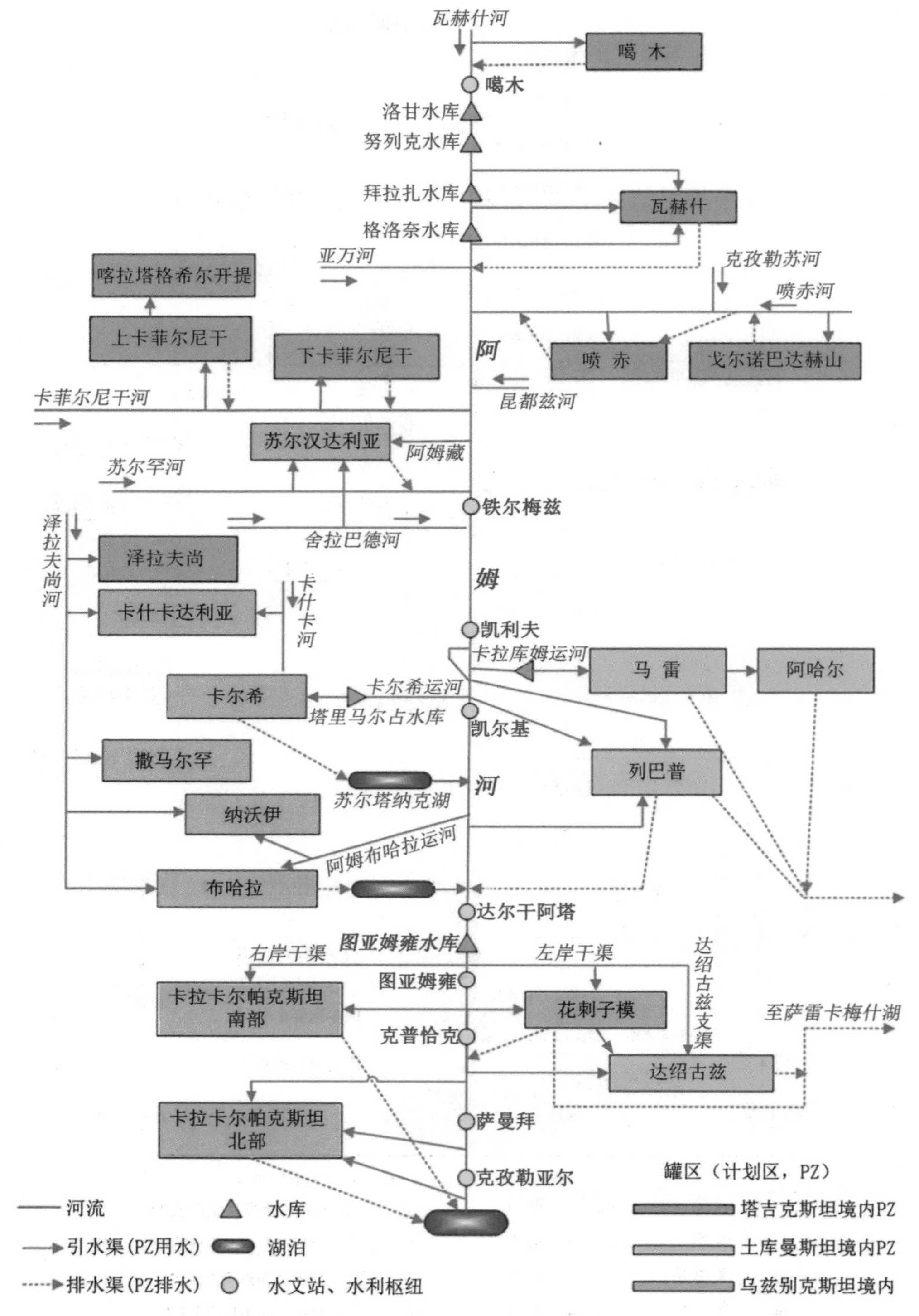

图 2.6 阿姆河水系灌区分布图

表 2.13　咸海流域水土资源利用的基本指标（水资源与水环境综合管理项目研究中心，2000）

指标	计量单位	1960 年	1970 年	1980 年	1990 年	2000 年
人口	百万人	14.1	20.0	268	33.6	41.5
土地灌溉面积	10^3 hm^2	4 510	5 150	6 920	7 600	7 900
人均灌溉面积	hm^2	0.32	0.27	0.26	0.23	0.19
引水总量	亿 m^3 总量年	606.1	945.6	1 206.9	1 162.7	1 050
其中灌溉用水量	亿 m^3 灌溉年	561.5	868.4	1 067.9	1 064	946.6
每公顷灌溉用水	m^3/hm^2	12 450	16 860	15 430	14 000	11 850
人均用水	每人每年 m^3	4 270	4 730	4 500	3 460	2 530

因为在往年提交的材料中，水资源利用的动态指标有时不是以流域范围为基础，而是考虑了内部行政区域的划分和非跨境河流水源，同时个别河流的指标有些不匹配。因此，用水量数据和耗水量数据的精准测定，是咸海流域首先需要解决的问题。

2.3.1　锡尔河流域水资源利用的特点

随着苏联的解体，以往中亚国家重点发展经济的格局发生改变，托克托古尔水库按季度放水时出现了利益冲突（表 2.14）。哈萨克斯坦和乌兹别克斯坦主要利用水库进行灌溉作业，而吉尔吉斯斯坦和塔吉克斯坦部分地区对水力发电感兴趣。

表 2.14　托克托古尔水库的流入量和放水量动态表

（水资源与水环境综合管理项目研究中心，2000）　　单位：亿 m^3

指标	年均量	1985—1991 年		1992—1999 年	
		夏季	冬季	夏季	冬季
流入量	120.6	27.7	27.7	29.8	101.8
放水量	114.6	35.3	35.3	75.9	57.3
水平衡	+6	−7.6	+13.6	−41.6	+44.5

1993 年以来，托克托古尔梯级水库开始改变运行方式，如吉尔吉斯斯坦对水利发电的需求，夏季蓄水量和冬季放水量均急剧增加。由于这些原因，锡尔河水文状况成为了国际谈判的重要议题。在 1994 年制定的协议中，考虑到吉尔吉斯斯坦增加热能供应的需求，以及哈萨克斯坦和乌兹别克斯坦增加夏季需水量的利益，组成了来自三个国家的水能源专家组，遵循相互补偿的原则，提出了锡尔河流域水能源利用的综合方案。

夏季，纳伦河水电站生产的电能高于吉尔吉斯斯坦本国需求的部分，由哈萨克斯坦和乌兹别克斯坦等量购买，吉尔吉斯斯坦则在冬季获得等量的补偿性电力和燃料。自 1995 年以来，每年在此基础上签订新的协议，而现有协议于 1998 年由各利益相关国签署。

很显然，通过这种方法，参与协议签署的各国应切实履行自身义务。因为稍有违反，将导致供水稳定性下降，这需要持续的磋商和协议来实现。同时，表 2.7 数据表明，在这个问题上各国至今未达成必要的共识。例如，除哈萨克斯坦外，该地区所有国家的用水消耗经常超出协议规定的范围，除了干旱年，虽然每年实际用水量只偏离平均用水量的 5%（1992—1999 年），也就是说基本符合标准，但是个别国家每月用水超出 60%，于是出现了各国间水资源利用和分配的矛盾。

2.3.2 阿姆河流域水资源利用的特点

在苏联时期，出于对阿姆河流域水资源整体规划的考虑，其水资源平均分配给中亚四个共和国。每个国家所占地表水份额（占阿姆河流量的百分比）：吉尔吉斯斯坦 0.6%，塔吉克斯坦 15.4%，土库曼斯坦 35.8%，乌兹别克斯坦 48.2%。这一水资源分配制度被保留至今。凯拉库姆水库的地表水资源，由土库曼斯坦和乌兹别克斯坦等额分配（50/50），这份双边协议是由两国元首于 1996 年在查尔朱（土库曼斯坦城市）签署的。

但是，生活用水量经常超出协议规定的配额。例如，乌兹别克斯坦和土库曼斯坦，干旱年上下游水资源分配的矛盾，造成下游径流量急剧减小，不能及时为下游提供水源。此外，阿姆河流域水资源主要来源于水库（总量为 102 亿 m^3），河流枯水期从运河（运卡尔希运河、阿姆—布哈拉运河、塔希阿塔什国营发电站等）引进大量水源。这些因素加剧了河床的不稳定性。

2.3.3 水资源利用需要调整的策略

中亚各国间水资源分配问题在当今已备受瞩目，未来随着阿富汗需水量的增加，分歧可能会扩大，阿富汗已提出增加喷赤—阿姆河在本国境内需水份额的要求。

因此，要解决问题必须加强合作，协调各国间利益关系，采取措施确保跨境水资源的可持续发展，包括三角洲地带及咸海区域；制订各方都能接受的解决方案，修订用水量的配额；在国家和区域各级加强节约用水措施；在整治较小的跨境河流水资源利用时（如费尔干纳谷地、楚河流域、塔拉斯河及其他地区河流）要符合人口和经济部门对水资源的需求。

2.3.4　水资源利用率

近年来，中亚国家耗水量有所下降，但各个经济部门水资源利用率却没有提高，特别是农业灌溉。水资源损失主要集中在农业灌溉渠系，损失占总引水量的 37%（数据源自水利用和农用管理调查）。地面灌溉水损失约占总灌溉量的 22%（表 2.15）。

表 2.15　农业灌溉中水资源损失（源自水利用和农用管理调查）

序号	灌溉系统	水资源损失的原因	从灌溉源头引水量	损失水量/（m^3/hm^2）	占引水设施/%	从灌溉源头的引水量与引水关系/%
1	主要灌溉渠	输送水	12 900	1 900	15	15
2	农场间渠道	输送水	11 000	2 500	22	19
3	田内渠道	灌溉系统的原因	11 000	3 800	34	29
4	田地	灌溉过程	4 700	2 000	42	15

在浅层地下水区域约一半的损失水经毛细管补给到植物根部。这在一定程度上增加了灌溉用水的利用率，但造成了土壤盐渍化并使土质变差。山区大量水资源损失是由于不合理的灌溉技术，而平原和盆地是在渠道向农田输配水的过程中造成水损失（损失水量达 15%～35%）。

可推行的节水措施，包括对灌溉用水进行收费，即对那些超标用水进行处罚；制定统一的用水标准；建立节水试点工程；引进先进灌溉技术和其他防止农田水损失的组织措施；采用现代农业技术和灌溉技术；对渠道进行防渗处理，对灌溉系统进行改进并实现现代化。一些负面事实也体现了节水问题的紧迫性。水资源利用率低下的现象在其他用水部门也存在，特别是农村居民的供水系统。由于系统技术状态的老化并且反复供水，配电网干线的漏电现象越来越多。虽然也有客观原因，如缺乏资金，但节水问题已成为中亚地区所有国家最为紧迫的需求。

2.3.5　需水量的变化趋势

中亚国家需水量的变化主要基于人口和粮食、农产品及人均用水量国际标准来制定。乌兹别克斯坦、土库曼斯坦和哈萨克斯坦未来主要依靠实施节水措施来稳定用水量，而吉尔吉斯斯坦和塔吉克斯坦则提出增加用水量改变中亚国家间水分配的原则和机制（1994 年中亚各国元首的决定），因此中亚国家还没有以每一流域为基础，确定水资源综合利用的详尽计划（Чен Ши и др.，2013）。

表 2.16　咸海流域需水量变化趋势　　单位：亿 m^3

国家	年份	经济部门						总计
		饮用供水	农业供水	工业供水	渔业	灌溉农业	其他	
哈萨克斯坦	2005	0.8	0.7	0.75	0.65	95	2.1	100
	2010	1.4	1	1.2	1.5	95	5	105.1
	2025	1.6	1.2	2.9	1.7	74.5	5	92.9
吉尔吉斯斯坦	2005	0.8	0.9	1.5	0.3	55.4	0.1	59
	2010	1	1.1	2	0.4	60.2	0.3	65
	2025	1.4	1.5	3	0.5	68	0.6	75
塔吉克斯坦	2005	5	7.5	6.5	1	119	4	143
	2010	7	9	8	1.5	131.5	3	160
	2025	10	11	10	2	145	2	180
土库曼斯坦	2005	3.7	1.9	7.5	0.25	180		193.35
	2010	4	2	9	0.3	200		215.3
	2025	4.7	2.5	11	0.4	176.5		195.1
乌兹别克斯坦	2005	26.5	13.9	13.5	10.5	565.6		630
	2010	27	14	13.9	13.2	524		592
	2025	58.5	16.3	14.6	22.4	480.2		592
咸海流域总计	2005	36.8	24.9	29.75	12.7	1 015	6.2	1 125.35
	2010	40.4	27.1	34.1	16.9	1 010.7	8.3	1 137.5
	2025	76.2	32.5	41.5	27	944.2	7.6	1 129

2.4　水资源监测

中亚地区之所以没有按照协议分配水资源，基本原因是缺少统一的监测系统和地表水信息，造成在实际用水量上的混乱局面，索赔、配额与费用分摊以及其他问题的解决难以达成一致。

中亚各国的水资源状况恶化，水监测技术设备老化，这种状况的产生有两个原因：资金的短缺和相关国家机构间缺乏必要的互动。要解决这些问题，只有改革水资源的管理和对流域进行保护，完善水资源和生态环境管理机制，中亚一些国家还提出了对水资源的利用进行额外收费。

中亚国家应在国与国之间信息交流通畅的基础上，实现对流域内水量的监测，包括对水质、水资源分配和各国耗水量的监测；当出现紧急情况和自然灾害时，对民众进行提醒和警告，用统一的监测方法收集和分析信息。在联合监测合作的框架内首要实行的措施是：对集水设施、污水处理设备、防洪设施、护岸建筑和监测网设备的技术状态进行登记和注册；重建监测网并升级监测点的设备；确保化学—生物实验室运作正常，修筑并升级储水装备，研究并实现政府关于明确地下水储备的计划；全面研究废水和回收水对水产养殖的影响。

乌兹别克斯坦对水资源利用和水资源状态进行监测的机构有：国家自然保护委员会——监测陆地生态系统的污染源（图 2.7）；乌兹别克斯坦水文气象局——进行后台监测，包括对大气污染状况、天然河流的水面状态和土壤（图 2.8～图 2.10 的监测点）进行监测；乌兹别克斯坦地质和地下资源利用委员会——监测地下水、地下水形成的区域（图 2.11）以及地质灾害；农业和水资源部——干渠排水的质量（矿化）监测；乌兹别克斯坦国土资源测绘委员会——监测土地污染；卫生部——环境卫生防疫监测。国家统计报告汇总调查、研究和环境监测的结论。

监测结果表明，河道污染的原因是污水处理效率太低。污水处理效率低的地区包括卡拉卡尔帕克斯坦（约 45.1%）、锡尔河州（约 25.3%）、塔什干（约 34.1%）、阿汉加兰地区（约 37.8%）、别卡巴德地区（约 38.4%）、塔什干和花剌子模州（约 24.6%），而有污水处理厂的河流包括泽拉夫尚河、乌奇库杜克河、锡尔河、奇尔奇克河以及塔什干地区别克铁米尔硝酸盐二级污水处理厂。污水处理效率低直接导致阿汉加兰河、奇尔奇克河、萨拉尔渠卡拉苏河、泽拉夫尚河受到撒马尔罕州和纳沃伊州的石油、亚硝酸盐和铜的污染。

乌兹别克斯坦水资源主要源自阿姆河、锡尔河、泽拉夫尚河和卡拉河，而这些河流均发源于塔吉克斯坦和吉尔吉斯斯坦境内，长期受到牲畜、生活污水、工业废水和集水排水的污染。2008 年受污染最为严重，其他年份则比较平稳（表 2.9），而其他河流在干旱年的水质，如南苏尔汉丘亚布古兹水库属于中度污染。需要特别指出的是，阿姆河源于塔吉克斯坦的高山，然后转入乌兹别克斯坦南部铁尔梅兹市，该市的河流水体的污染指数属于中度污染。在有些年份，阿姆河的水也会受到铜、铬、酚的污染。

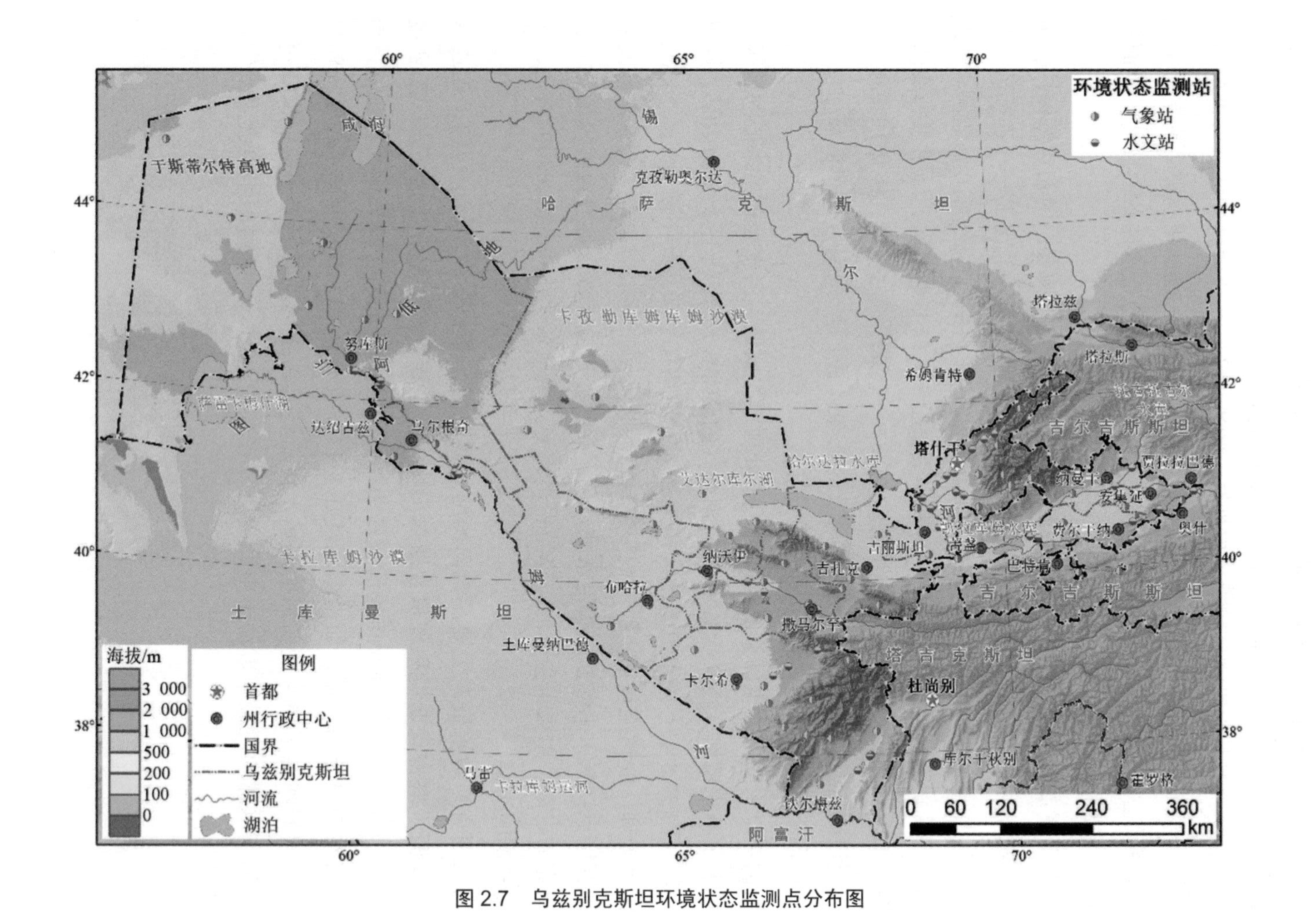

图 2.7 乌兹别克斯坦环境状态监测点分布图

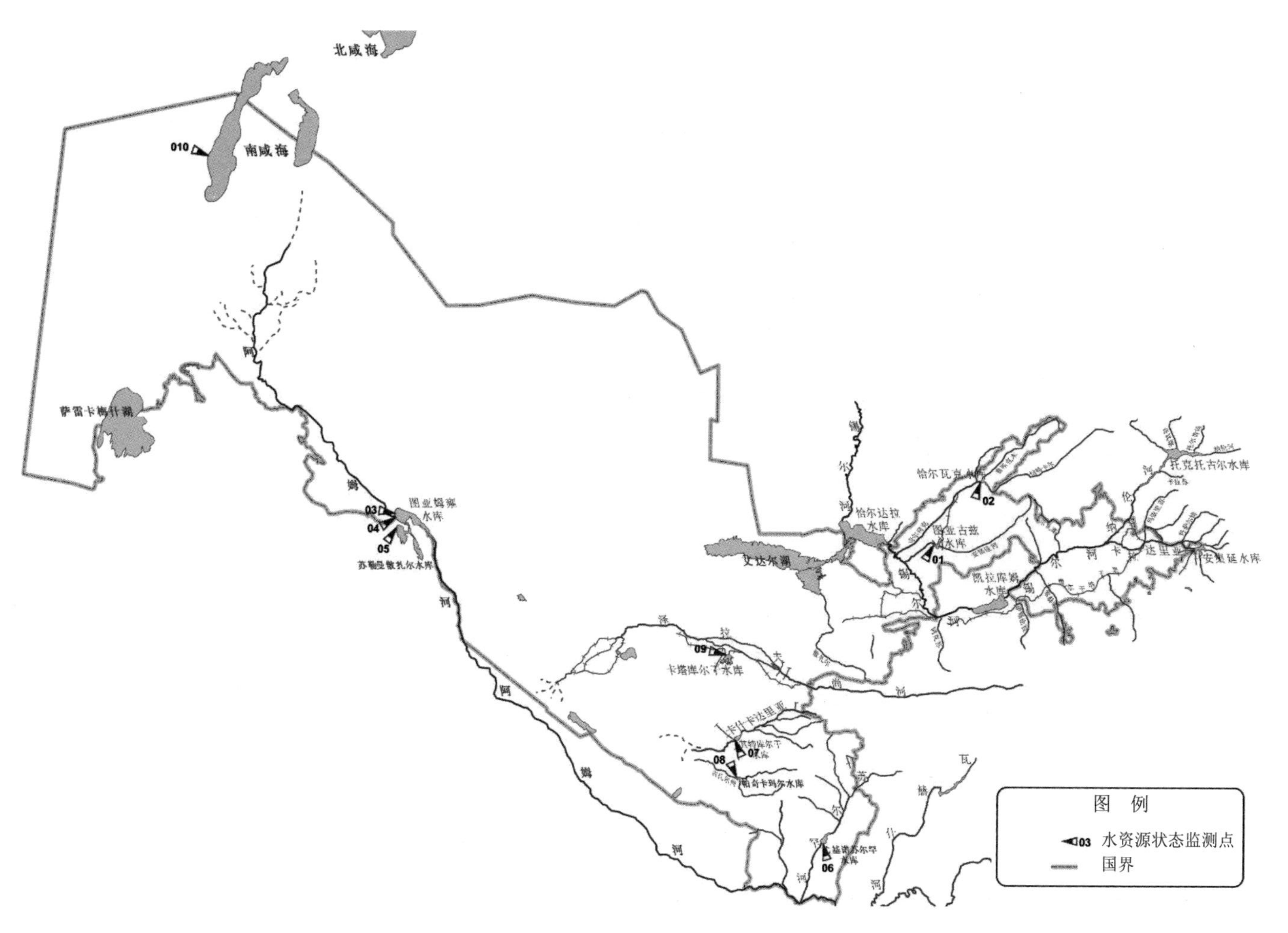

图 2.8　乌兹别克斯坦境内湖泊和水库水资源状态监测点分布示意图

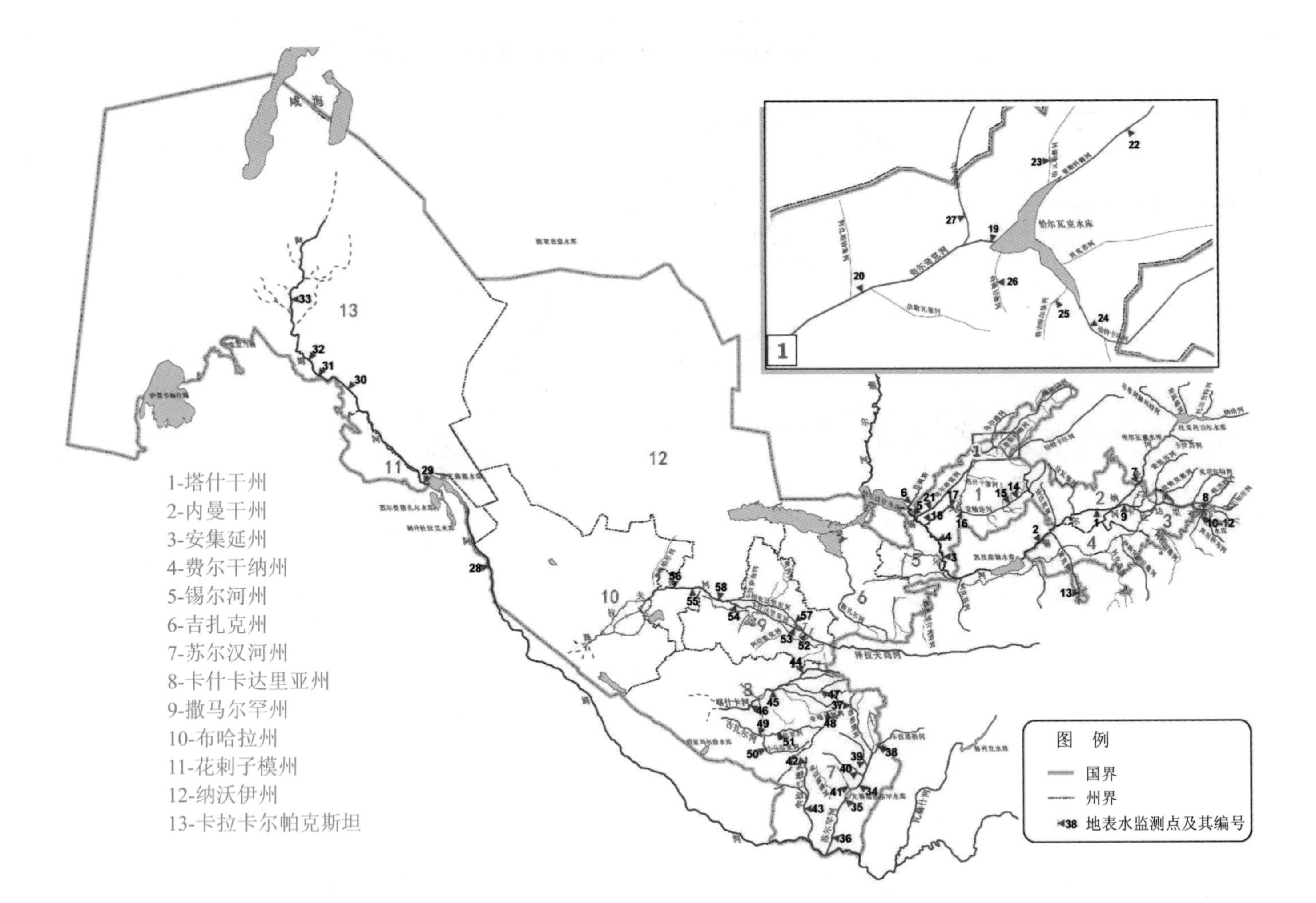

图 2.9　乌兹别克斯坦境内地表水状态监测点分布示意图

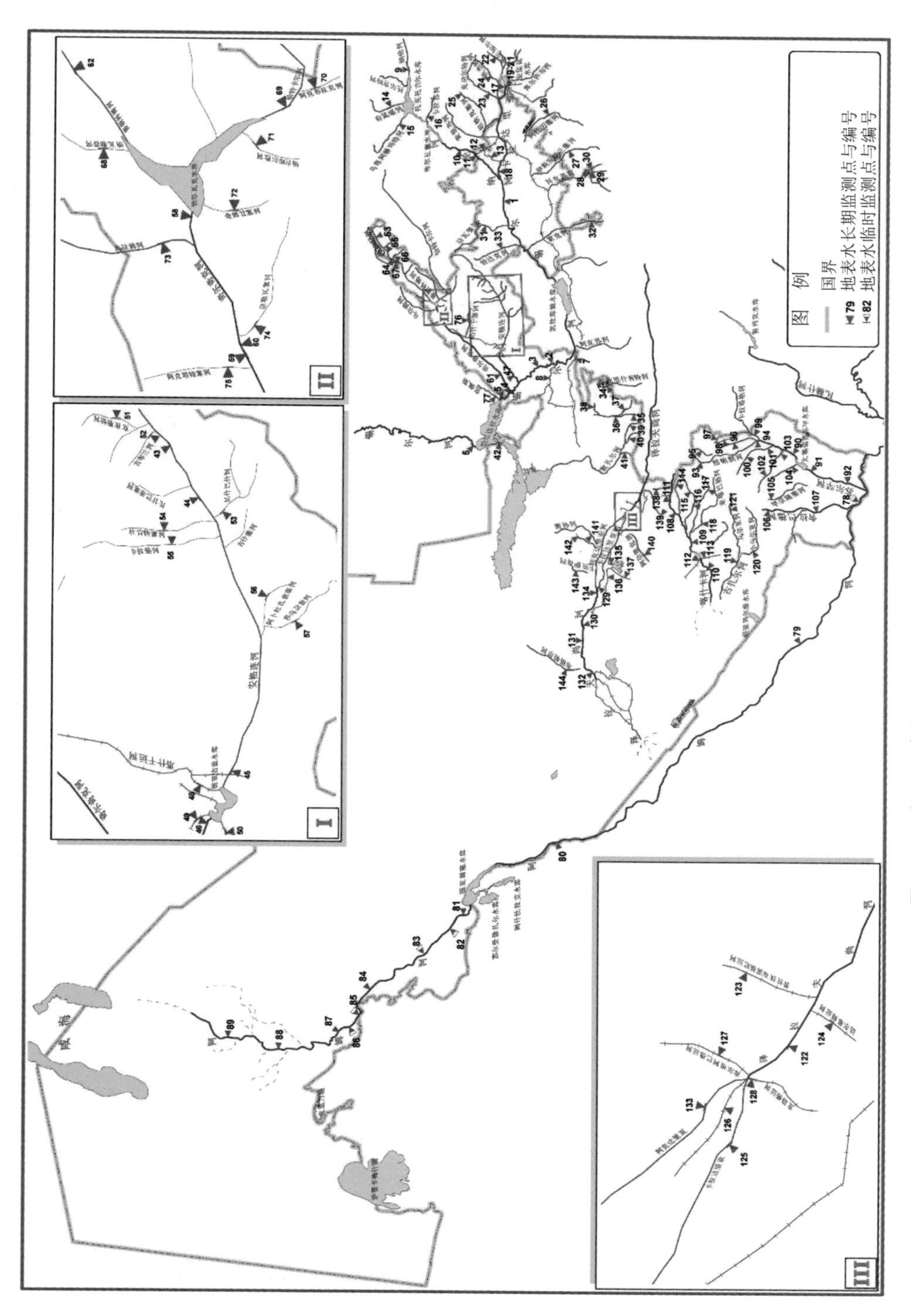

图 2.10　乌兹别克斯坦境内地表水形成监测点分布示意图

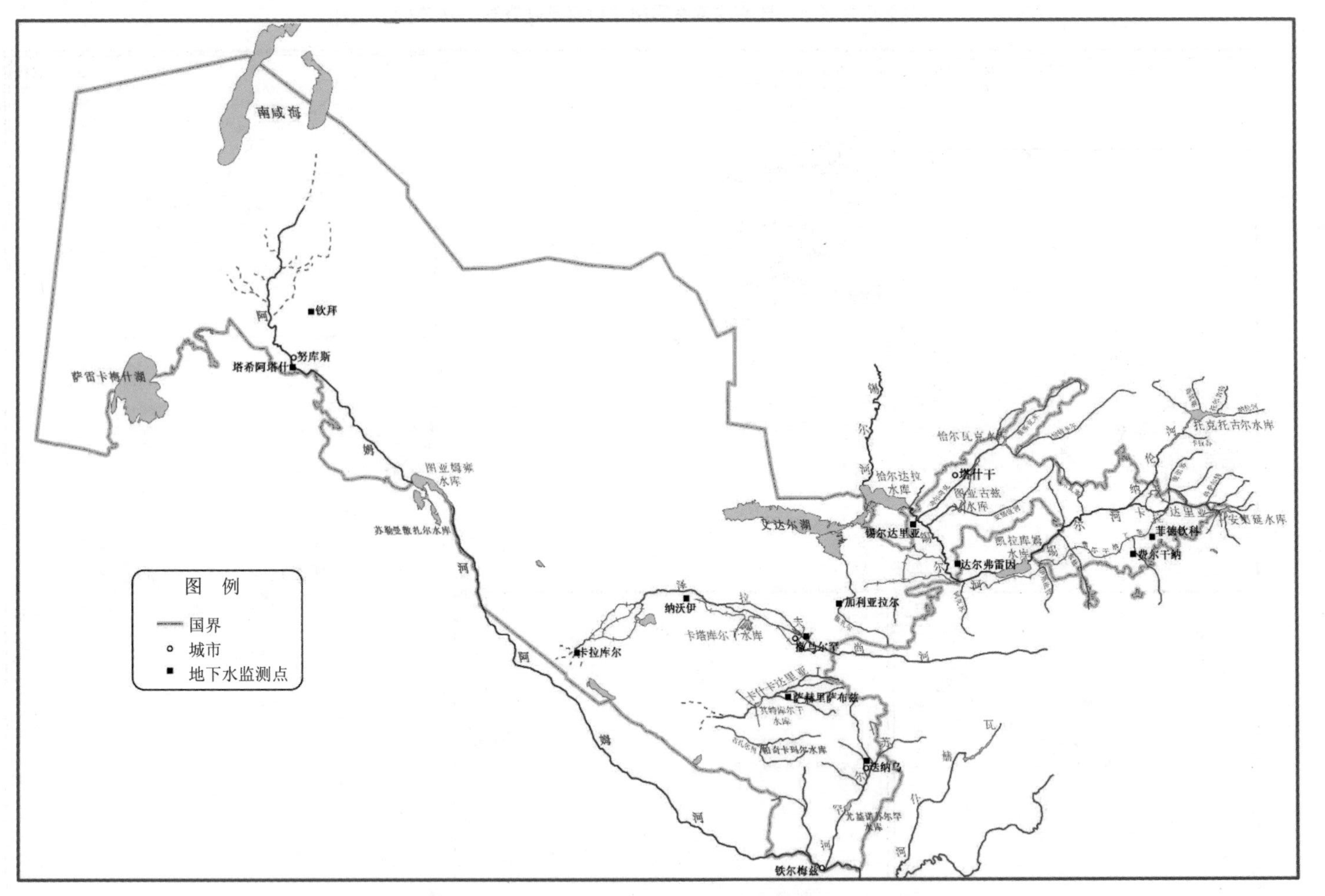

图 2.11 乌兹别克斯坦境内地下水状态监测点分布示意图

锡尔河发源于吉尔吉斯斯坦山区，对乌兹别克斯坦锡尔河汇入口处卡拉河和纳伦河的水质进行定期检测，发现亚硝酸盐、苯酚和石油制品含量超标。整个河流水体的污染指数都属于中度污染。

泽拉夫尚河发源于海拔 2 775 m 的泽拉夫尚冰山，位于突厥斯坦和塔吉克斯坦的吉萨尔交界处和乌兹别克斯坦的拉瓦特霍吉坝区域内。这条河是泽拉夫尚谷的主要径流。2001 年 10 月，在执行乌兹别克斯坦内阁部《关于改善和提高泽拉夫尚河流域的生态和卫生防疫标准》的法令时，对布哈拉州、纳沃伊州、撒马尔罕州和吉扎克州的河流及各支流的水质进行监测，虽然乌兹别克斯坦受监测水体的污染指数属于中度污染，但是受苯酚污染严重。泽拉夫尚河在乌兹别克斯坦境内的污染源是：塔里古梁、哈乌扎克赛、奇加纳克的废水回收站，撒马尔罕运河和卡塔—库尔干市的波依纳扎尔废水处理厂。

目前，通过提高观测系统的技术水平（采样、测量精确度、质量分析等）来进一步完善监测系统，扩大监测网络，利用现代化的设备和仪器，扩大监测点的覆盖面和非点源污染源（集水—排水、生活污水排放、公路运输等）的监测。

吉扎克的污水处理设施取得明显完善（67%），其中纳曼干加纳（约 59%）、纳沃伊（51%）、撒马尔罕（68%）、苏尔汉河州（67%）和费尔干纳（50%）（表 2.9），未来发展呈乐观态势。

2.5　水生态系统保护

在乌兹别克斯坦共和国独立前，水资源利用模式破坏生态系统的情况普遍存在。近年来，水资源利用率下降，水利技术基础落后，国家调控和法律约束的减弱，导致整个咸海流域生态环境恶化。最灾难性的结果是咸海海平面的下降，生态系统遭到严重破坏，湖泊三角洲干涸，另一个后果是社会经济和生态被破坏。海洋鱼产量的损失还不算是最尖锐的生态问题，还有水的矿化和污染、三角洲荒漠化、气候条件改变和随之而来的居民健康恶化，生物多样性的破坏，自然水源的减少。咸海的生态问题得到了全球的广泛关注，考虑到包括本国在内的所有区域水资源利用的生态利益，中亚各国也都认识到解决生态问题的必要性。特别是，原则上达成了国际河流泄水环保防疫必要性的协议。然而由于各国对咸海危机的理解不同，完成协议的优先事项和财政责任也有所不同。因此，参与国之间产生了分歧。

有很多需要共同解决的咸海水系统保护问题，其中之一是区域经济结构不合理（在苏联时期咸海流域还是一个整体时就存在），以及有待实现的对西伯利亚地区河流调配的计划。但有一点是明确的：如今水生态系统的保护应该符合所有国家的生态和经济利益，以防出现进一步的生态危机、环境破坏和影响社会可持续发展。

虽然各国表明了共同合作的立场并承认其必要性，但是在一些关键问题上，各国还是坚持先前的立场，尤其是以下几个方面：确定水质恶化的责任，互相索赔和对污染跨国河流指责。这就需要在法律和技术的支持下建立统一标准，以便准确测量水质，确定补偿的方式和顺序，并解决其他国际争端。同时要解决土壤二次盐渍化、土壤退化和水体污染问题。这样部署是因为需要跨界解决环境污染后果，回收和净化废水联合机构也需要协力合作，而且需要追究不履行义务国家的法律责任。当然，塔吉克斯坦作为一个独立国家，其高山湖泊保护问题是本民族的责任，但高山水坝的坍塌会为所有国家带来危险，因此需要协作解决这一问题。

乌兹别克斯坦主要的水环境问题是水盐度增高，水体受到盐分、农药、生活废水和工业废水的污染，进而造成地表水资源枯竭。主要是因为灌溉区域扩大，上游不能为下游和中游供给足够的水源，废水排出量增加，施用化肥以及对棉花和水稻喷洒农药。

因此，中亚各国必须共同努力解决由于过去经济和水资源利用模式带来的负面影响，将科学和实践的所有力量用在改善气候条件和保护中亚水资源上，基于科学标准和实践，建立协调共赢的水资源利用机制，在气候变化的条件下确保水资源的可持续利用。

第3章　地下水资源

3.1　地下水的形成、运移和理化性质

地下水的形成是自然界水循环的重要组成部分。在太阳能的作用下，水蒸发到大气中形成水汽，水汽在一定条件下形成降水，大气降水到达地面后转为地下水和地表径流。这就是内陆地表水和地下水相互转换的循环模式。

山区河流径流的形成主要来源于大气降水，其中部分也成为裂隙型地下水的补给源。由于水文地理的汇流效应，部分地下水在山谷地区消失或额外补给地表径流。例如，泽拉夫尚河在出山口处获得的地下水补给占其年径流量的 31%；安格连河来自地下水的补给量占其总量的 28%（В. Л. Шульц）。地下水对居民用水、工业用水和灌溉用水的供应逐年上升，大量地表径流的补给增加了地下水的可利用储量。

山麓和山间盆地边缘平原的降水量明显减少，在地表径流和地下水的形成过程中作用急剧减弱，同时蒸发使损失的水量逐渐增加。与此同时，在冲积堆积区砾岩层范围内的地表径流成为地下水强劲的补给来源。费尔干纳盆地的索赫河流域径流入渗率 f_k 与年降雨量 x_f 的比值约为 22：

$$\frac{f_k}{x_f}=\frac{1150}{52}\approx 22 \tag{3-1}$$

中亚平原地区的蒸发量最大，降雨的蒸发率不低于 50%，尤其是阿姆河、锡尔河、伊犁河和楚河的三角洲地区，年蒸发量达 90%以上，其余的转化为地下水，也就是说，这些地下水的水资源储备主要依靠地表径流的渗透。

中亚的灌溉区主要位于山间盆地和下游谷地，雨水补给对河流径流作用不大，灌溉水对于这一地区具有重要意义。

通常山间盆地（如费尔干纳盆地、饥饿草原、基塔布—沙赫里萨布兹草原、撒尔马罕、楚河、伊犁河）复杂的地质结构是大地构造运动的结果：正向运动形成边缘凸起（山地），负向运动产生中央地带（平原）。形成和发展于古近纪山间盆地具有广泛

的向斜弯曲，同时，断层造成的复杂形态和新近纪与第四纪大陆性沉积层的填充现象也不鲜见（洪积层、冲积层、小规模的湖积层、坡积层、风成沉积层等）。这些沉积层的厚度可达百米或千米。在跳跃式构造运动的背景下，山间盆地的发展过程是随着盆地周围的山体隆起，大量沙砾从山体剥落并堆积，因而洼地面积减小。最典型的是费尔干纳盆地，其周围环绕着各种走向的山脉（南面——阿赖山脉和突厥斯坦山脉，东面—费尔干纳山，北面和西北面——恰特卡尔山和库拉马山）。

现代沉积层位于费尔干纳盆地中央，同时环绕它的冲积扇也堆积着各种颗粒状的沉积物。根据勘探数据，第四纪沉积层中心的厚度达 800～900 m。

冲积扇本身的范围是厚实的砾岩层，上部裸露着堆积物，中间部分覆盖着细土，夹层中含有丰富沙质黏土和沙壤土；沿着扇状河道砾石逐渐变成沙砾和沙子。这些局部性的地表径流路径周期性地发生，在垂直面具有多层性特点，这与冲积扇形成的历史相关，在很多情况下，已经深入费尔干纳盆地中央直到现代锡尔河的位置。锡尔河在过去的地质演变时期的沉积过程中起到了重要的作用，近年来，这条河流的流向趋向北方，侵蚀冲积扇右岸的沉积层，左岸的阶地则是侵蚀后的痕迹。

锡尔河的部分河段至今仍不断冲刷右岸冲积扇的粗粒（沙砾）沉积层，而在伊斯法拉冲积扇偏西，即左岸的部分地段广泛发育着冲积砾岩，这与河滩和较古老的阶地沉积层的状态有关。

其他几个大型山间盆地的地质环境呈现较为复杂的状态，其中一个位于乌兹别克斯坦最大棉花产区之一，即塔什干—饥饿草原盆地。该盆地南面环绕着突厥斯坦和马里古扎尔山脉，东面是库拉明山脉，北面是恰特卡尔山。盆地由西沿经线方向延伸。坡向为不对称。坐落着锡尔河右岸的北坡比南面坡度大。穿越塔什干周边森林草原的奇尔奇克河和安格连河具有良好的河谷和厚实的砾岩层，有利于形成大量而广泛的地下水径流，在锡尔河河道则有所减弱。为了更全面地理解锡尔河左岸饥饿草原地下水的形成过程，揭示盆地南侧平原部分的地形关系，需要指出的是，奇尔奇克河和安格连河古冲积层的砾石和沙石深入饥饿草原的东北部，证明了锡尔河西南面最近的地质状况。随着河流向东北逐渐汇合，奇尔奇克—安格连河的砾石和沙石被埋在古锡尔河冲积层底部，与河水混合。

山洪带来的碎屑填充了低洼地带，并因径流活力降低使得盆地的颗粒物质实现分层：从上部的砾石层至下部的沙砾—黏土洪积层。正是盆地周围冲积扇的砾岩层成为主要的地下水补给区，同时也补充了山间盆地灌溉区的层间水（自流水）。冲积扇的山地径流大多用于灌溉，这部分区域的渗透量占地表径流的 50%～60%。宽阔的砾石区为降水的入渗创造了有利条件。

从自然地理角度来看，除了阿姆河的临海三角洲外，所有河谷都处于内陆（泽拉夫尚下游、卡什卡达里河、阿姆河流域的沿萨雷卡梅什河三角洲）。因而乌兹别克斯坦棉产区的发展与这些区域息息相关。灌溉区域的地质特点是冲积平原、三角洲、湖泊和沼泽湿地，以及某些处在古近纪与新近纪和白垩纪岩石下的层状沉积的广泛发展。

通常冲积层的河床会遭到河流的侵蚀。阿姆河三角洲的于斯蒂尔特高原峭壁就是河流强力侵蚀的结果（高达 80 m）。

泽拉夫尚河和卡什卡达里亚河母岩表面的侵蚀现象明显较弱。第四纪低地平原沉积层的厚度情况是：卡拉库里绿洲 200～300 m，而在花剌子模绿洲 60～70 m（阿姆河三角洲）。南花剌子模绿洲的冲积层内部清晰地分布着厚沙层（下层）、薄壤土和黏土覆被层（上部）。随着从绿洲的顶部和中部到外围距离的变远（左岸，临近西北），淤泥越来越厚，随着颗粒物质的增厚，渐渐地壤土和黏土替代了岩石。

随着河流向右转移，阿姆河保留了左岸支流（达乌当和达利亚雷克），但河床沉积物有所增加。现代三角洲的表层呈纬向波浪式的线条。三角洲的前段是各个支流和阿姆河的主河道，决定了沿河床附近的悬浮物质沉积过程。河床被许多细沙砾所覆盖。越是远离河流和支流，壤土和黏土就越发丰富，而支流间的最低段（部分被占用的湖泊）是黏土。

阿姆河三角洲的岩石构造在水文地理意义上分为三组：a）阿姆河河床（河谷和支流的冲积物在沿岸沉积成浅沙滩的过程）和由沙层构成的支流的岩相；b）河流水泛地岩相，特征是沙、沙壤土、沙质黏土、少量的黏土的综合分层；c）湖相——主要是黏土。这些相的总和构成层状沙—黏土混合厚层，厚度达 60 m。

阿姆河及其支流流经咸海沿岸三角洲时，由于河道泥沙堆积形成了一片水洼。造成三角洲河相分层明显。由于河道在其发展历史中，无论是经向还是纬向均存在不稳定性，使得古河流和现代河流的河道出现复杂的交错状态。

三角洲的成层结构就是沉积物堆积的过程。例如，凯戈利和阿姆河支流渠之间洼地的形成，其起源与河道沉积物堆积相关，洼地（凯戈利和阿姆河之间）的高度差为 7～8 m，宽度差达到 30～35 km。洼地中心部分形成博兹古里湖。通过观察这些三角洲可以预测，沉积物经过不断堆积，并达到一定界限时，沿河床水平面将会升高，同时，随着河流右岸的决口（溢流），限制了地表径流流向博兹古里低洼地，也就是说，将会开始新一轮的堆积，形成新一层的河相，将导致地貌倒置（博兹古里湖所处位置地势上升而阿姆河现代河道地势下降）。

通过对在博兹古里低地中部地下岩石和沙石堆积厚度的勘探，证明了河道径流的存在。40 m 厚的沙层说明了曾经至少有两个层系的河道相存在过。结合这些观点我们可以得知，层系的高度取决于河道间低地的尺寸（宽度）（随着河道间的距离扩大而增长）和径流量。博兹古里低地是范围最大的低洼地，而现代测得的阿姆河河道洼地高度接近临界点，并且洼地最低处（横向）的河流表面海拔高度变化幅度未必能超过 9～10 m，因此，层面高度范围最大可能为 18～20 m，即在三角洲区域应至少会形成三个层系。

一般认为，较古老三角洲沉积河道的侵蚀是沙砾相蓄积的前提，即这是一个循序渐进、阶梯状发展的过程。在我们看来这并不完全符合实际，如作为阿姆河侵蚀基础的咸海，在其海平面波幅不大的情况下，这里坡度极缓（0.000 07～0.000 1）的地形阻碍了河道侵蚀（侵蚀切割）。我们确信，这样的水位波动幅度不会造成任何显著的侵蚀。

但自身河道加深的达利亚雷克河可能是例外，甚至低于因萨雷卡梅什湖枯竭而出现的布腾套洼地。在我们看来，受侵蚀后颗粒堆积的现象可能发生在河道迁移的过程中，但通常受到地形的限制（尤其是河道迁移的斜坡上），所以并非总是如此，垂直岩层剖面方向上的相变反映了岩石的性质。这些边界往往是不明显的（齿状的），在水文地质改良方面具有重要意义。

黏土和沙土含有沙质层的现象，在较深处可见，常常与河床相的主体有关，是其侧边的延伸。因此，纵向排水归入沙质沉积层，这在技术上是最有利的，改良效果也最佳。

为了评估国内地下水的储备情况，将产区划分为 13 个水文地质区域（图 3.1），每个区域有各自管辖的流域。根据地下水形成的条件、可利用参数和开发的含水层规模进行划分（表 3.1）（Крылов М. М.и др.，1977；Нагевич П. П.и др.，2013）。

天然地下水补给分为动态和静态。动态补给量是指在不破坏开采条件下获得的地下水供给量。从长期的角度来考虑，供给量应当与地下水储量相等，动态补给量要达到收支平衡。静态补给量，其中包含弹性补给——是指含水层中重力水的数量。地下水数量在此处是指已开发的地下水，即在经济和技术上可行的、具有特定的水情和水质、可通过必要的设备获取的，且能满足一定时期内水需求的地下水。地下水的开发总量取决于动态地下水总量加上含水层开采过程中的补给。

山区的裂隙水分布在古生代地质层，很少出现在年轻的沉积层，这其中的可开采地下水量未做评估。这里地下水的利用是通过抽取泉水来实现。因此，地图上山区动态地下水量显示的是泉水的出水量。经证实，乌兹别克斯坦每个水源地的地下水都有自己的特点（图 3.2）。

乌兹别克斯坦各区域含水层地下水储备的评估结果见表 3.1。

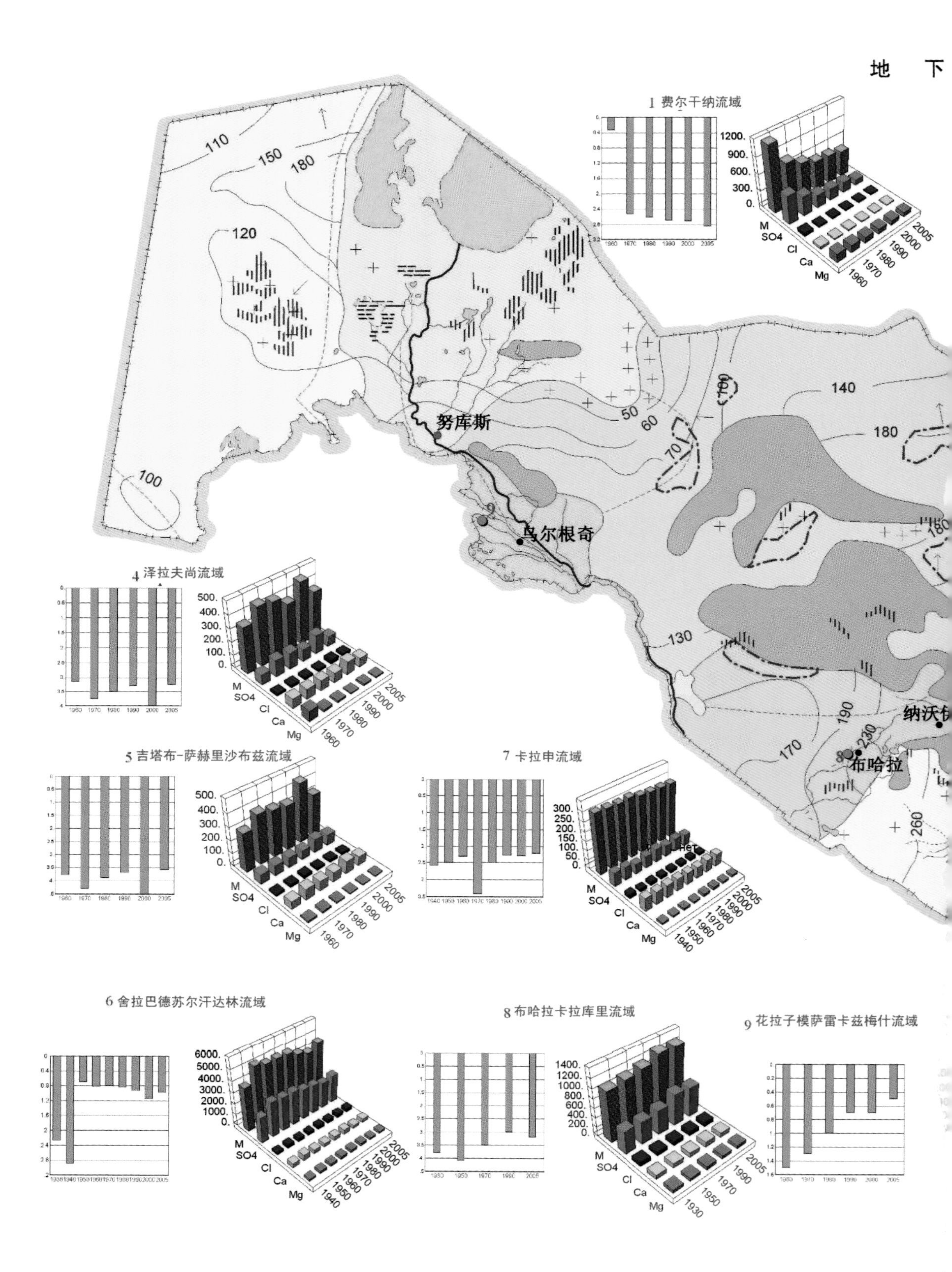

图 3.1 乌兹别克斯坦水文地质图

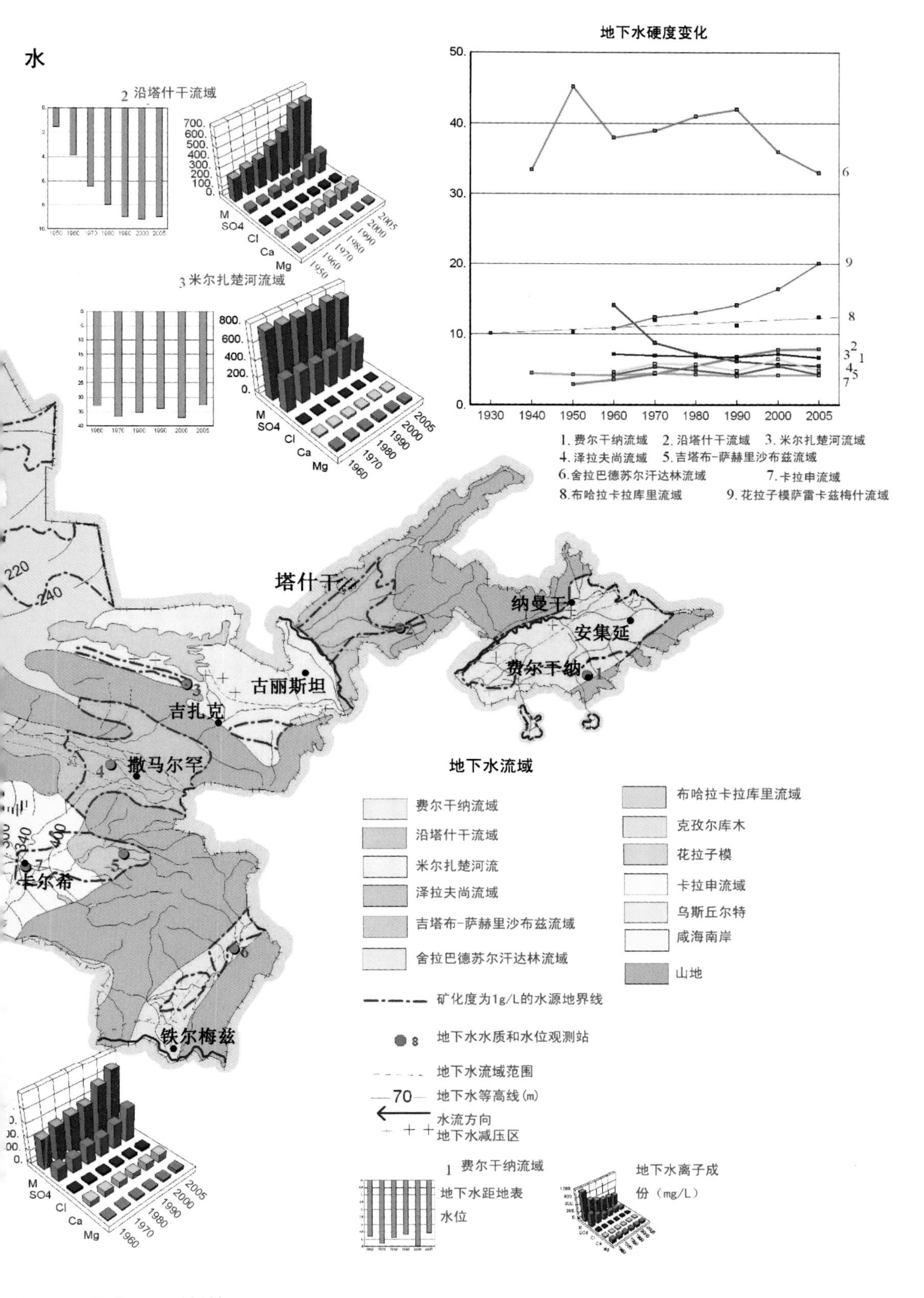

（Нагевич П. П. и др.,2013）

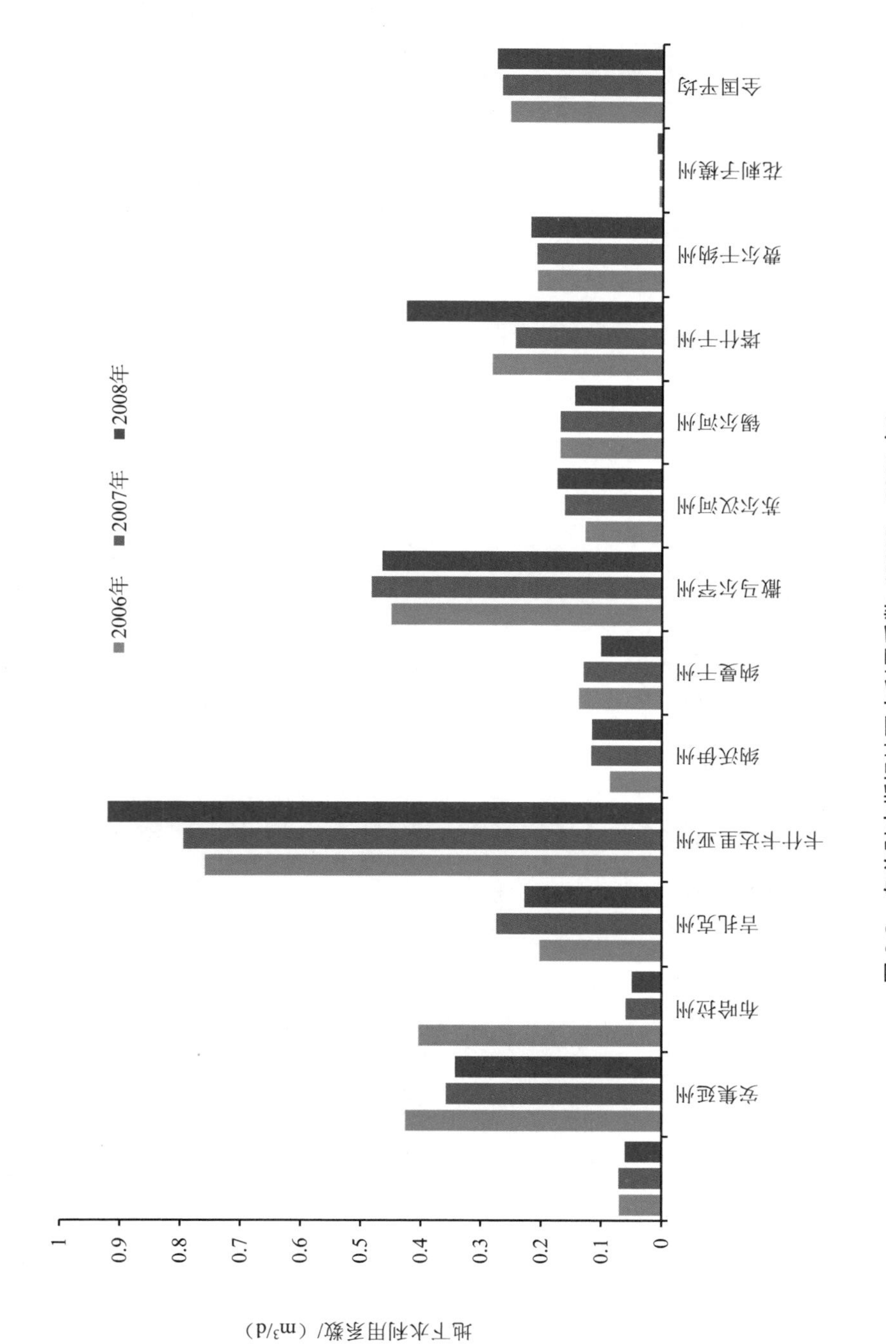

图 3.2　乌兹别克斯坦地下水利用系数（2006—2008 年）

表 3.1　乌兹别克斯坦各地区地下水储量评估结果（Кенесарин Н. А. и др.，1959；Нагевич П. П.и др.，2013）　　单位：m^3/s

水文地质区域	含水层尖灭部分地下水动态储量		可增加用水储量		目前井水取水量		在所有储水使用中地表径流可能的减少量	
	地区	全乌	地区	全乌	地区	全乌	地区	全乌
1. 费尔干纳地区	606.5 518.8	294.0 257.0	$A+B-50.0$ $C_t-60.3$ $C_3-272.0$	40.7 33.1 215.0	20.0	13.0	334.0	252.0
总计			382.3	288.8				
山岭	228.4 185.0	6.2 5.2			不完全统计	不完全统计		—
2. 塔什干附近地区	220.3 182.4	157.0 126.0	$A+B-14.8$ $C_t-16.0$ $C_3-102.4$	12.9 102.4	8.5	8.0	96.0	96.0
总计			133.2	128.2				
山岭	92.0 81.4	33.0 25.0	—	—	不完全统计	不完全统计	—	—
3. 戈洛德纳亚草原地区	78.1 50.5	65.7 42.5	$A+B-2.7$ $C_t-2.6$ $C_3-36.4$	2.3 2.6 26.8	3.6	3.0	26.5	21.0
总计			41.7	31.7				
山岭（4）	10.1 4.8	5.4 2.1	—		不完全统计	不完全统计	—	

水文地质区域	含水层尖灭部分地下水动态储量		可增加用水储量		目前井水取水量		在所有储水使用中地表径流可能的减少量	
	地区	全乌	地区	全乌	地区	全乌	地区	全乌
4. 努拉塔—突厥斯坦地区	12.4 10.7	12.4 10.7	C，– 1.7 C_2 – 5.4	11.70 5.4	1.0	1.0	4.5	4.5
总计			7.1	7.1				
山岭 L-K 5. 扎拉夫尚地区（南）	7.0 6.2 93.1 73.1	7.0 6.2 93.1 73.1	$A+B$ – 2.9 C，– 1.0 C_2 – 77.9	2.9 1.0 77.9	不完全统计	不完全统计	62.0	62.0
总计			81.8	81.8				
山岭	12.2 11.8	12.2 11.8	—	—	不完全统计	不完全统计	—	—
6. 卡什卡达里亚地区	22.4 9.0	22.4 9.0	$A+B$ – 2.5 C，– 1.7 C_2 – 5.6	2.5 1.7 5.6	1.0	1.0	4.0	4.0
总计			9.8	9.8				
山岭（6）	14.2 5.0	14.2 5.0	—	—	不完全统计	不完全统计	—	—
7. 苏尔汉河地区（10）	71.5 65.0	61.4 55.0	$A+B$ – 2.8 C_1 – 1.6	1.9 1.0	1.5	1.0	10.0	10.0
总计			38.6	33.9				
山岭	32.9 26.8	25.0 21.0	—	—	不完全统计	不完全统计	—	—

水文地质区域	含水层尖灭部分地下水动态储量		可增加用水储量		目前井水取水量		在所有储水使用中地表径流可能的减少量	
	地区	全乌	地区	全乌	地区	全乌	地区	全乌
8. 布哈拉—图尔特库尔地区	153.9 11.8	153.9 11.8	$A+B-2.9$ C，-1.7 $C_2-144.6$	2.9 1.7 144.6	4.1	4.1	12.0	12.0
总计			149.2	149.2				
沿径流剖面	108.0	108.0	$C_2-108.0$	108.0	不完全统计	不完全统计	—	—
9. 中央克孜勒库姆地区	11.0	11.0	$A+B-1.0$	1.9	2.0	2.0		
	0.1	0.1	$C_t-0.5$ $C_2-7.4$	1.0 0.5 7.4				
总计			8.9	8.9				
山岭	2.0 0.1	2.0 0.1	—	—	0.1	0.1	—	
10.克孜勒库姆东部和东北部地区 11. 南部	4.0 43.6	4.0 43.6	$C_2-4.0$ $A+B-1.2$ C，-0.6	4.0 1.2 0.6	0.2 2.0	0.2 2.0	—	—
总计			43.6	43.6				
沿径流剖面（3）	39.4	39.4	$A+B-0.2$ C，-0.4 $C_2-38.8$	0.2 0.4 38.8	不完全统计	不完全统计	—	—
总计			39.4	39.4				

水文地质区域	含水层尖灭部分地下水动态储量		可增加用水储量		目前井水取水量		在所有储水使用中地表径流可能的减少量	
	地区	全乌	地区	全乌	地区	全乌	地区	全乌
12. 阿姆河左岸 三角洲地区	119.8	118.5	$A+B-0.2$ C，-0.2 $C_2-119.4$	0.2 0.2 118.1	0.5	0.5	—	—
总计			119.8	118.5				
13.乌斯秋尔特高原								
所有地区	1 437.8 921.4	1 038.2 585.2	$A+B-81.0$ $C_t-87.9$ $C_2-850.5$	68.5 57.0 780.2	48.4	39.8	549.0	461.5
总计			1 021.4	907.7				
山岭	398.8 321.1	105.0 76.4	—	—	不完全统计	不完全统计	—	
沿径流剖面	267.2	265.9	$A+B-0.4$ $C_t-0.6$ $C_2-266.2$	0.4 0.6 266.9			—	—
总计			267.2	267.9				

3.2 地下水资源量

乌兹别克斯坦的可更新地下水资源分为两部分：形成于自然集水区和经灌溉区渗透产生。整个咸海流域已探明可利用的地下水产区有 339 个。整个区域内地下水储量大约为 434.9 亿 m^3，其中 250.9 亿 m^3 属于阿姆河流域，有 184.0 亿 m^3 在锡尔河流域。

地下水产区与地表径流存在显著的水力联系，过度抽取地下水会导致径流量的减少。政府明确了要根据确定的可开采地下水储备量进行取水应用。经国家批准可开采的储备水量为 169.4 亿 m^3（表 3.2）。

水文地质研究证明（2007 年），地下水的年抽取量为 110.4 亿 m^3（1990 年初增至 140 亿 m^3）。部分地下水资源（饥饿草原流域、卡扎林斯克流域、卡菲尔尼甘河流域、费尔干纳盆地及其他流域）形成于邻国，取水量有增加的趋势，这意味着不得不扩大水资源利用的国际合作，避免水资源被污染和过度消耗（Чен Ши и др.，2013）。

根据乌兹别克斯坦国家地质委员会的监测数据，锡尔河、阿姆河流域和水文地质区的地下水自然资源可开采储备如表 3.2～表 3.5 所示。

表 3.2 咸海流域地下水资源和各国的使用（Чен Ши и др.，2013） 单位：$10^8 m^3/a$

国家	地区储量评估	允许使用量	1999 年实际用量						
			合计	饮用水	工业用水	灌溉用水	竖向排水	试验勘探用水	其他
哈萨克斯坦	18.46	12.70	2.93	2.00	0.81	0	0	0	0.12
吉尔吉斯斯坦	15.95	6.32	2.44	0.43	0.56	1.45	0	0	0
塔吉克斯坦	187.00	60.20	22.94	4.85	2.00	4.28	0.18	0	0.60
土库曼斯坦	33.60	12.20	4.57	2.10	0.36	1.50	0.60	0.01	0
乌兹别克斯坦	184.55	77.96	77.49	33.69	7.15	21.56	13.49	1.20	0.40
整个咸海流域	434.86	169.38	110.37	43.07	10.88	28.79	14.27	1.21	2.11

表 3.3　地下水资源和利用（Чен Ши и др.，2013）　　单位：$10^8m^3/a$

流域	地区	自然资源	年用水量				
			区域用量		年允许用量		
			总量	地表水	2006 年	2007 年	2008 年
锡尔河流域	费尔干纳地区	81.55	81.55	13.6	41.97	41.98	41.98
	塔什干附近地区	36.92	33.89	4.8	14.23	14.33	12.37
	戈洛德纳亚草原地区	26.1	26.1	3.6	5.76	5.77	5.77
	克孜勒库姆东部和东北部地区	0.77	0.77	—	0.56	0.56	0.56
	总计	145.34	142.31	22	62.52	62.64	60.68
阿姆河流域	扎拉夫尚地区	25.3	20.12	5.8	7.56	7.58	7.58
	卡什卡达里亚地区	6.56	6.28	3.6	3.68	3.68	3.68
	苏尔汉河地区	22.32	14.66	10.2	3.73	3.81	3.84
	布哈拉—图尔特库尔地区	9.9	9.41	—	2.13	2.13	2.03
	阿姆河左岸	27.59	27.59	—	1.45	1.45	1.45
	咸海近岸地区	8.1	7.82	—	1.39	1.39	1.39
	总计	99.77	85.88	19.6	19.94	20.04	19.97
努拉塔—突厥斯坦地区		2.41	2.41	—	1.84	1.84	1.88
中央克孜勒库姆地区		2.45	2.01	—	1.96	1.96	1.99
于斯狄尔特地区		1.21	1.21	—	0.03	0.03	0.03
总计		6.07	5.63	—	3.83	3.83	3.9
乌兹别克斯坦总计		251.18	233.82	41.6	86.29	86.51	84.55

表 3.4　2006—2008 年乌兹别克斯坦地下水总取水和使用情况（Чен Ши и др.，2013）

行政区域	年份	地下水年平均取水总量/（$10^4\ m^3/d$）							允许使用水储量的利用率/%	数量/个	
		合计	生活饮用水	生产技术用水	灌溉用水	草场灌溉	垂直排水	实验抽水		有效水井	现利用水井
卡拉卡尔帕克斯坦	2006	7.02	2.82	0.25	0.24	2.59	0.51		0.07	1 142	206
	2007	6.99	3.00	0.40	0.24	2.83	0.51		0.07	1 132	206
	2008	5.38	3.31	0.35	0.15	1.55	0.02		0.03	1 065	212
安集延州	2006	148.04	76.26	5.79	16.96	—	49.05		0.43	2 818	614
	2007	174.14	68.25	10.07	12.54	0.61	82.58		0.35	2 866	632
	2008	129.13	33.38	3.30	14.91	0.61	33.13		0.35	2 242	609
布哈拉州	2006	63.04	9.91	7.47	22.15	3.63	19.82		0.41	2 054	406
	2007	43.21	4.76	5.18	13.90	2.76	18.62		0.05	1 369	441
	2008	48.70	1.55	4.60	17.47	2.73	22.30		0.05	1 099	438
吉扎克州	2006	23.64	18.71	1.34	1.33	0.47	3.39		0.2	748	309
	2007	24.34	23.66	7.44	7.18	0.87	3.19		0.23	929	309
	2008	28.47	20.38	1.49	7.27	0.47	2.95		0.23	848	359
卡什卡达里亚州	2006	147.31	31.27	1.40	107.21	0.92	6.51		0.72	2 937	530
	2007	171.98	32.82	1.44	127.57	0.97	9.19		0.8	2 045	519
	2008	189.55	37.51	1.40	144.97	0.99	9.79		0.93	2 776	519
纳沃伊州	2006	23.06	5.43	3.46	12.63	5.01	4.53	2.29	0.02	757	116
	2007	23.87	5.88	3.48	12.69	5.51	6.21		0.12	767	144
	2008	23.81	5.88	3.44	12.70	5.59	6.21		0.12	783	116
纳曼干州	2006	126.20	48.66	4.54	46.17		26.83		0.13	1 862	431
	2007	119.95	46.64	5.21	42.29	—	25.80		0.13	1 668	424
	2008	103.99	35.91	5.06	42.11		19.92		0.1	1 734	602
撒马尔罕州	2006	189.00	101.01	7.64	74.38	0.68	5.29		0.45	3 414	998
	2007	181.02	98.76	8.88	67.74	0.40	5.24		0.45	3 146	1 119
	2008	171.09	101.33	7.69	53.84	0.32	4.90		0.42	3 066	1 126

表 3.5　乌兹别克斯坦地下水淡水、微咸水和矿化水储量及增长（Нагевич П. П. и др.，2013）

单位：$10^4 m^3/d$

年份	地下淡水和淡咸水资源		地下矿化水资源	
	每年末核定储水总量	储量增加	年底核定储水总量	储量增加
2006	2 364.264	2.872	3.718 2	0.093 4
2007	2 370.157	5.893	3.728 5	0.010 3
2008	2 317.144	—	3.733 9	0.005 4

3.3　地下水资源利用规范

地下水开采利用强度最大的产区位于泽拉夫尚河、费尔干纳和塔什干周边的自流地下水流域。截至 2009 年 1 月 1 日已探明的淡水和微咸地下水取水量（水利用）是 6 418.55 m^3/d（74.3 m^3/d），现已核定地下水产区的水井总数是 9 749 个（图 3.2，表 3.6）。

表 3.6　塔什干附近水文地质区根据水位动态参数显示的地下水储量和资源统计

（Борисов В.А. и др.，2008）

地区	地下水储量/(m^3/s)	计算时期	平均波动幅度/m		岩石层水分损失系数	面积/km^2	地下水资源/(m^3/s)			地下水储量积累值（+）和消耗值（−）=（31.546×10^6×ΔQ），$10^6 m^3/a$
			供给	消耗			供给	消耗	供给和消耗差（ΔQ）	
阿汉加兰	22 773	之前的	3.32	−2.83	0.2	1023	21.53	−18.35	3.18	100.3
		统计期间	2.38	−2.56			15.44	−16.6	−1.16	−36.6
普斯肯特	2.0	之前的	1.34	−1.29	0.075	688	2.19	−2.11	0.08	2.52
		统计期间	1.28	−1.34			2.09	−2.19	−0.10	−3.15
科卡拉尔	1.76	之前的	1.01	−0.93	0.07	825	1.85	−1.70	0.15	4.73
		统计期间	1.01	−1.17			1.85	−2.14	−0.29	−9.15
		之前的	0.86	−0.76			1.57	−1.39	0.18	5.68
		统计期间	0.81	−1.11			1.48	−2.03	−0.55	−17.35
达利维尔金	12.8（其中压力水位 −3.0）	之前的	1.65	−1.35	0.2	881	9.22	−7.54	1.68	530
		统计期间	1.21	−1.21			6.76	−6.76	0	0
		之前的	—				12.22	−10.54	1.68	53.0
		统计期间					9.76	−9.76	0	0
奇尔奇克	38.2	之前的	2.23	2.48	0.25	1949	33.44	38.3	−3.86	−121.77
		统计期间	2.48	2.29	0.25		38.3	35.37	+2.93	+92.43

通过数据分析可知，乌兹别克斯坦已探明地下水资源的利用系数是 0.26，在观测期内的增长并不显著，为 0.28。已探明可开采地下水资源的利用系数对于一些地区而言具有重大意义，如卡什卡达里亚州（0.77～0.93）、撒马尔罕州（0.46～0.49）以及安集延州（0.35～0.43）。而花剌子模州和卡拉卡尔帕克斯坦因为水质差实际上并没有利用地下水，因此其利用系数分别为 0.006～0.01 和 0.007～0.06。

开采利用强度最大的地区有：奥什—阿拉旺、安集延—沙赫里汉、基塔布—沙赫里萨布兹、纳伦、阿勒玛斯—瓦尔则克、泽拉夫尚州（现代河谷）、北苏尔汉达里亚、古利斯坦中部、锡尔河、奇尔奇克、阿汉加兰、索赫、阿勒特阿雷克—别沙雷什、亚马尔扎尔和奇米恩—阿乌瓦利等地下水产区。

对地下水利用强度大，但本地地下水储量较缺乏的地区有：布哈拉、西卡什卡达里亚和古扎尔产区。安集延州的阿勒特阿雷克—别沙雷什 3 年间的取水量下降了 2 倍（从 3.4 万 m^3/d 降至 1.4 万 m^3/d）。

3.4 地下水潜力及其利用类型

根据各地区（局部）地下水监测网的补给和消耗波动曲线，考虑水情周期或者计算周期内用水水位的月平均数据，标出最高和最低水位，确定地下水补给和消耗的振幅值。

根据式(3-2)计算最高水位超过 3.0 m 的地下水资源量(Борисов В.А. и др., 2008)。

$$Q^{n,p} = 0.0317\Delta h^{n,p}\mu F \tag{3-2}$$

式中：$Q^{n,p}$：Q^n 表示地下水资源补给值，Q^p 表示消耗值，m^3/s；

0.031 7 表示含水层地下水厚度与地下水资源量模数的换算系数；

$\Delta h^{n,p}$：Δh^n 表示供给振幅值，Δh^p 表示地下水消耗值，m；

μ表示地下水含水层岩石给水系数；

F 表示含水层的面积，km^2。

地下水供给和消耗振幅值通过计算得出，而地下水含水层给水系数，则是根据此前水平衡、渗漏实验、勘探开发工作的数据，或者根据文献数据得到的。

地下水资源量的变化评估 ΔQ，其中 Q^n 是供给值，Q^p 是消耗值，公式如下：

$$\pm\Delta Q = Q^n - Q^p \tag{3-3}$$

乌兹别克斯坦地下水资源形成的特点是，地下水的蒸发对其平衡具有重大意义，占耗水量的 32.0%～88.4%。因此，埋藏深度最低水位小于 3 m 时，应当评估蒸发对地下水水位振幅值的影响。为此，首先确定地下水位的平均值 h_c，公式如下：

$$h_c = 0.5(h_c^{\min} + h_c^{\max}) \tag{3-4}$$

式中：$h_c^{\min}$ 表示地下水埋藏深度最小值；

$h_c^{\max}$ 表示地下水埋藏深度最大值。

$\nabla h^{n,p}$ 表示补给和消耗的振幅值，在平均值时水消耗的公式

$$\nabla h^{n,p} = 0.000\,5Э / \mu_1 \tag{3-5}$$

式中：0.000 5 表示数值系数，是地下水面蒸发厚度的一半，m；

$Э$ 表示在周期循环的过程中蒸发掉的地下水的厚度，mm；

μ_1 表示在平均值的状态下的地下含水层给水系数。

奇尔奇克河谷地下水蒸发与其埋藏深度的关系曲线可以作为例证（Алимов М.С.и др.，2013）（图 3.3）。

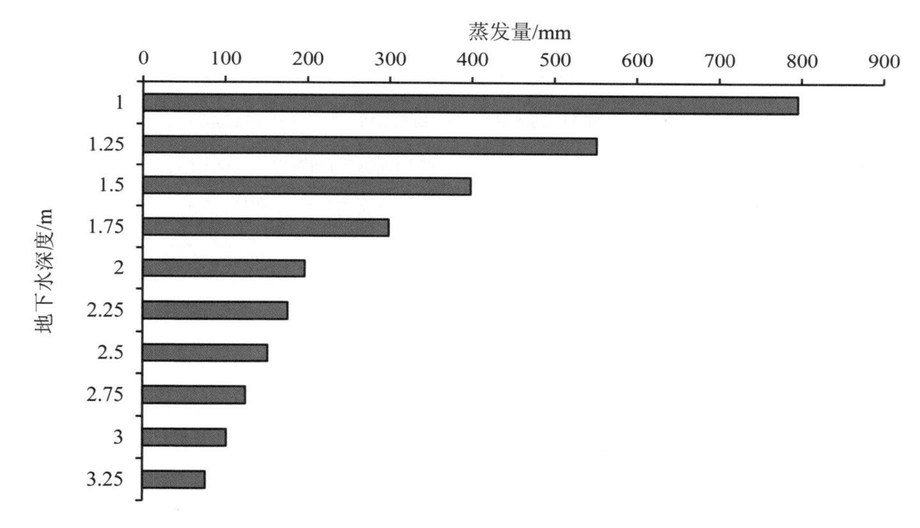

图 3.3　奇尔奇克河谷地下水蒸发与其埋藏深度的关系图（数据来源：水文工程地质研究所）

综上所述，如果乌兹别克斯坦地下水埋深最低水位低于 3 m，那么根据式（3-6）计算总的补给和消耗振幅值 $\Delta H^{n,p}$：

$$\Delta H^{n,p} = \Delta h^{n,p} + \nabla h^{n,p} \tag{3-6}$$

根据关系式计算地下水资源量：

$$Q_1^{n,p} = 0.013\,7(\Delta h^{n,p} + \nabla h^{n,p})\mu F \tag{3-7}$$

乌兹别克斯坦水文地质和工程地质研究所根据上述公式，利用 14 个地区水文地质观测站的数据，计算了地下水资源量。

在观测期间，奇尔奇克的地下水资源的补给量增加，消耗量却减少。从而可以确定，储备量增加主要发生在上一时期，在 2.52～100 变化，为 32 106 m^3/a，而消耗量在 3.15～36 波动，6 106 m^3/a 时就会减少。奇尔奇克地下水具有相反的趋势，上一时期储备总量降至 12 180 万 m^3/a，下一时期又增长至 9 243 万 m^3/a。

与最近一次评估相比，地下水资源振幅值的差异从 21%变为 32%。当数值降至 26%和 30%时，就与乌兹别克斯坦地下水资源在不同年份（1965 年、1995 年、2006 年）的评估值差异相当。监测结果显示，地下水总的取样结构不会有太大变动。

2008 年地下水总取水量比 2007 年减少了 1 117 190 m^3/d，主要原因在于未经批准排水井数量的减少，以及工业水需求量的降低。这期间，城市、县城和农村居民区用于生活和饮用的地下水总取水量有所增加，到 2009 年 1 月 1 日增加了 70.4 万 m^3/d（2006 年为 67.2 万 m^3/d）。在年度信息公报《乌兹别克斯坦水资源使用储备、取水及污染水平》上有关于地下水使用的详细资料。

图 3.4 反映的是 2008 年的数据源，其中包括日常饮用水供应、生产技术供水、土地灌溉、垂直排水、草场灌溉以及矿井排水。根据对自然环境的污染源监测数据，地下水的主要污染源为工业、农业和市政企业。地下水污染的区域特性可解释为受农业企业影响，导致水硬度的增加和矿化作用的加剧，这些企业的工业设施，导致了区域地下水的污染，分布在费尔干纳盆地、奇尔奇克河谷、阿汉加兰河谷、锡尔河河谷以及泽拉夫尚河谷。

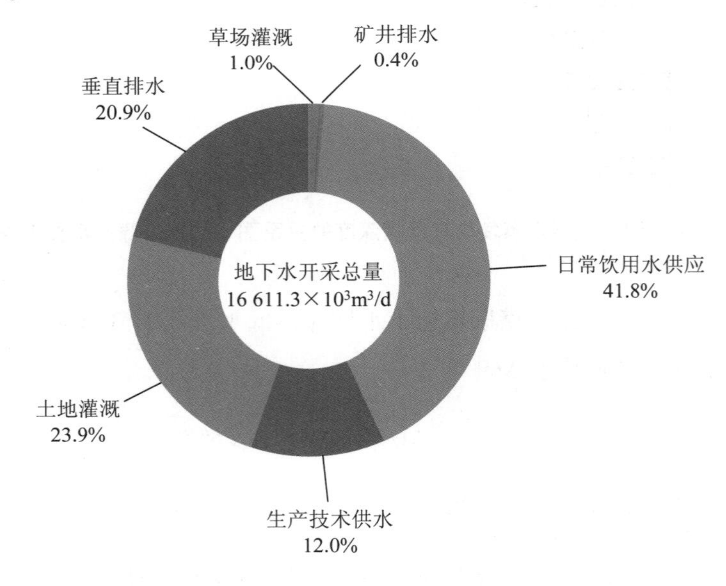

图 3.4　经济领域的地下水开采量（Чен Ши и др.，2013）

在奇尔奇克—塔什干、安格尔—阿汉加兰、阿尔马雷克、费尔干纳—马尔吉兰、纳沃伊和撒马尔罕地区的工业企业地下水污染尤为严重。农业污染遍及整个灌溉区域，市政企业污染位于城市中心区域（Чен Ши и др.，2013）。

目前，卡拉卡尔帕克斯坦的地下淡水几乎完全耗尽。可以看到整个卡拉卡尔帕克斯坦的饮用水水质在矿化度、总硬度、氯化物和硫酸盐方面均在恶化。

乌兹别克斯坦各个区域地下水的情况如下：

安集延地区地下水状态的数据表明，造成当地地下水污染的最显著的因素是阿德尔地区土地灌溉和油田开发，区域规划没有明显变化，只在干燥的残余物和总硬度方面有质的变化。

布哈拉地区矿区的地下水的矿化度（1.6～3.5 g/L）、总硬度（13.8～30.2 mg/L），和硫酸盐含量（644～1 639 mg/L）（图 3.1）等指标基本都不符合饮用水标准。这些指标在位于布哈拉和卡拉库里矿区（布哈拉、莎菲乐康、吉日都万、罗米堂和荣多尔等地）的水源地渗入类型上均有体现。

在吉扎克州地下水污染的主要源头为农业（灌溉、化肥的施用），工业（开采企业），公共服务事业工程：电池和塑料厂、污水处理厂、“东方”有限公司、沥青厂、养禽场、酒厂（加利亚阿拉尔和“巴赫马尔沙罗布”）、矿山（“科伊塔什”）等。水样本中的污染成分没有超过允许浓度。

2006—2008 年，在卡什卡达里亚州对州内的 6 个矿床的地下水污染情况进行了研究。化学分析表明，地下水水质恶化的原因，在于某些矿区和水源地总硬度的增加（从 9.1～9.6 mg/L 增加到 55.0～65.0 mg/L）以及矿化度的增加（右岸普兰金地段、左岸、西卡什卡达里亚、古扎尔、梁佳尔）（从 1.1～2.0 g/L 增加到 10.0～11.0 g/L）（图 3.1）。

该地区地下水的主要污染源来自农业项目——奶牛养殖和家禽饲养。

纳沃伊地区地下水的主要污染源是重工业、轻工业工厂和企业、有毒化学物质和化肥储存以及城市和居民点的污水处理设施。根据质量监测（2008 年），观察到布哈拉和西卡什卡达里亚矿区的地下水情况有部分改善。现在泽拉夫尚河谷地下水水质恶化，污染向西扩散。在观察孔和集流管上可以观察到过高含量的硫酸盐、钙、镁、氨以及高的矿化度和总硬度。

在纳曼干地区研究了 8 个矿床的地下水污染情况（2006—2008 年），研究显示矿化和总硬度有增加趋势。

撒马尔罕地区地下水污染的主要来源是工业和农业企业。拜亚雷克、那尔巴依及巴赫塔奇区参与调查的企业工业废水的开放水域及家用下水道没有适当清洗（污水处理厂不工作或超负荷工作）。需要注意的是，集体取水的质量指标相较前些年有所恶化：总硬度和矿化程度增加。现在因不符合国家饮用水标准（O’z DSt 950：2000），有 35

个地下水水源地无法使用。

苏尔汉河州的地下水污染源是撒里阿西和乌尊区的医院、沙尔衮井和乌兹别克煤工厂股份公司、迭纳乌市的一些企业（农业化学部、石油基地、净化设备、苏尔汉食品工业有限公司）、苏尔汉纺织有限公司、铁尔梅兹肉奶制品厂、油矿、奶制品农场、地表水流以及生活垃圾等（图 3.1）。

锡尔河州（2006—2008 年）的地下水质量指标没有变化：没有观察到地下水污染的情况。塔什干州的地下水污染特点仍然是工业设施污染，企业、农业、公共事业服务其他工程项目，这已成为固定的水污染来源（奇尔奇克河、卡拉苏运河、萨拉尔、博兹苏）等地。地下水状况恶劣的主要原因是：清洁设施及地下公用设施条件欠佳，技术使用水平较低，生态控制力度不够。

费尔干纳州（2006—2008 年）地下水污染主要是由于现今花剌子模地区的地下淡水资源（1 g/L）完全消耗于土地灌溉。观察整个地区（图 3.1）可发现饮用水质量、饮用水矿化度、总硬度、硫酸盐和氯化物情况均在恶化。

由于个别企业和工业园区的活动，排水、工业、公共服务事业及农业废水造成了地下水污染。截至目前，卡拉卡尔帕克斯坦、花剌子模和布哈拉地区已经完全失去了当地的饮用水水源。即使在安全饮用水严重短缺的情况下，大部分的地下淡水仍然被用于其他目的。

乌兹别克斯坦地下矿物水具有疗养功效，其矿泉疗养活性是由于高浓度的生理活性物质（溴、硼、碘、硅、氡气、硫化氢、铁、有机物）离子盐含量、气体成分、高温（无特殊组成部分及特性，含无机盐少的温泉水），主要用于水疗中心、疗养院、养老院、医院理疗、浴疗医院、工厂和瓶装矿泉水。纳曼干州、撒马尔罕、安集延、费尔干纳地区出现了矿泉水使用不当的情况，将其用作饮用水和生活用水。预计全国地下矿物水的储备量为 2 409 472 m^3/d（1984 年）。依据 2009 年的情况，确定矿泉水的平均使用储存量为 37 339 m^3/d。地下水矿产的探明储量主要集中在卡拉卡尔帕克斯坦和纳曼干州、卡什卡达里亚州、纳沃伊州、塔什干和撒马尔罕地区。在 2009 年初，全国有 195 处地下矿泉水探明矿床，其中 83 处位于以上地区，确认平均使用储存量为 37 339 m^3/d（0.43 m^3/s）（图 3.5）。

监测期间（2006—2008 年），地下矿泉水已确定的使用储量增长了 1 131 m^3/d（表 3.7）。乌兹别克斯坦全国已确定的地下水平均储量占 1.5%，自流盆地从 0.1%（自流盆地乌斯秋尔特界）增长至 27.9%（泽拉夫尚自流盆地）（图 3.1，图 3.6 和表 3.2）。同时，对地下水的总抽样同比 2007 年增长 2.5 倍。这是因为：（1）撒马尔罕州用于家庭饮用水（2 035 m^3/d）和矿泉疗养（2 035 m^3/d）未确定的地下水抽样急剧增加；（2）费尔干纳州用于矿泉疗养（1 264 m^3/d）未确定的地下水抽样急剧增加；（3）塔什干州用于矿泉疗养和药水（–1 854 m^3/d）的探明地下水抽样增长明显。2008 年全国已探明矿床地下水总抽样量达 4 838 m^3/d，同比 2007 年增长 1 188 m^3/d。2008 年乌兹别克斯坦探明地下水使用率达到 0.13，费尔干纳州利用率最高，达到 0.75，塔什干州为 0.61，吉扎克州为 0.45，苏尔汉河州为 0.34，泽拉夫尚、费尔干纳以及塔什干自流盆地地下水使用最紧张。2009 年年初，地下盐水及淡水探明储量的使用量为 6 418 550 m^3/d（74.3 m^3/s）。

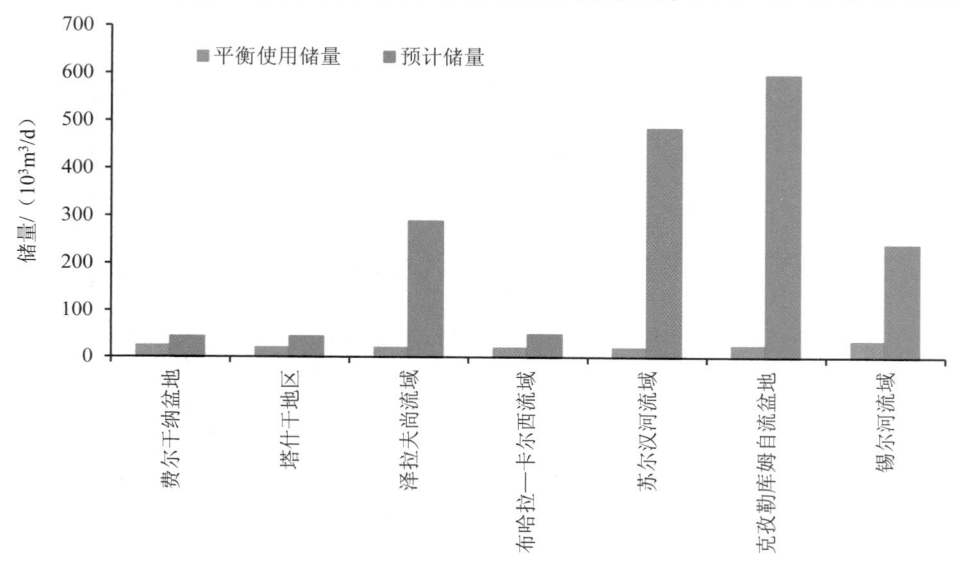

图 3.5　自流盆地地下矿泉水预计及可使用储量分布

表 3.7　自流盆地地下水预计可使用储量分布情况（Кенесарин　Н. А. и др.，1959）

单位：10^4 m^3/d

自流盆地	平衡使用储量		预计储量
	总计	$A+B+C_1$	
费尔干纳	0.72	0.72	42.61
塔什干	0.56	0.50	4.08
泽拉夫尚	0.68	0.50	2.45
布哈拉—卡尔西	1.02	0.37	29.92
苏尔汉河	0.02	0.02	6.60
克孜勒库姆			51.25
锡尔河	0.69	0.69	74.97
于斯狄尔特	0.03	0.03	29.08
总计	3.73	2.83	240.95

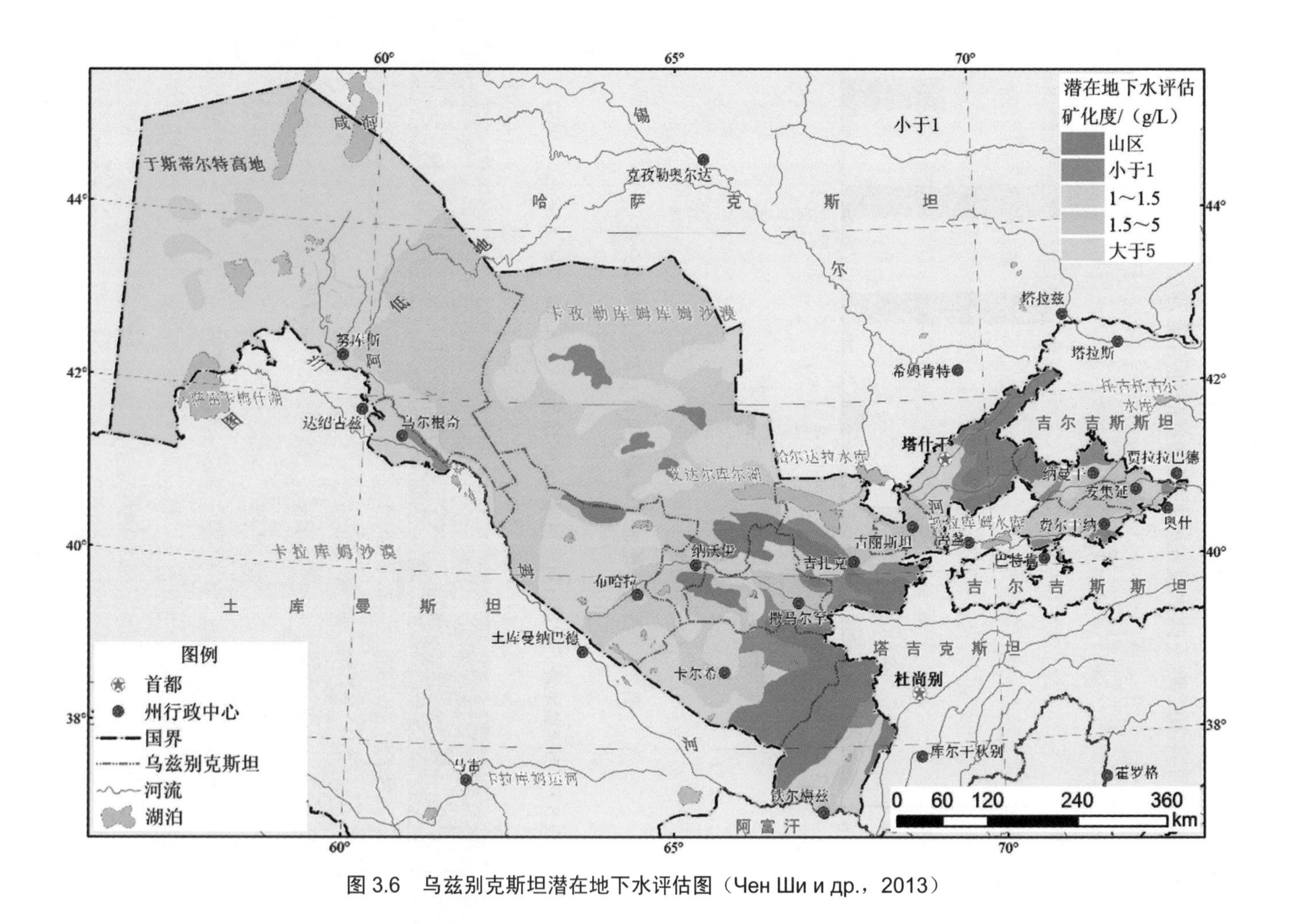

图 3.6　乌兹别克斯坦潜在地下水评估图（Чен Ши и др.，2013）

综上所述，我们可以注意到：

（1）乌兹别克斯坦国内可用于经济使用的地下水遍及各地。

（2）已确定的储量中将近2/3的地下水均形成于褶皱山区的第四沉积物中，而1/3位于地域辽阔的平原，并且平原内主要的地下淡水都集中在阿姆河三角洲内，是沿主要河流和灌溉水渠开发的地下水的淡化矿体，总储量中淡水的使用量约为 800 m^3/s，剩余的水都发生矿化作用（从2～3 g/L到15 g/L）。

（3）静态地下水储量大。特定的静态非加压水储量有10万～25万 m^3，而弹性压力给水储量只有100～900 m^3。

（4）地下水的全部潜力不仅限于估计储量，因为没有考虑山岭地区的可使用量和相对较差的（质量及数量）含水层的可使用量，也没有考虑由于其静态库存地下水位下降，而造成地下水抽样量的增加。

（5）第四纪沉积物的地下水与地表水是密切相关的（参与互供）。因此，充分利用估计地下水储存，将导致地表水的流量减少约460 m^3/s。

（6）许多地下水资源具有跨境延展性，因此在同一个国家的重复开采会减少另外一国的使用率。

第4章　湖泊和水库

湖泊是一个与周围的自然陆地景观显著不同的自然水体，其有机界与水有着密切的联系。对于湖泊而言，其自身的小气候环境对湖畔景观有着极大的影响，这也是湖泊最具代表性的特点，在中亚境内的平原和山区分布有近万个大大小小的湖泊。在乌兹别克斯坦的湖泊很少（超过500个），其中大多数集中在海拔2 000～3 000 m的山区。绝大多数高山湖泊的面积都在 1 km^2 以内，平原上的湖泊主要分布在冲积平原和三角洲上，在乌兹别克斯坦，这样面积超过 10 km^2 的湖泊有 32 个。此外，还存在因灌溉水排放而形成的湖泊，这些湖泊的存在取决于土壤改良和土地灌溉，该类型湖泊的典型代表是吉扎克地区的阿尔纳赛河系，以及位于花剌子模绿洲外围的一个湖泊链。在20世纪乌兹别克斯坦境内出现了新的人工湖/水库，其功能是对径流进行季节性调节，用于水库灌溉和诸多用途。

4.1　湖泊

4.1.1　中亚地区的主要湖泊概况

在中亚的阿姆河、锡尔河、楚河、塔拉斯河流域、伊塞克湖、东帕米尔、天山和土库曼斯坦的内陆等区域，分布有5 500个湖泊，总面积1.5万km^2。需要注意的是，如果说近20年来山区湖泊的情况未发生任何变化，那么在平原地区的湖泊无论是面积还是数量都发生了巨大的变化。由于建设水库、引水灌溉和旨在改善灌溉地水盐状况的水改良措施，都使得阿姆河和锡尔河三角洲及湖漫滩面积急剧减少或已经不复存在。同时，在灌溉农业区的周边形成了新的灌溉排放水湖泊（图4.1）。

近30年来，中亚湖泊数量从7 180个减少到5 500个，而其湖面面积则由10 440 km^{2}增长到14 571 km^2。阿姆河流域的小型湖泊（面积小于1 km^2）及中小型湖泊的数量都有所减少，其中小型湖泊的总面积由719 km^{2}减少至485 km^2，数量由6 782个减少至5 208个；面积1 km^{2}以上的湖泊数量减少了一半。由于流向湖泊的干渠排放水的存在，

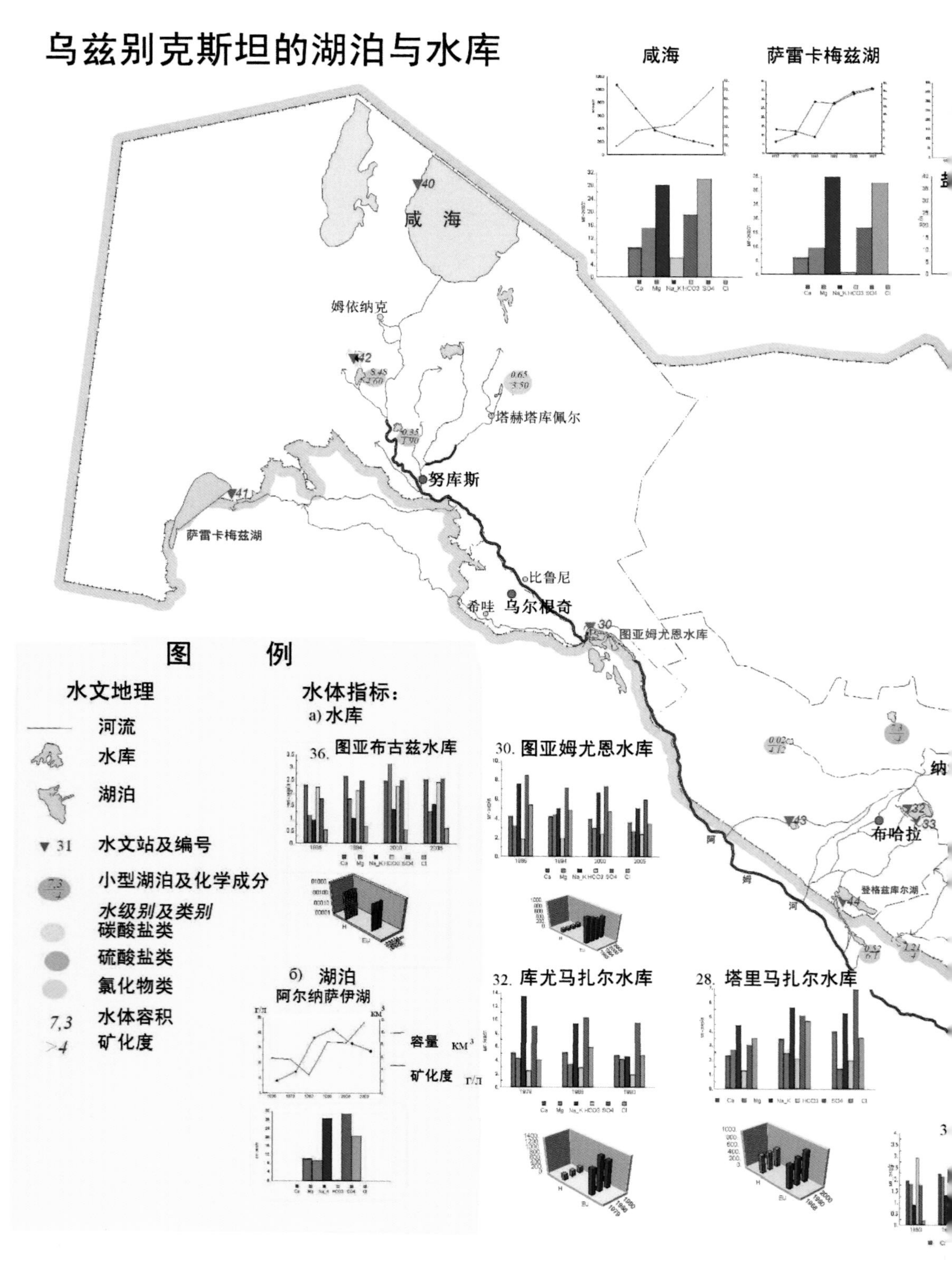

图 4.1 乌兹别克斯坦湖泊及水库

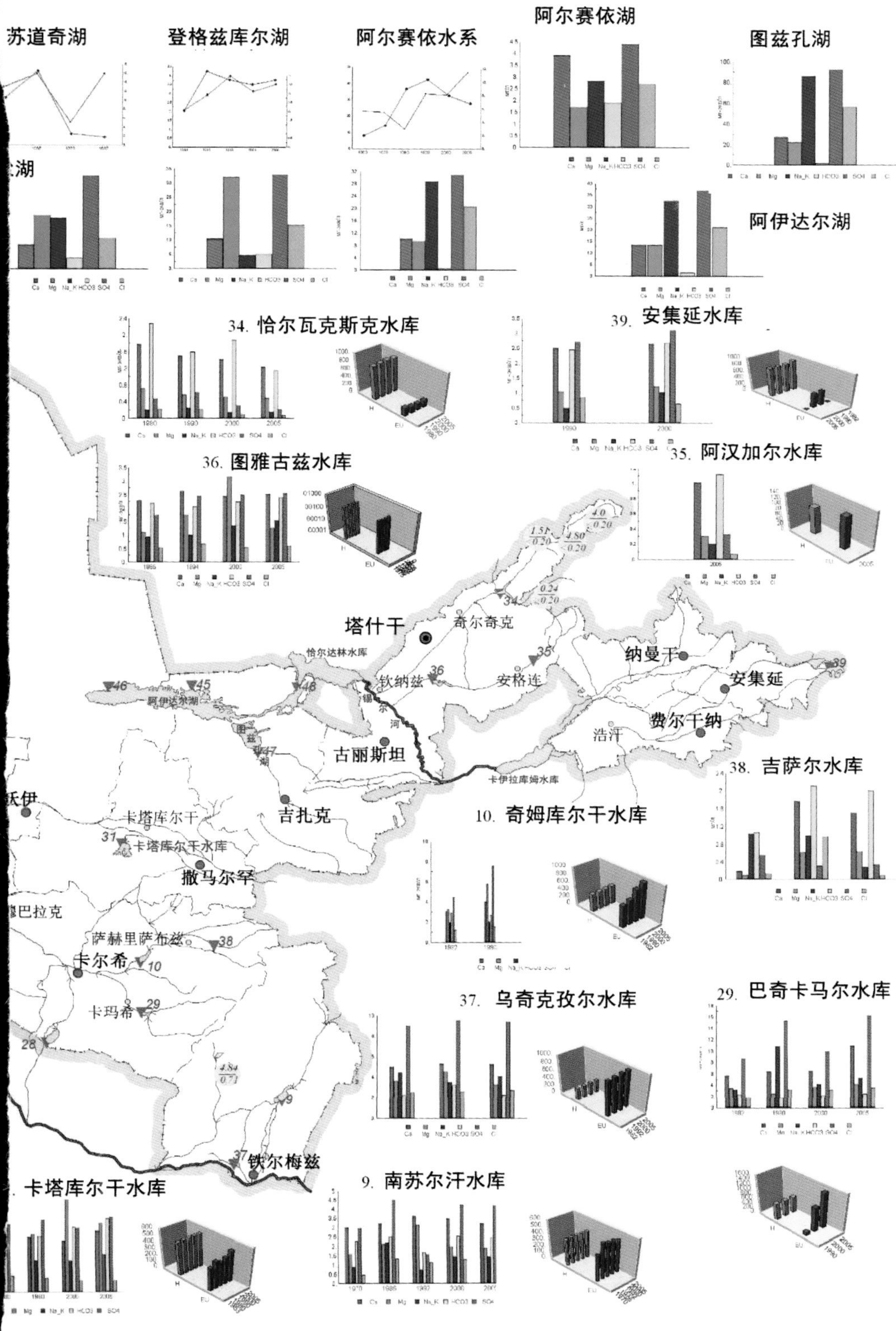

地图（Чен Ши и др.,2013）

萨雷卡梅什湖的面积由 910 km^2 增加到 2 850 km^2（1970—1982 年）。与此同时，泽拉夫尚河下游的湖泊面积增加了 3 倍。

在过去 30 年中，锡尔河流域的三角洲和水库内部水体出现干涸现象，水面面积从 830 km^2 减少到 516 km^2，其数量由 2 080 个减少到 850 个。然而，由于锡尔河汛期的总量累积（1969 年），由于阿尔纳赛、图兹冈和艾达尔库里湖泊的汇合，在阿尔纳赛盆地形成了面积为 3 500 km^2 的艾达尔—阿尔纳赛湖系（图 4.2～图 4.5）。

图 4.2　艾达尔—阿尔纳赛湖系（右上角为恰尔达拉水库）

图 4.3　图兹冈湖

图 4.4　艾达尔库里湖

图 4.5　锡尔河流域的艾达尔—阿尔纳赛湖系

1970—1983 年，阿尔纳赛水库水面有所下降。1996 年以来，由于位于吉尔吉斯斯坦的托克托古尔水电站水库发电放水，使前者升高至 247 m。近年来，由于锡尔河水量较少，艾达尔—阿尔纳赛湖系的水面高程及湖泊面积均明显减少。

在此背景下，上述前 3 个湖泊的面积占湖泊水面总面积的 75%左右。这种情况就必须对有关中亚湖泊的相关资料做出修正，并对早期确定的湖泊地理分布等主要描述进行重新审视。

中亚绝大多数的湖泊面积小于 1 km^2 被称为“极小型湖泊”，占中亚湖泊总数的

94.7%，而总面积只占 3.3%（表 4.1）。这些湖泊中的多数都集中在阿姆河流域（43.2%），其余位于锡尔河和楚河、塔拉斯河、伊塞克湖等流域（分别为 25.6%和 27.4%）。土库曼斯坦内陆地区的湖泊仅占中亚湖泊总数的 3.8%。在湖泊面积方面，世界上最大的山地湖泊之一——伊塞克湖的面积占湖泊总面积的 42.8%。阿姆河和锡尔河流域的湖泊面积分别占总面积的 32.0%和 17.7%，楚河和塔拉斯河流域占 5.9%。半数以上的湖泊以及湖泊面积的 51%集中在山区，或是分布在海拔 1 500 m 以上的径流形成区。然而，如果不考虑伊塞克湖的因素，则平原湖泊的面积占总面积的 85%。湖泊最缺乏的区域是径流转换区，在海拔 500～1 500 m 的区域仅分布有 71 个湖。

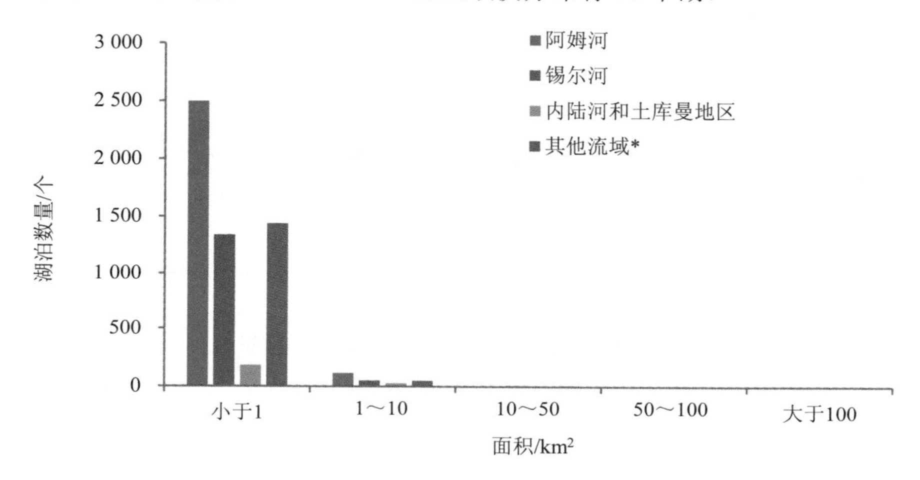

其他流域：楚河、塔拉斯河、克孜勒苏河、科克沙阿尔河、琼乌赞基库什河、萨雷扎兹河、伊塞克湖、恰特尔克尔湖。

图 4.6　中亚湖泊根据面积统计的湖泊数量

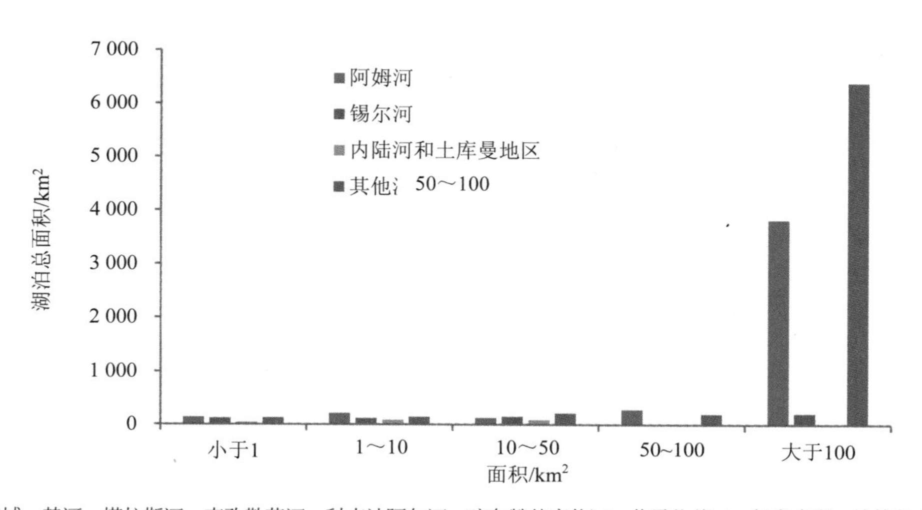

其他流域：楚河、塔拉斯河、克孜勒苏河、科克沙阿尔河、琼乌赞基库什河、萨雷扎兹河、伊塞克湖、恰特尔克尔湖。

图 4.7　中亚湖泊根据面积统计的湖泊总面积

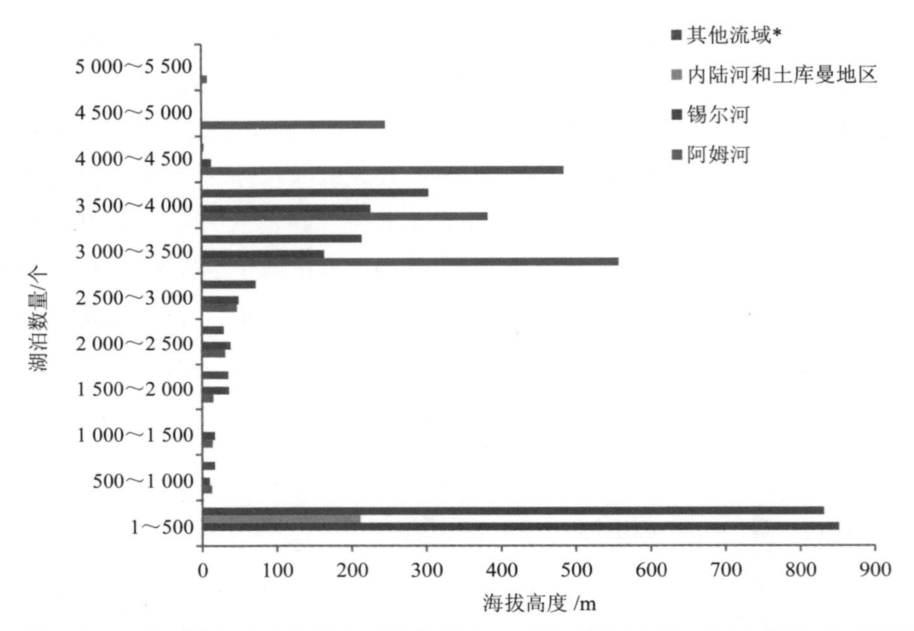

*其他流域：楚河、塔拉斯河、克孜勒苏河、科克沙阿尔河、琼乌赞基库什河、萨雷扎兹河、伊塞克湖、恰特尔克尔湖。

图 4.8　中亚湖泊根据海拔高度统计的湖泊数量

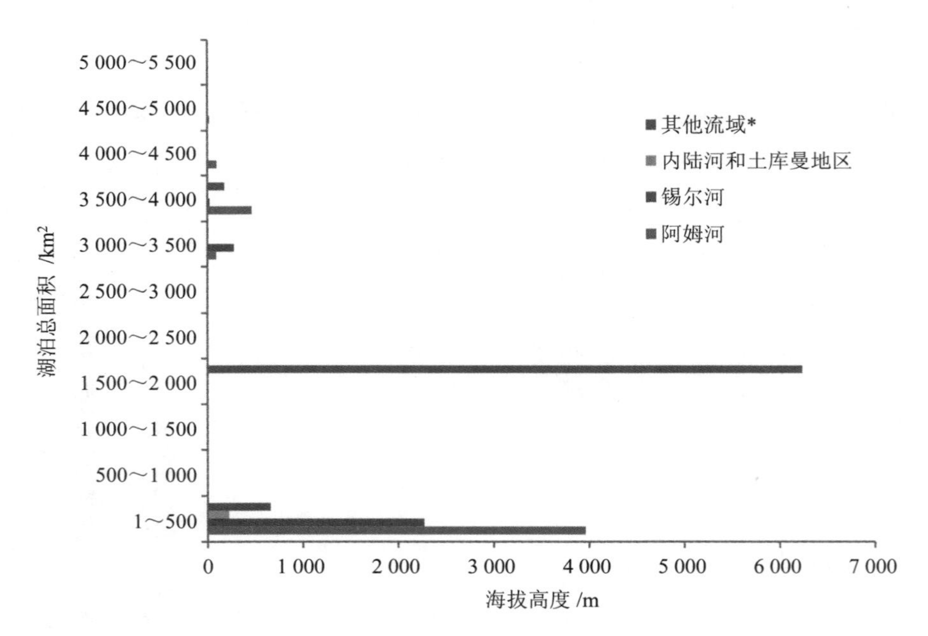

*其他流域：楚河、塔拉斯河、克孜勒苏河、科克沙阿尔河、琼乌赞基库什河、萨雷扎兹河、伊塞克湖、恰特尔克尔湖。

图 4.9　中亚湖泊根据海拔高度统计的湖泊总面积

表 4.1　中亚各流域内湖泊面积和海拔高度统计（Иванова Ю. Н.и др.，1979）　单位：km^2

地区			阿姆河	锡尔河	内陆河和土库曼地区	其他流域*	范围合计	
							合计	比例/%
面积	小于 1 km^2	数量	2 499	1 340	179	1 440	5 208	94.69
		总面积	141.75	119.8	42.2	129.51	484.27	3.32
	1～10 km^2	数量	115	52	28	51	246	4.48
		总面积	216.16	119.55	88.5	148.57	572.78	3.93
	10～50 km^2	数量	7	10	4	10	31	0.56
		总面积	129.6	150.87	93.1	218.15	591.72	4.06
	50～100 km^2	数量	3			3	6	0.11
		总面积	288.1			203	491.1	3.37
	大于 100 km^2	数量	4	3		2	9	0.16
		总面积	3 827.002	208		6 396	12 431	85.32
海拔高度	1～500 m	数量		852	211	832	2 473	44.9
		总面积	3 962.7	2 271.31	223.8	660.33	7 114.15	48.85
	500～1 000 m	数量	13	10		17	40	0.8
		总面积	1.3	1.13		1.02	3.45	0.03
	1 000～1 500 m	数量	14	17			31	0.56
		总面积	0.23	0.62			0.85	0
	1 500～2 000 m	数量	15	36		35	86	1.55
		总面积	1.46	8.32		6 238.78	6 248.56	42.89
	2 000～2 500 m	数量	31	38		29	98	1.78
		总面积	7.48	2.41		1.11	11	0.07
	2 500～3 000 m	数量	47	49		72	168	3
		总面积	1.46	9.51		5.71	16.68	0.11
	3 000～3 500 m	数量	558	164		214	936	17
		总面积	92.96	279.9		11.54	384.42	2.64
	3 500～4 000 m	数量	383	226		304	913	16.6
		总面积	467.8	24.34		176.6	658.85	4.59
	4 000～4 500 m	数量	485	13		3	501	9.11
		总面积	97.59	0.66		0.08	98.33	0.67
	4 500～5 000 m	数量	246				246	4.47
		总面积	20.4				20.48	0.15
	5 000～5 500 m	数量	8				8	0.15
		总面积	0.1				0.1	0
地区合计		总数量	2 378	1 405	211	1 506	5 500	100
		总面积	4 653.61	2 598.22	223.8	7 095.23	14 570.86	100

注：*其他流域：楚河、塔拉斯河、克孜勒苏河、科克沙阿尔河、琼乌赞基库什河、萨雷扎兹河、伊塞克湖、恰特尔克尔湖。

阿姆河流域的大量湖泊都集中在帕米尔—阿赖山，共有 1 800 个（占总数量的 76.0%），总面积 690 km^2。但是其他的湖泊分布在海拔 0～200 m 的平原地区（85%）。

灌溉区周边（阿姆河、泽拉夫尚河以及卡什卡达里亚河中下游）是湖泊的主要分布区。仅在萨雷卡梅什盆地的湖泊面积就占总面积的 60%之多。喷赤河和瓦赫什河流域的湖泊数量大致相同，但是喷赤河的湖泊率（0.42%）比瓦赫什河（0.07%）高出很多，这是由于主要的小型热喀斯特湖和冰成湖多发生在瓦赫什河流域。湖泊率最高的是东帕米尔内流地区（5.43%），这里分布有喀拉湖、朗格湖、绍尔库尔湖等。

20 年来，由于萨雷卡梅什盆地干渠排放水的累积，阿姆河流域将出现湖泊面积增加的状况，泽拉夫尚、卡什卡达里亚河下游将出现灌溉排放水湖。锡尔河流域湖泊的数量和面积与河湾洼地和三角洲紧密相关，共有 852 个湖泊，总面积 2 271 km^2，数量占湖泊总数的 59%，面积占总面积的 88%。

由于三角洲的发展及湖泊在锡尔河下游河湾洼地的汇集，平原湖泊绝大多数都位于海拔 50～100 m 的范围内。平原约 80%的湖泊面积都聚集在阿尔纳赛山谷。山地湖泊（526 个）主要位于纳伦河、奇尔奇克河以及费尔干纳盆地，其中 70%位于纳伦河。这里汇集了总面积为 310.5 km^2 的湖泊，也可以说山地湖泊总面积的 96%都分布于此。纳伦河的湖泊率为 0.52%。锡尔河流域山区的总湖泊率为 0.19%，比阿姆河流域的山区湖泊率少了一半以上。可以认为其主要原因之一是阿姆河流域水汽湿度较高。

在楚河、塔拉斯河流域的河滩地及河尾地区是湖泊分布最多的区域（共计有 832 个水体，其数量为湖泊总数的 80%，面积占总面积的 90%）。楚河和塔拉斯河下游的湖泊率为 6.3%，高于锡尔河三角洲的湖泊率（4%），原因在于山区过境径流多集中于尾闾湖和河间湖。

奇尔奇克流域山区湖泊多为位于海拔 3 000 m 高山地区的小型水体。

天山的湖泊率（0.89%）最大，是现代冰川和永久冻土分布区（图 4.6～图 4.9），在 3 000～4 000 m 分布着天山和帕米尔高山区域的宽阔缓坡地带及强烈抵制断层和构造盆地，为高原湖泊的形成提供了良好的条件。

土库曼内流区域的湖泊以数量不大的湖群形式分布，分属里海沿岸、捷詹河、穆尔加布河下游、卡拉库姆运河区、科佩特达格东北坡和乌兹博雅干枯河道地区。土库曼斯坦全境的湖泊率仅为 0.03%。

由于气候、地形、地质和径流等各种自然因素对湖泊形成的影响，湖泊分布不均。如果说过去平原存在大面积湖泊是由于平原的干燥气候受到周边山区丰沛水汽的影响，那么现在平原区湖面面积的急剧增长则是由于人为因素，首当其冲是灌溉农业的发展。

（伊汉奇库里堰塞湖湖系有 3 个湖，坐落在海拔 2 400～2 700 m 的普斯科姆山脉伊赫纳其赛河道上。整个湖系属于普斯科姆河流域）

（大伊赫纳奇——湖系中海拔最高、面积最小的湖泊。位于海拔 2 724 m，水面面积 0.003 km^2，体积 6 000 m^3，长 0.150 km，平均宽 0.02 km，平均深度 2 m，最深 6 m。下伊赫纳奇——该湖系中面积第二大，第一个被普斯科姆村方向而来的旅行者踏足的湖泊。它位于海拔 2 460 m，水面面积 0.090 km^2，体积 9 000 m^3，长 0.505 km，平均宽度 0.178 km，平均深度 10.0 m，最大深度 21.5 m）

图 4.10　伊赫纳高山湖泊（上图：2012 年 7 月 11 日）

图 4.11　2011 年伊赫纳奇湖调查结果

（海拔 2 750 m，水面面积 0.42km^2，体积 389 万 m^3，平均水深 9.7m，活水湖，是奇尔奇克流域最大的高山湖泊）

图 4.12　最高的高山湖泊——沙瓦尔库里（2014 年 8 月 2 日）

（海拔 2 050 m，水面面积 0.2 km^2，体积 327 万 m^3，平均水深 16.2 m）

图 4.13　奇尔奇克流域科克苏高山湖

（上图：上科克苏湖，2012 年 7 月 11 日；中图：萨雷卡姆湖，2012 年 7 月 24 日）

山区大量湖泊的集聚则是由于局地气候及水文形态、河流的形成特点（因为山地是水的储蓄器），以及有利的地质构造和地貌条件等因素的影响。正是这些因素决定了湖泊数量的增加。

在这里还可以观察到与现代和古代冰川运动形式相关联的现象，冰川运动对小型及超小型湖泊和大型冰碛湖的大量形成起到了决定性作用。

现在中亚地区的湖泊率为 0.7%，远低于卡累利阿的 10.7%或高加索的 1.0%。山区湖水多为低矿化度水，这是由集水岩层的弱侵蚀构成、小积水区和湖泊水外部的高交换率所决定的。矿化度最低的是伊塞克湖流域，以及楚河、塔拉斯河和锡尔河流域高山地区湖泊的水，其总矿化度不超过 100 mg/L。因此，通常情况下，高山地区的湖水主要成分是一类碳酸氢钙和二类碳酸氢钙。这主要是一些小的冰川湖、喀斯特湖、堰塞湖以及冰碛湖，这些湖泊与永久积雪区、冰川等相距较近，具有较高的水交换指数（$K_2>10$）。绝大多数的山地湖泊水在 $K_2>1$ 的条件下，即具有矿化性，矿化度低于 200 mg/L，主要成分是二类碳酸氢钙和三类碳酸氢钙。垂直地带性会改变水的总矿化度，这一普遍规律使得矿化度的变化总是受到湖泊高度的影响。水分矿化度（$\Sigma C=f\{H\}$）取决于湖泊的垂直位置，这一规律适用于化学成分数据比较完善的地区，可用于对中亚地区山区湖水矿化度的粗略估计。

就帕米尔—阿赖山系湖泊总体矿化度而言，东帕米尔内流区的湖泊群相对独立。该地区的湖群包括中亚最大的山地湖泊——卡拉库里、朗格库里、绍尔库里、库鲁克库里和卡基尔库里等湖泊。根据湖泊水的化学成分，这类湖泊属于硫酸盐型，并可进一步划分为硫酸镁钙、硫酸镁钠、硫酸—碳酸镁等类型，主要原因是受到高山荒漠气候的影响，特别是湖泊区域低水分、所属的水平衡类型、湖泊水的低交换率和集水区的地貌与地质等因素。

根据湖泊总矿化情况分析，湖泊之间的差别较大，这种变化达到 0.5～11 g/L。但是，这些湖泊都属于三类硫酸镁盐湖。

萨瑟库里湖群就属于这一类。它位于阿里丘尔河左岸的山间盆地，总计 30 多个内陆湖泊。最大的湖泊是萨瑟库里、图兹库里及基奇库里。它们的盆地是从前大型水体的残迹，占据了盆地所有低洼地区，矿化度极高，主要成分是碳酸氢钠—氯化钠类。

由于湖泊的干涸可以观察到溶液的浓缩和盐分的累积过程。根据水的主要化学成分划分为一类碳酸氢钠，以及高 pH（9.7～9.8），可将其归类于碱性湖泊。随着湖水向西部平原地区的移动，那里的湖泊集中区域可达海拔 400 m，在河湾洼地及河口处可以观察到湖水矿化度的升高。这些湖泊为三角洲型、古代型、河间—尾闾型，分布在水分不足地区，特点是水交换指标较低，具有内流性或周期流动性。其中周期性流动湖水的矿化度增加到 1 000～3 000 mg/L，内流蓄水池的湖则增加到 5 000～10 000 mg/L。蒸发型水体只有在丰水年才能实现水流入，且其矿化度超过 1 000 mg/L。

随着水平衡中来水与耗水相互关系的变化，以及盐分的增加可以发现同类型河锡尔河、楚河、塔拉斯河湖水离子的变化，这种变化表现在碳酸氢盐类被替换为硫酸钙、硫酸钠及硫酸镁。与此同时，随着总矿化度的增长可以发现氯离子的作用显著。

属于咸海流域大型及超大型的湖泊有咸海、萨列兹湖、伊塞克湖（水面面积 6 236 km^2）、艾达尔—阿尔纳赛湖系（阿尔纳赛湖、图兹冈湖以及艾达尔库里）（3 500 km^2）、萨雷卡梅什（2 850 km^2）、苏达奇耶（300 km^2）、坚吉兹库里（160 km^2）等（阿布都米吉提·阿布力克木等，2019）。

图 4.14-a　萨列兹湖（景观图）

图 4.14-b　萨列兹湖（鸟瞰图）

萨列兹湖位于东帕米尔高原，海拔 3 000 m 以上（图 4.14 和图 4.15）。1911 年，这里发生了 9 级地震，引起了穆兹库里山脊南部支脉严重的山体滑坡（土方 22 亿 m^3），堵塞了穆尔加布河床。在发生崩塌的地方有一个乌索伊的村庄完全被滑坡所淹没，继而形成了一个天然水坝，被称作乌索伊水坝。穆尔加布事件发生后的前 3 年完全保持了这个自然堤坝，而不断上升的水位淹没了穆尔加布岸边的村庄，继而形成了萨列兹湖，并且以淹没在这里最大村庄的名字命名——萨列兹。乌索伊堵塞长达 5.1 km，主体面积 12 km^2，高 550～730 m。湖长 60 km，最大宽度 3.3 km，面积 80 km^2，最大深度 500 m。萨列兹湖水容量近 170 亿 m^3，天然水坝的体积为 22 亿 m^3。

图 4.15　萨列兹湖影像图（2013 年 5 月 12 日）

如果说高山湖泊有淡水，那么平原地区大部分湖泊的水矿化度较高，并且不能日常使用。属于此类型的湖泊有萨雷卡梅什湖、苏达奇耶湖（图 4.16）、坚吉兹库里湖及阿尔纳赛湖（图 4.17）、图兹孔湖和艾达尔湖（图 4.18）。

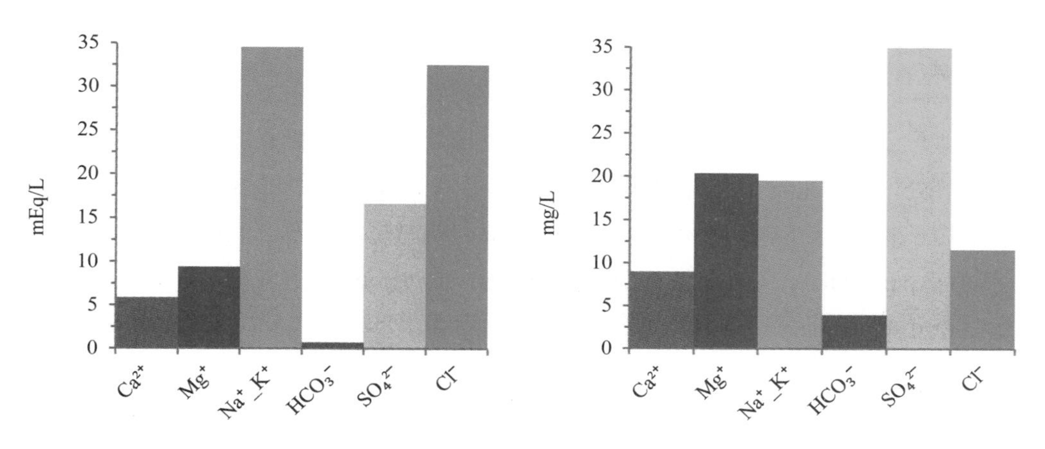

图 4.16　萨雷卡梅什湖、苏达奇耶湖的湖水指标

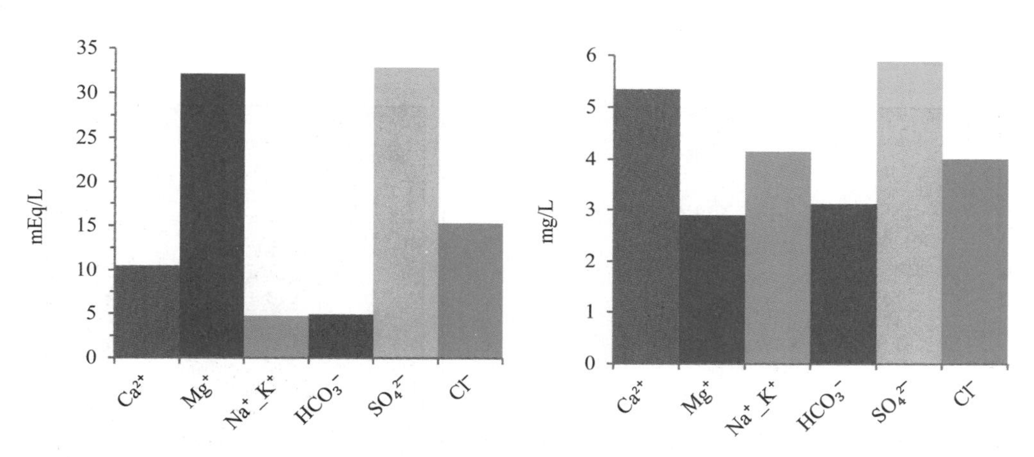

图 4.17　坚吉兹库里湖及阿尔纳赛湖的湖水指标

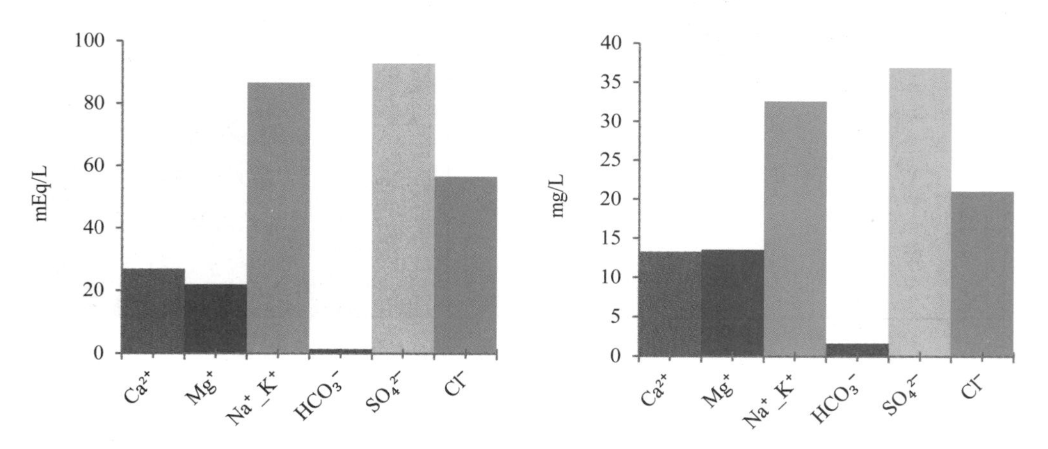

图 4.18　图兹孔湖以及艾达尔湖的湖水指标

4.1.2 咸海

咸海位于乌兹别克斯坦卡拉卡尔帕克斯坦与哈萨克斯坦克孜洛尔达州及阿克托别州的交界处，水源主要来自青藏高原（帕米尔高原）西南坡的阿姆河及西坡的锡尔河，前者发源于帕米尔高原，后者发源于天山西部；咸海是两条河流的尾闾湖。咸海（哈萨克语：Арал теңізі，乌兹别克语：Orol dengizi, Орол денгизи，俄语：Ара́льское море，英语：Aral sea），旧译"阿拉海"，突厥语字面意为"岛屿之海"（在突厥语族中，Aral意为"岛或岛屿"），因当时湖内有1 000多个岛屿而得此名。20世纪60年代主要岛屿有：科卡拉尔（Kokaral，"蓝岛"之意）、巴尔萨克尔梅斯岛（Barsa Kilmas，"有去无回"之意）和复活岛（Vozrozhdeniya Island/Rebirth Island，以前叫尼古拉一世岛）。主要湖岸城镇有东北部的阿拉尔（Aral）和南边的穆伊纳克（Muynak）。（图4.19）。

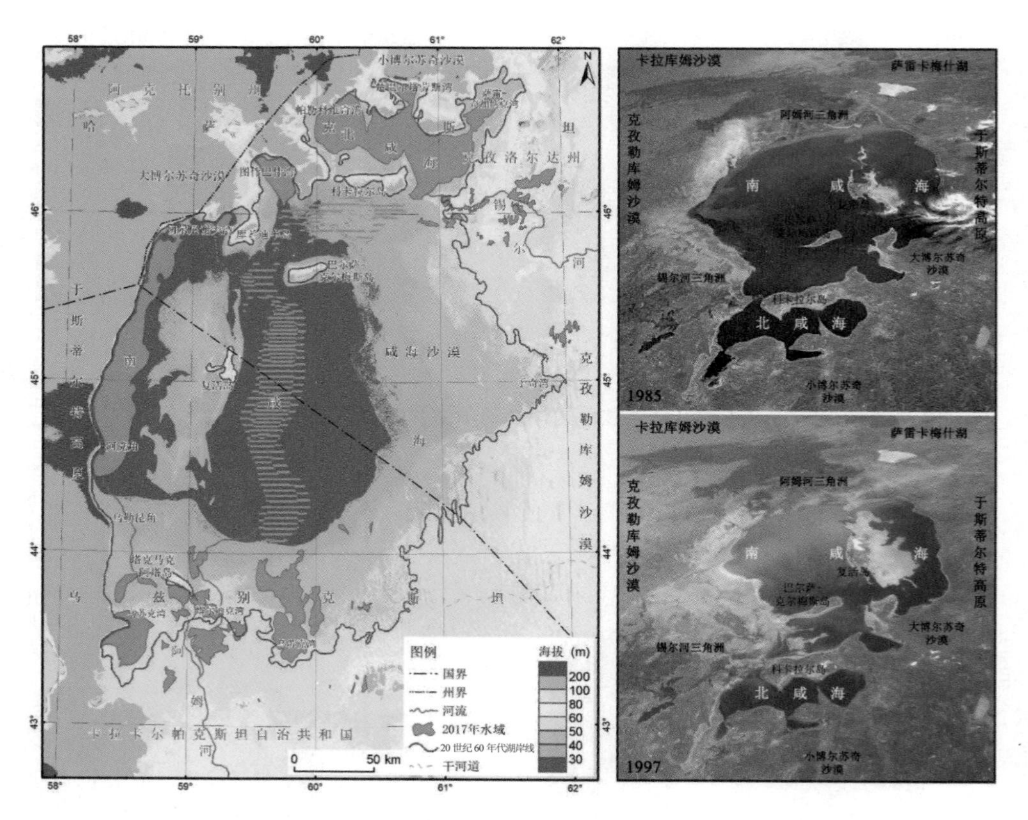

图4.19 咸海地势及由北向南鸟瞰图（影像来源于NASA）

咸海地处图兰低地。东岸北部是锡尔河三角洲，其余部分为克孜勒库姆（Kyzyl-Kum）沙漠；南岸为阿姆河三角洲，西岸为于斯蒂尔特（Ustyurt）台地，北岸为博尔苏基沙漠及一些低山丘陵。如今咸海大部分水域消失，原湖底东部已被沙漠掩埋，称为“阿拉尔库姆”（Aral-Kum，即咸海沙漠）。

咸海北岸地势高低不均，湖岸线曲折，有许多大小湖湾及半岛。东岸和南岸地势比较平坦，近岸湖水较浅，湖岸土质多为沙土和松软黏土。东北岸有锡尔河入海口，东岸的其余部分湖岸线曲率极高，分布着数量众多的小岛、半岛及湖湾。南岸有阿姆河入海口。西岸比较陡峭，湖岸线形状变化不大。咸海湖岸线一带有海洋沉积层和大陆沉积层。

咸海的气候属典型的大陆型气候。1—2 月平均气温，北部为−12℃，南部为−6℃；7 月平均气温，北部为 23.3℃，南部为 26.1℃。7 月水温在 23~25℃；11—12 月水温 −0.7℃，湖面结冰。年降水量 100 mm 以下。20 世纪 60 年代以前，湖水的蒸发量与流入量大致相当。

1960 年之前，咸海湖泊水域面积达 68 000 km²以上，湖面平均海拔高度 53 m，南北最长 435 km，东西宽 290 km，平均深度 16 m，西岸最深处达 69 m，湖水总量约 $10\,830\times10^8\text{m}^3$，年入湖水量 $630\times10^8\text{m}^3$，湖水矿化度为 9.9‰。1961—1970 年，咸海的水平线以每年 20 cm 的速度下降；在 20 世纪 70 年代，下降速度达到了每年 50～60 cm；而到了 80 年代，下降速度达到了每年 80～90 cm。1987 年，咸海分成两部分：北咸海和南咸海；在 1998 年，已经缩小到 $2.9\times10^4\text{km}^2$，并且被分割成了两个小湖，它的含盐量从 10 g/L 上升至 45 g/L；2003 年，南咸海分成了东咸海和西咸海；2004 年，就只剩下 $1.7\times10^4\text{km}^2$ 了，成了由 3 个小湖组成的湖群。2007 年，3 个小咸海的面积综合仅为咸海极盛时的 10%。如今，世界最大内陆湖之一的咸海正在消亡（图 4.20～图 4.26）（李均力等，2017；阿布都米吉提・阿布力克木等，2019）。

咸海流域展现于欧亚大陆中部，青藏高原以西。流域西边与于斯蒂尔特高原接壤，西南方为伊朗高原，南边有兴都库什山脉，东南部为萨里库勒岭以西的帕米尔高原，东部为喀克沙尔山以西及天山西部，东北边是哈萨克丘陵，北边有图尔盖洼地和图尔盖高原，总面积约 $176\times10^4\ \text{km}^2$，涉及中亚五国以及阿富汗和伊朗。

当今咸海流域不仅包括入湖的两条大河——阿姆河及锡尔河流域外，通过卡拉库姆运河的连接，还包括穆尔加布河及捷詹河流域。有时，捷尔斯凯阿拉套—吉尔吉斯阿拉套—塔拉斯阿拉套—卡拉套线以北的，历史上属于锡尔河的支流，如楚河、塔拉斯河及萨雷苏河流域，不计入咸海流域范围。

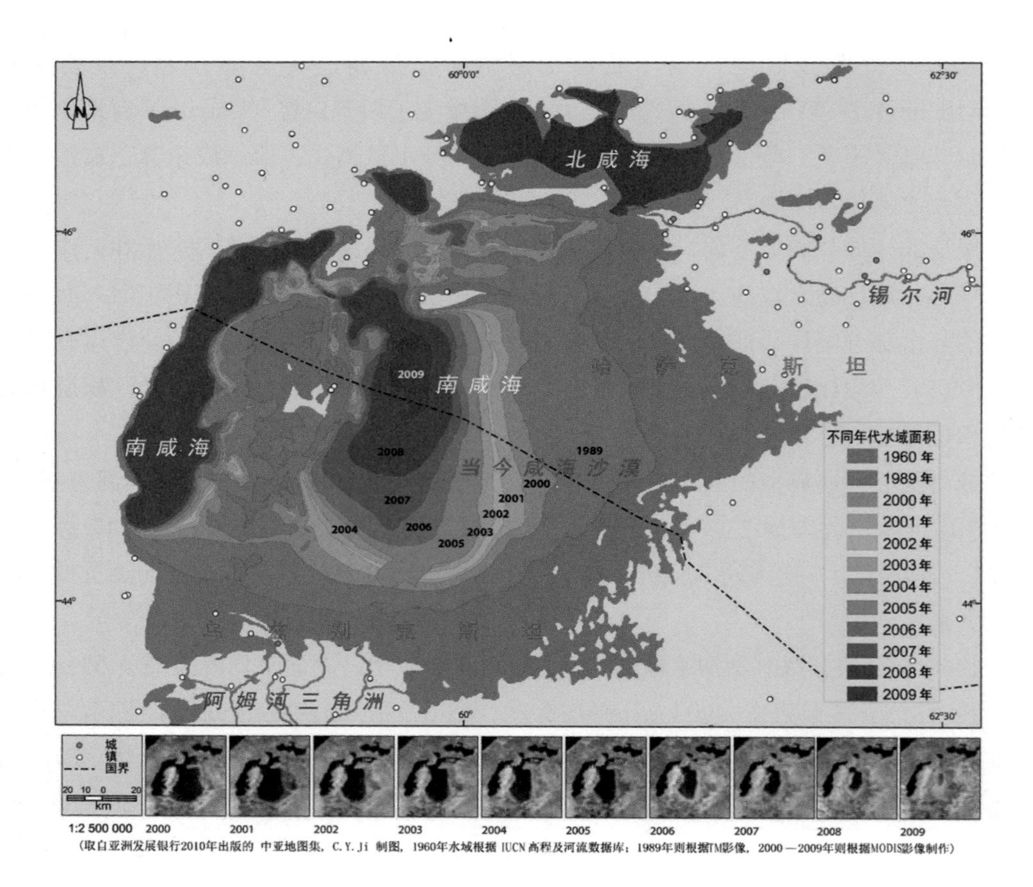

（取自亚洲发展银行2010年出版的 中亚地图集，C. Y. Ji 制图，1960年水域根据 IUCN 高程及河流数据库；1989年则根据TM影像，2000—2009年则根据MODIS影像制作）

图 4.20　咸海图片及其与最初边界对比

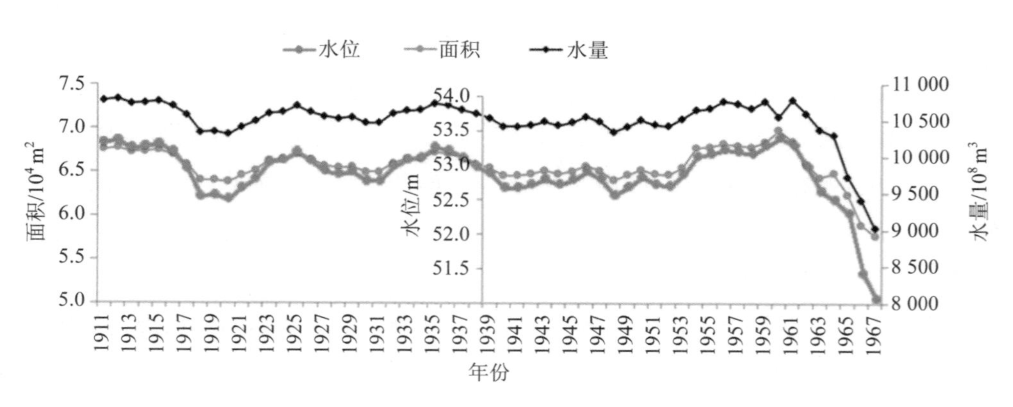

图 4.21　咸海水位、面积、水量变化

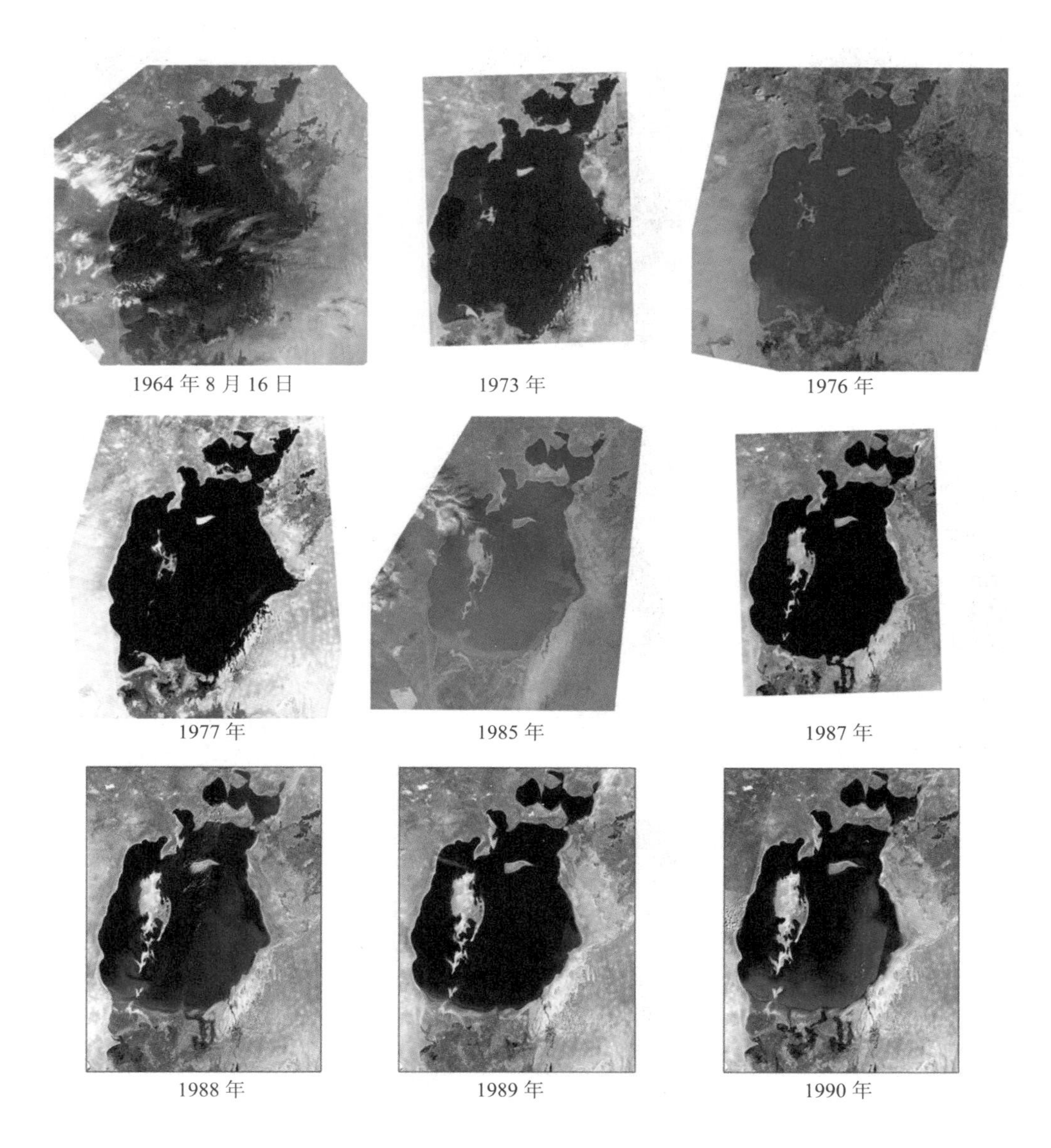
1964 年 8 月 16 日
1973 年
1976 年
1977 年
1985 年
1987 年
1988 年
1989 年
1990 年

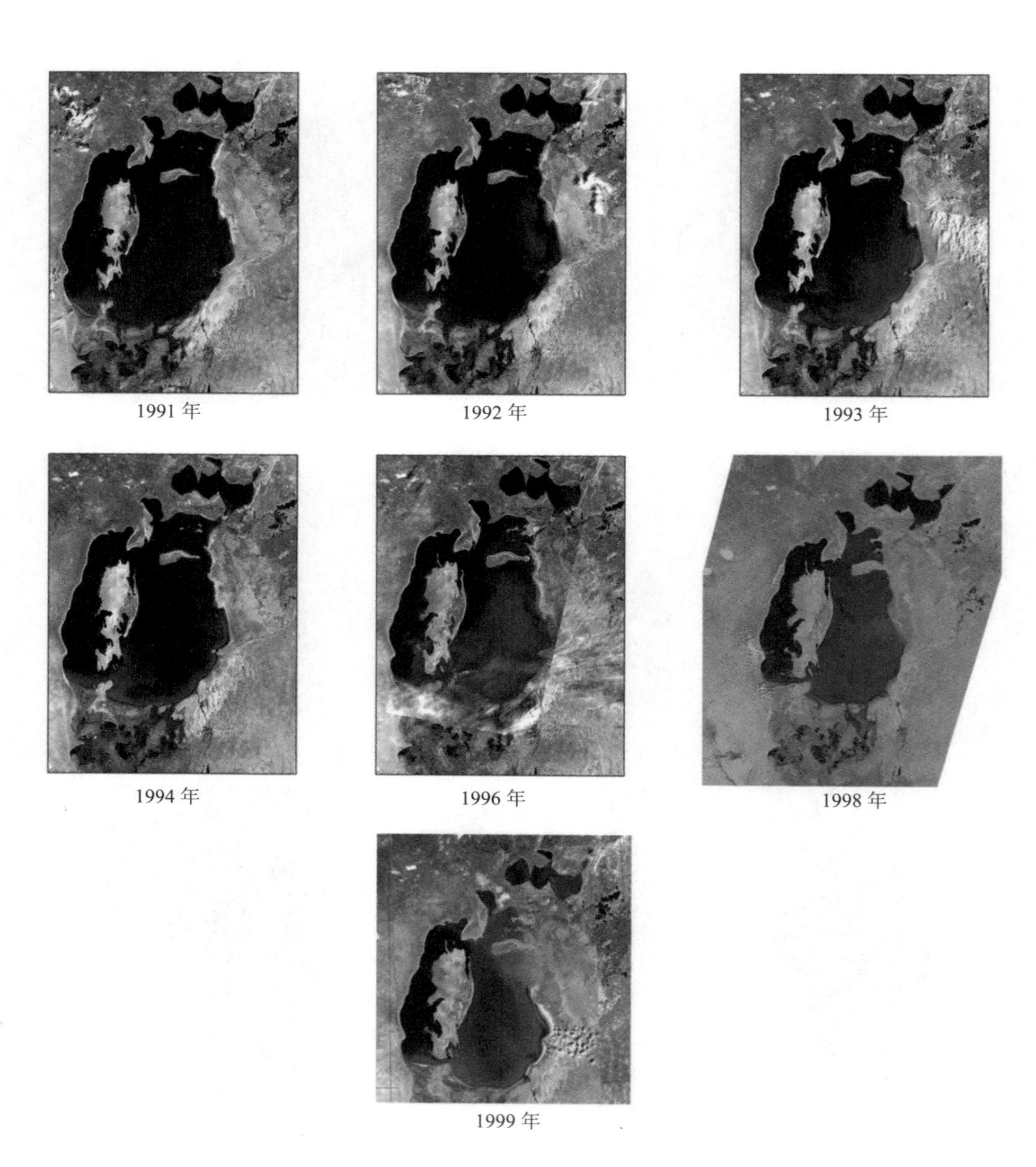

图 4.22　1964—1999 年咸海变化卫星影像（美国国家宇航局发布）

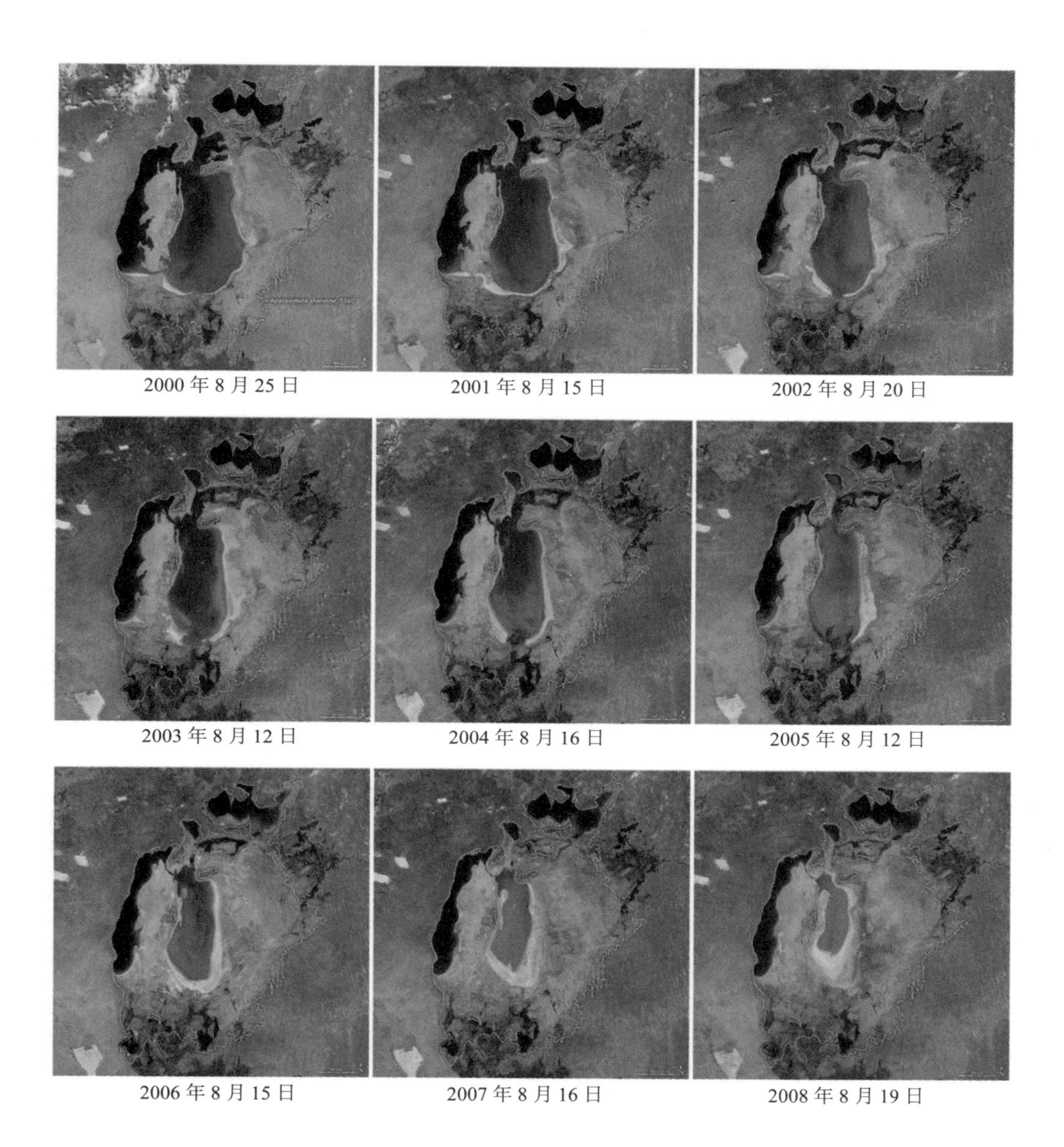

2000 年 8 月 25 日　2001 年 8 月 15 日　2002 年 8 月 20 日

2003 年 8 月 12 日　2004 年 8 月 16 日　2005 年 8 月 12 日

2006 年 8 月 15 日　2007 年 8 月 16 日　2008 年 8 月 19 日

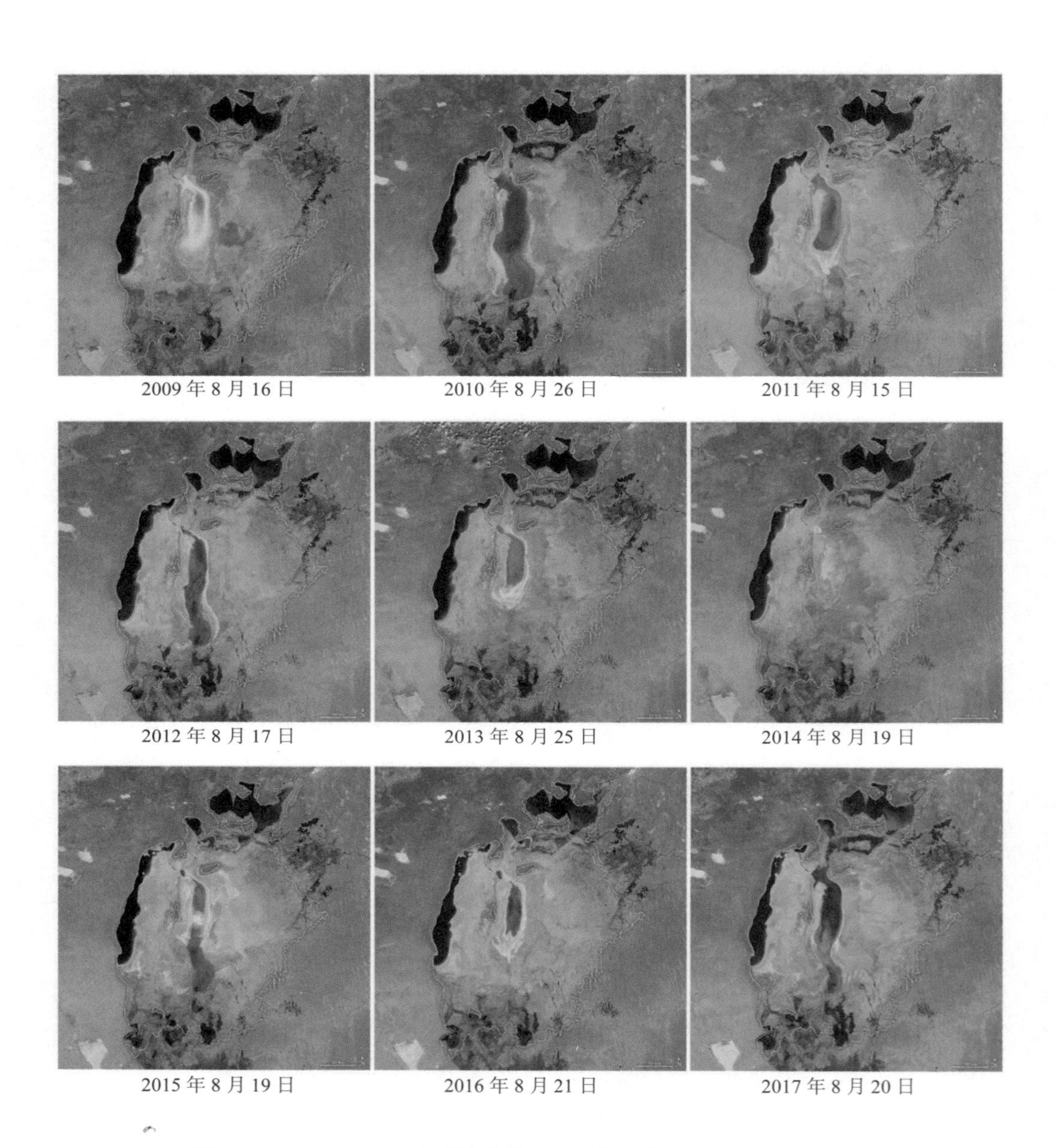

图 4.23　2000—2017 年咸海变化卫星影像（美国国家宇航局发布）

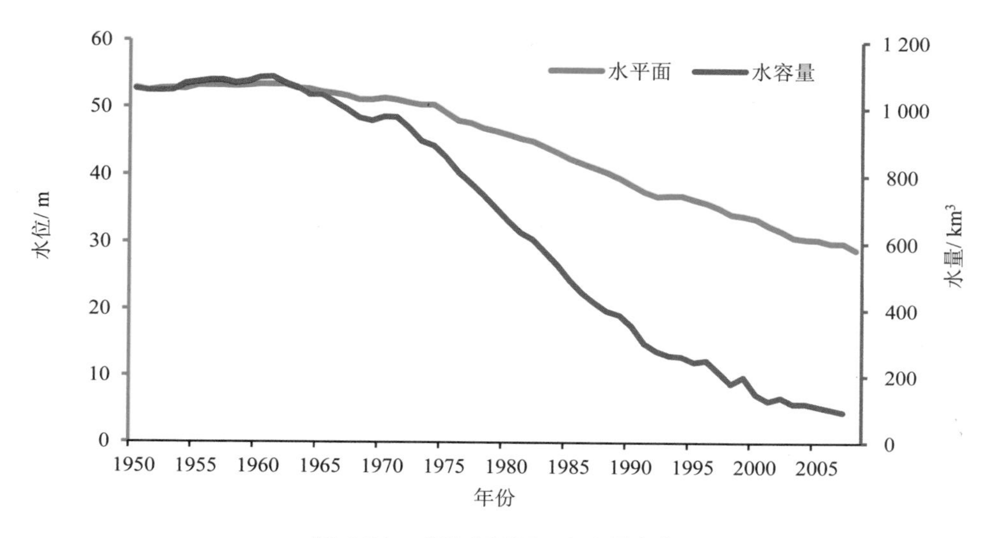

图 4.24　咸海水平面及水容量变化

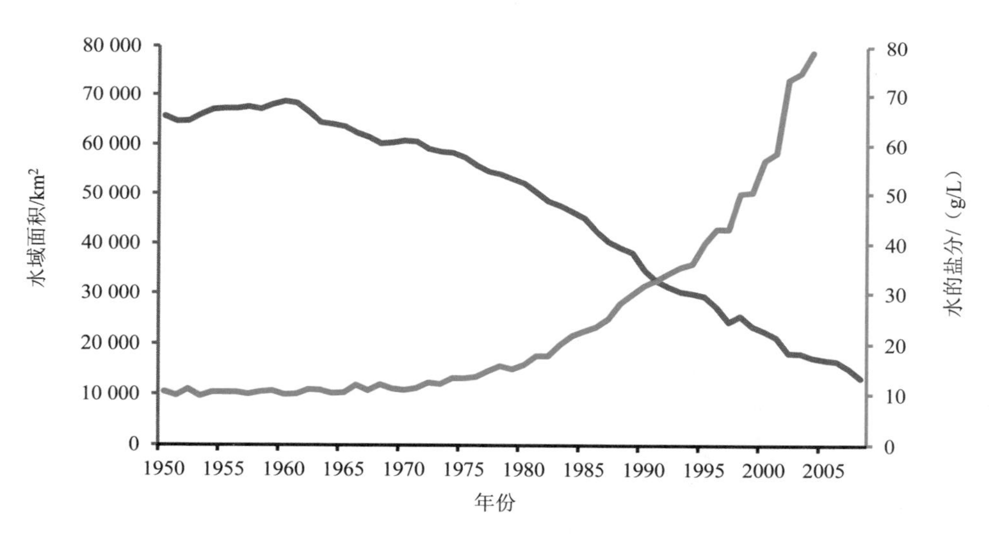

图 4.25　咸海湖水面积及盐分的变化

1960—1970 年，咸海的水位以每年 20 cm 的速度下降。

1970—1980 年，下降的速度激增至每年 50～60 cm。

1980 年以后，水位的下降暴增至每年 80～90 cm。与此同时，它的含盐量从 10 g/L 上升至 45 g/L。

1987 年，咸海分成南、北两部分，称为南咸海和北咸海。其后，曾经有人使用人工渠道将两个湖泊重新连接，但最终因它们继续萎缩而在 1999 年再度分开。

2001 年，由于咸海的日渐枯竭，咸海中的沃兹罗日杰尼耶岛与陆地相连成为一个半岛。

2003 年，南咸海又进一步分成了东、西两部分。

2004 年，咸海三个湖泊的面积只剩下原本大咸海的 1/4，而且还在继续萎缩。

2005 年，为了拯救北咸海，哈萨克斯坦政府在南北咸海间修建了一座大坝（Kokaral Dike），使锡尔河的地表水不再自由流入南咸海。

2007 年，咸海面积只有最初面积的 10%，南咸海的含盐量上升至 100 g/L。

2009 年，东咸海干涸全部消失，西咸海继续萎缩。

2010 年，东咸海重新开始形成水域，西咸海继续萎缩。

2014 年，东咸海基本干涸，西咸海继续缩小，咸海总面积减小至近代历史最小。

2015 年，东咸海重新开始形成季节性水域，这种趋势保持至今；西咸海继续缩小。

20 世纪 60 年代，咸海水面海拔为 53 m，总容量为 10 620 亿 m^3，面积为 66 100 km^2。年蒸发量 1 040 mm，降水量 140 mm，水量损耗估计为 600 亿 m^3（阿布都米吉提 • 阿布力克木等，2019）。

海水的减少始于 1960 年，到 1993 年 12 月水平面下降到 36.94 m，体积减少到 2 700 亿 m^3，面积减少到 32 500 km^2。图 4.20～图 4.25 和图 4.26 表现了咸海正在走向死亡，阿姆河及锡尔河的蒸发损失量取决于流入的量（图 4.27）。有些专家认为，咸海恢复到 20 世纪 60 年代的状态在理论上是可以的。但是，必需要强化流域间国际合作，加大政策优惠及提供巨额资金支持。在未来 10 年内要暂停使用锡尔河和阿姆河的水资源，并把每年节约下来的 600 亿 m^3 水提供给咸海，也就是说，流域总水量一半以上的水资源输入到咸海，这在当前流域的政治生态环境形势下是比较困难的。

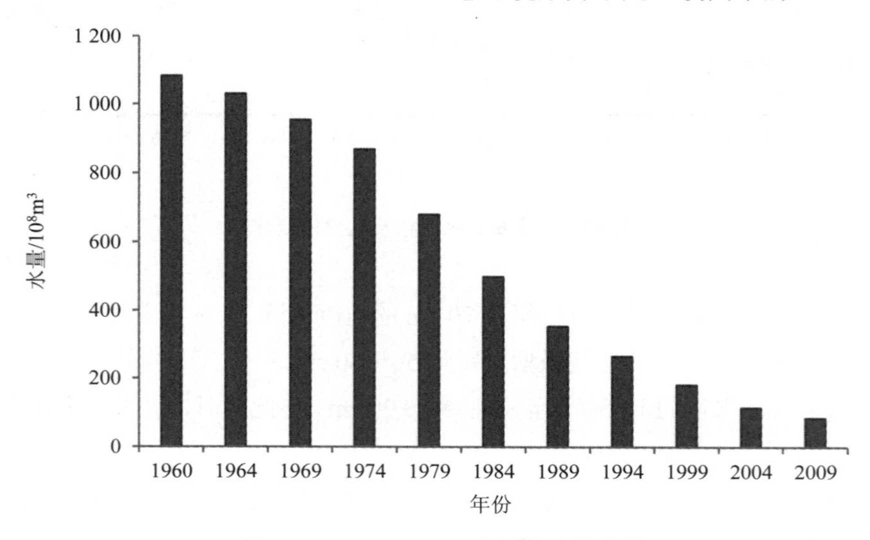

图 4.26　1960—2009 年咸海水量变化

为了将咸海水平面维持在 1992 年的水平，每年必须向其注入 300 亿 m^3 水。咸海流域的潜在水资源估计有 1 167 亿 m^3（锡尔河 372 亿 m^3，阿姆河 795 亿 m^3）。在阿姆河流域水资源划分明确的情况下，独联体国家境内分布的咸海流域河流水资源估计为 1 124 亿 m^3，其中主要是锡尔河和阿姆河的水资源（1 008 亿 m^3 其中，锡尔河 349 亿 m^3，阿姆河 659 亿 m^3）。平水年三角洲上游的剩余水量约为 70 亿 m^3（加帕尔·买和皮尔等，1997；Турсунов А.А.，2002；Аладин Н.В.и др.，2017）。

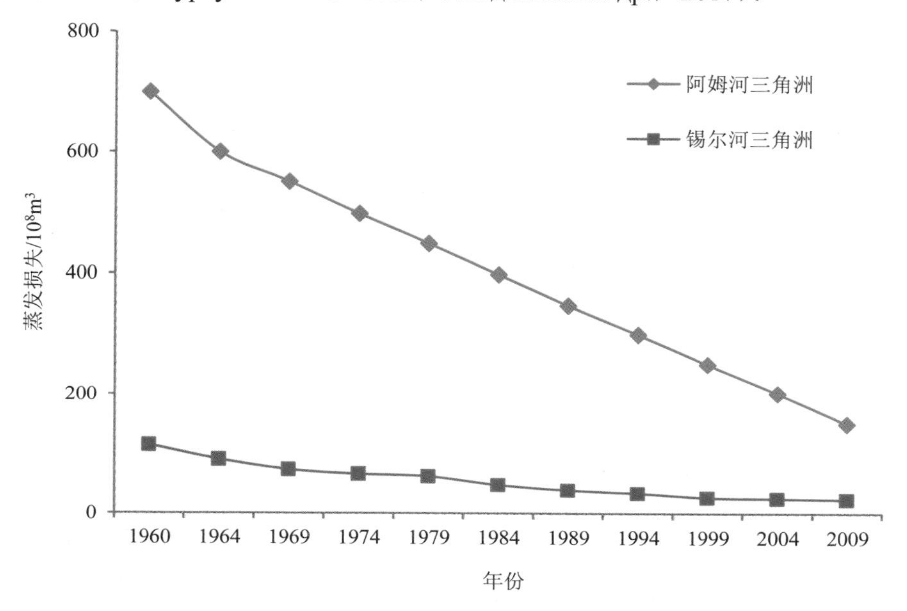

图 4.27　1960—2009 年观测期间蒸发损失（Khamrayev et al，1994；Makhmudov et al.，2007）

在保证这段水流流向咸海的情况下，水平面将维持在 27.5 m，容量 700 亿 m^3，面积 10 000 km^2，这表示水平面依然下降了 9.4 m。矿化度的盐累积量达到 920 亿 t。与海水干涸有关的最主要危险是累积的盐分向灌溉区的"输出"。这个危险应当在一定海水容量内就地消除，也就是说为了沿岸及整个地区居民的生命活力，必须保持一个"盐安全"指标，维持海生物的多样性。

在这种条件下的海水矿化参数（35 g/L）确定为：海平面为 36 m，容量 2 550 亿 m^3，水面积 31 000 km^2，这需要每年给咸海注入 250 亿 m^3 的水。这是一个危险的征兆，这一转移将成为整个地区的生态灾难。

由于有限的水资源、资金，盐碱灌溉地改良的必要性，以及水利区与水源地所在区域的相对高度位置，现代水利用系统将水资源从一个区域转移到另一个区域，或通过河流实现这一转移。这个系统的连接环节是干渠排水（矿化度比天然河流高出 10～30 倍）。

咸海流域中来自干渠排放水的补给量为350亿m^3（锡尔河流域140亿m^3，阿姆河210亿m^3）。其中，130亿～140亿m^3在湖泊蒸发区域的灌区范围内被蒸发，剩下的210亿～220亿m^3水重新流入河流直接进入灌溉区被重复使用，这增加了水源地水资源的流动范围。而另一方面灌溉水及河流中下游的矿化度增加了3～6倍，这使得水资源不适宜作为饮用水，降低了土地灌溉的生产率（一些水利区的生产率降低了20%～30%）。

因此，从经济方面而言，解决水资源问题刻不容缓，首先涉及两个相互关联的方面：水资源的去矿化物和干渠排放水的有效利用。

在当前条件下，通过截断排放水流入河流达到去矿化物的目的在技术上是可行的。按照这种方法，阿姆河流域只需切断来自布哈拉绿洲及卡尔希草原总量达15亿m^3的排放水（其携盐量达1 000万～1 200万t），届时输往阿姆河—布哈拉运河的水平均每年可将矿化度降低0.3g/L（从0.8 g/L），下游则降低0.11～0.5 g/L（从1.1 g/L）（Чен Ши и др., 2013），使得矿化度降低的水既适宜饮用，又可用于土地灌溉，从而极大地改善了水文化学状况。根据专家预测，完成这一方案可能需要2～3年，要解决阿姆河下游矿化严重的问题则需要10年时间。

要保护咸海，首先必须建设从咸海到阿姆河左岸的统一排水系统，初始阶段包含左岸下游的42亿～45亿m^3干渠排放水（从花剌子模、塔沙乌兹和卡拉卡尔帕克斯坦部分地区排入萨雷卡梅什盆地）。之后，涵盖了从土库曼斯坦左岸管道的布哈拉绿洲和卡尔希草原共12亿m^3的排放水，这些排放水从出口流向阿尔纳赛，经过阿亚卡吉特姆时还加入了从饥饿草原和吉扎克草原排出的20亿m^3排放水，最终可转排至咸海的为100亿～105亿m^3（已考虑了管道输送时的损耗）。

对锡尔河和阿姆河流域水资源的使用分析表明，到目前为止，锡尔河和阿姆河三角洲上端的实际水量约70亿m^3（该径流量的部分被用于环阿姆河三角洲地区，此部分水为非回归水，因此流入咸海的径流量在丰水年低于平均值），也可以称作是平衡的“不协调”，引水量超过了限额，平均达到了90亿m^3（锡尔河30亿m^3，阿姆河60亿m^3）。

因此，在受硬性限制的条件下，河流的干流部分可以向咸海注入160亿m^3的径流，允许的干渠排放水量为100亿～105亿m^3，也就是说咸海总共可以得到260亿m^3水的补给。这有利于维持一个“安全含盐率”和具有海洋生物生产率的咸海。这些考虑和计算对于解决流域问题来说都是可行的。

苏联解体后，吉尔吉斯斯坦和塔吉克斯坦成为中亚主要河流的径流形成区。出于国家利益，它们将托克托古尔和努列克水库的主要调节制度由灌溉型改为发电型的愿望日益强烈，这将对下游乌兹别克斯坦、土库曼斯坦和哈萨克斯坦等国的水资源管理产生很大影响。以至于这些下游国家必须寻求在本国流域为季节性调节锡尔河和阿姆河水量的额外库容，而如果托克托古尔水库在发电运行制度下进行大规模水量调节（为了最大限度地从电力的生产和销售中获取利润），将导致其失去多年水量调节的功能，相应地也就使下游国家失去了水资源的保障。

4.1.3　伊塞克湖

伊塞克湖位于吉尔吉斯斯坦东北部的天山山脉北麓，属内陆咸水湖。湖中心地理位置 77°33′E，42°42′N。伊塞克湖东西长 178 km，南北宽为 60.1 km，水域面积 6 236 km^2，湖水储量为 17 350 亿 m^3。湖岸线周长约为 669 km，平均深度，278.4 m，最大深度为 702 m（吉力力·阿不都外力等，2012；李均力等，2017）（图 4.28 和图 4.29）。在世界高山湖泊中，伊塞克湖按面积仅次于南美洲的的的喀喀湖（Lake Titicaca），居世界第二位，湖深和湖水量则居世界首位。湖区气候温和，湖水碧蓝，空气清新，矿泉比比皆是，是吉尔吉斯斯坦著名的疗养和旅游胜地。

4.1.4　湖泊湿地生态系统

景观生态系统作为独特的自然孕育和人类活动共同产生的多种栖息地斑块的有机结合体，为人类生存提供了适宜的环境，具有很强的综合性和鲜明的区域性。

咸海，特别是阿姆河三角洲的荒漠与湿地组合，突出反映了该区域生态系统的异质性和脆弱性。阿姆河三角洲面积为 70 万 hm^2，被视为湿地水生鸟类、哺乳动物和爬行动物的哺育区，但目前已发生了深刻的变化（图 4.29～图 4.33）。

大型河流谷地的湿地，常常很难通过其外围堆积物和低洼地貌与湖泊区分。因为在湿润期间低洼处常被水体覆盖变为小型湖泊；在干旱期则变为沼泽。山区的湿地数量和面积都较小。

在乌兹别克斯坦，人工湿地生态系统包括灌区干渠排放水或水库放水而形成的湿地。

现有的所有人工湿地均被用来发展捕鱼业。其生态问题主要与不稳定的来水情势和保护不力有关，由此，限制了保护动物栖息地和生物多样性的可能。

水利工程设施和灌溉排水网占用了土地总资源的 1.8%。涉及土地后备资源的有阿姆河、锡尔河、咸海和湖泊的水表面，占后备土地总面积的 17.1%。

根据乌兹别克斯坦渔业部门的有关数据显示，乌兹别克斯坦的湖泊、湿地等水体面积为 6 761 km^2，约占国土面积的 1.5%。此外，咸海及其剩余部分，约 16 500 km^2，占乌兹别克斯坦领土的 3.7%。

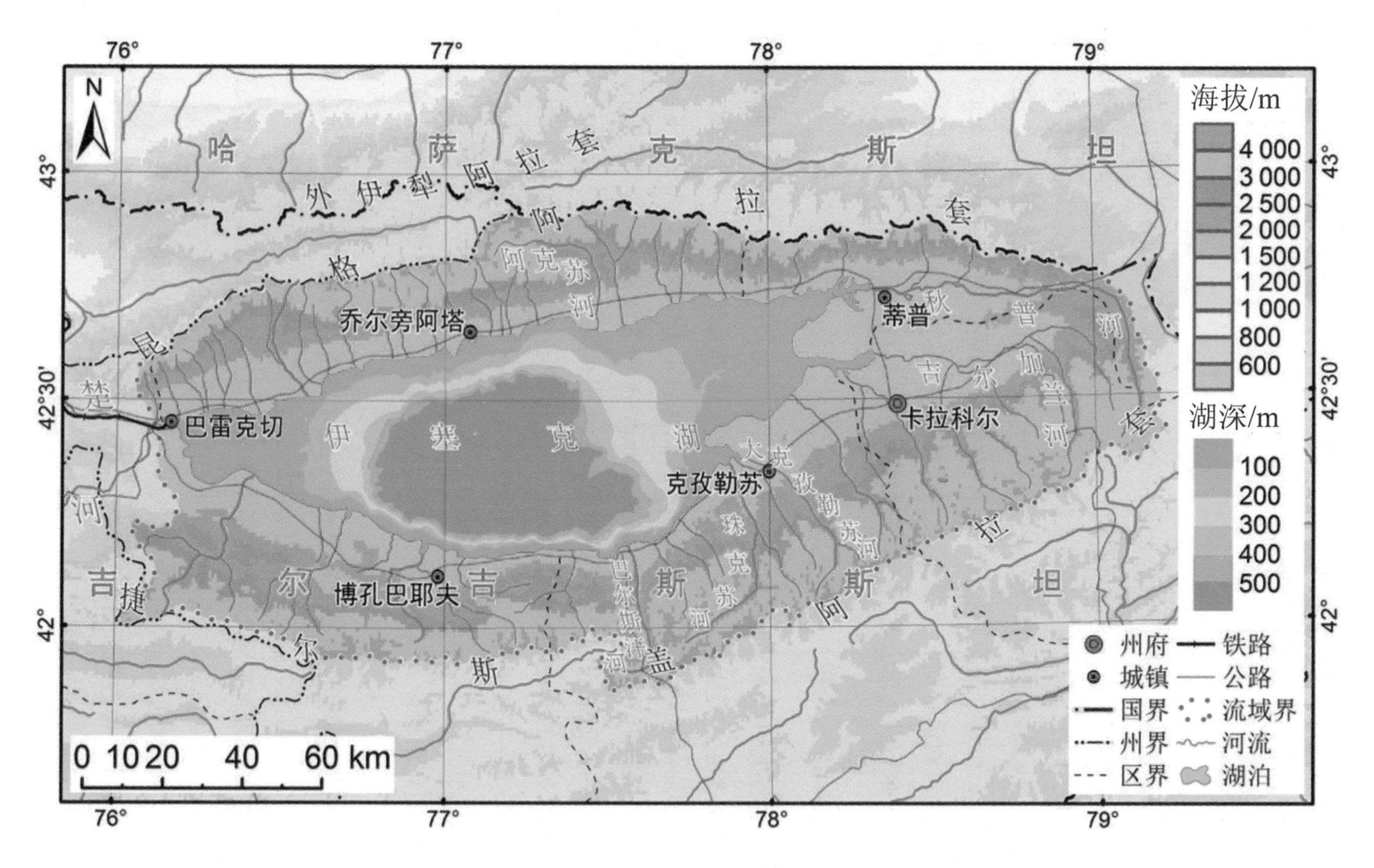

图 4.28　伊塞克湖流域地图

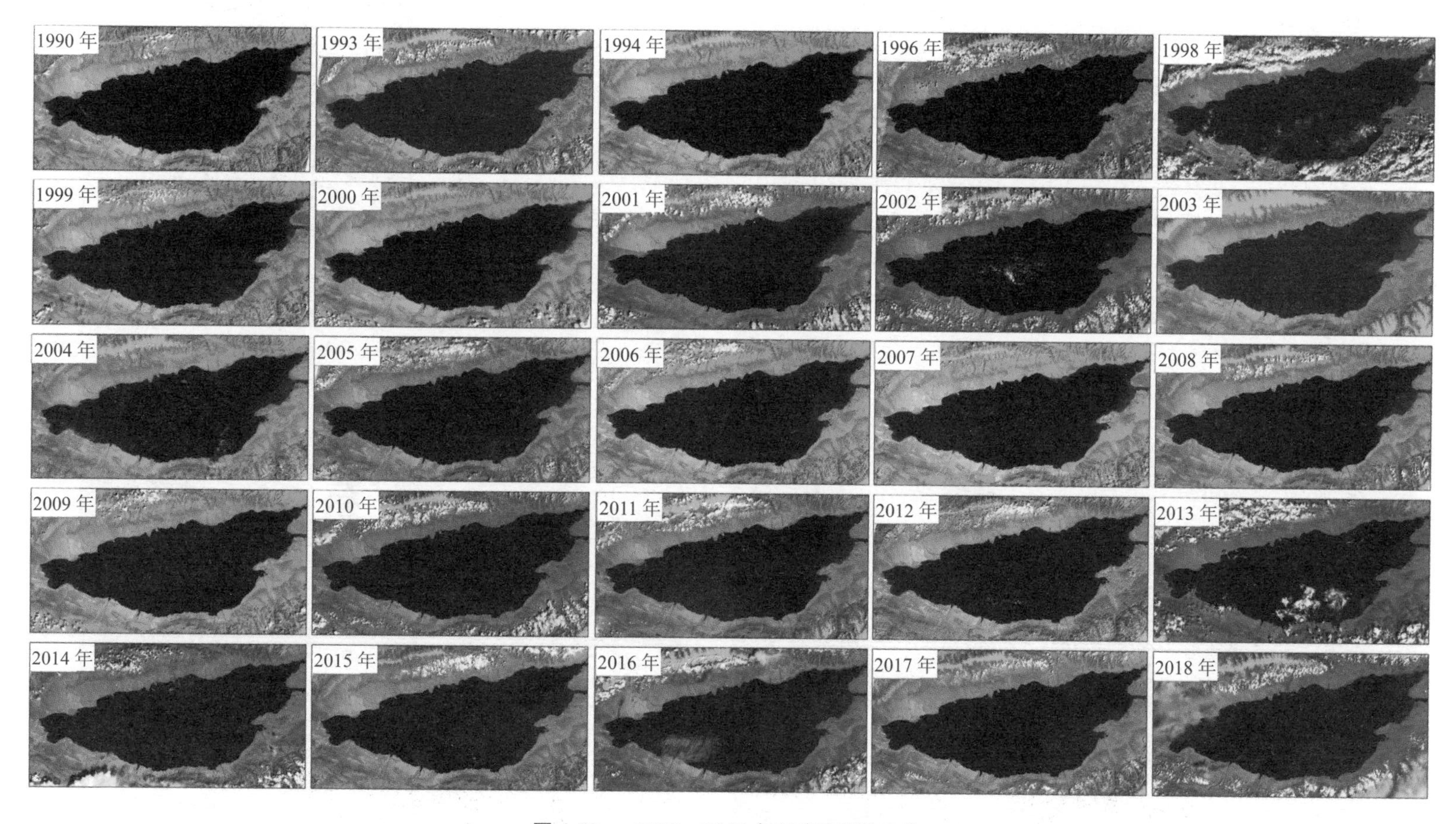

图 4.29　1990—2018 年伊塞克湖的变化

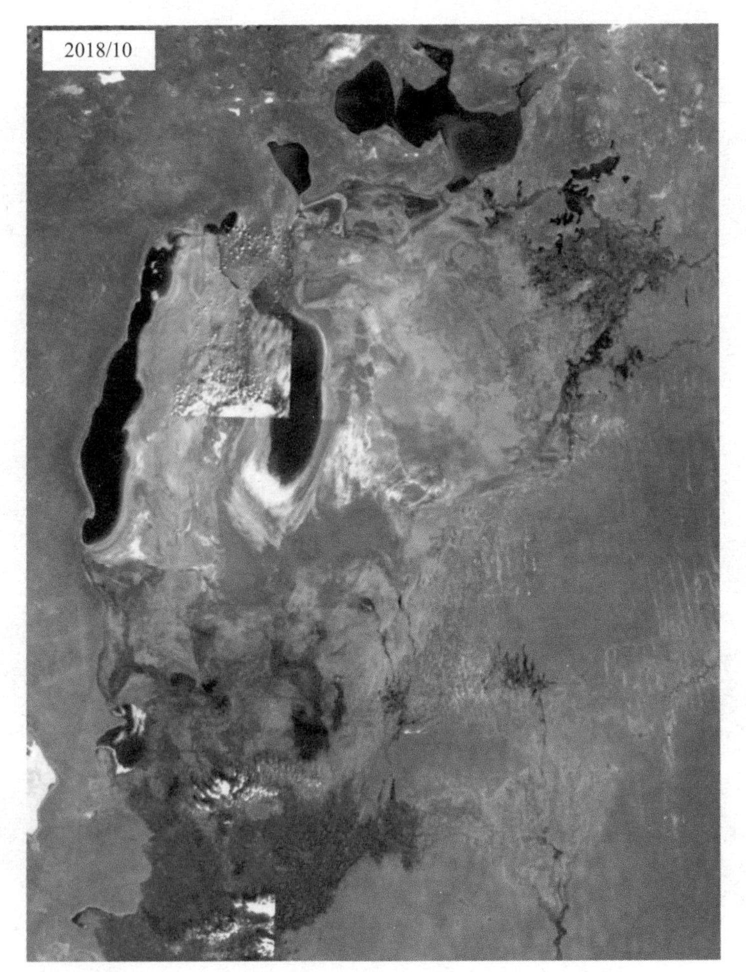

图 4.30　咸海湿地生态系统

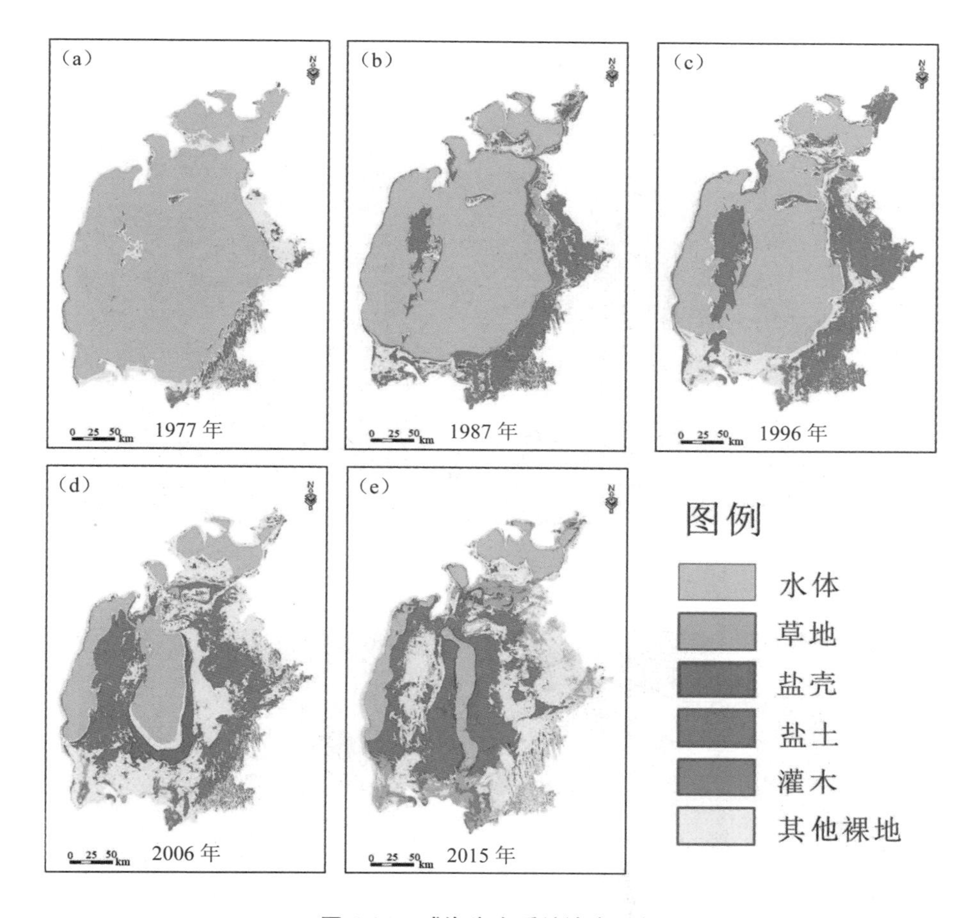

图 4.31　咸海生态系统演变过程

图 4.32　咸海周边湿地景观

图 4.33　咸海周边盐渍化荒漠景观

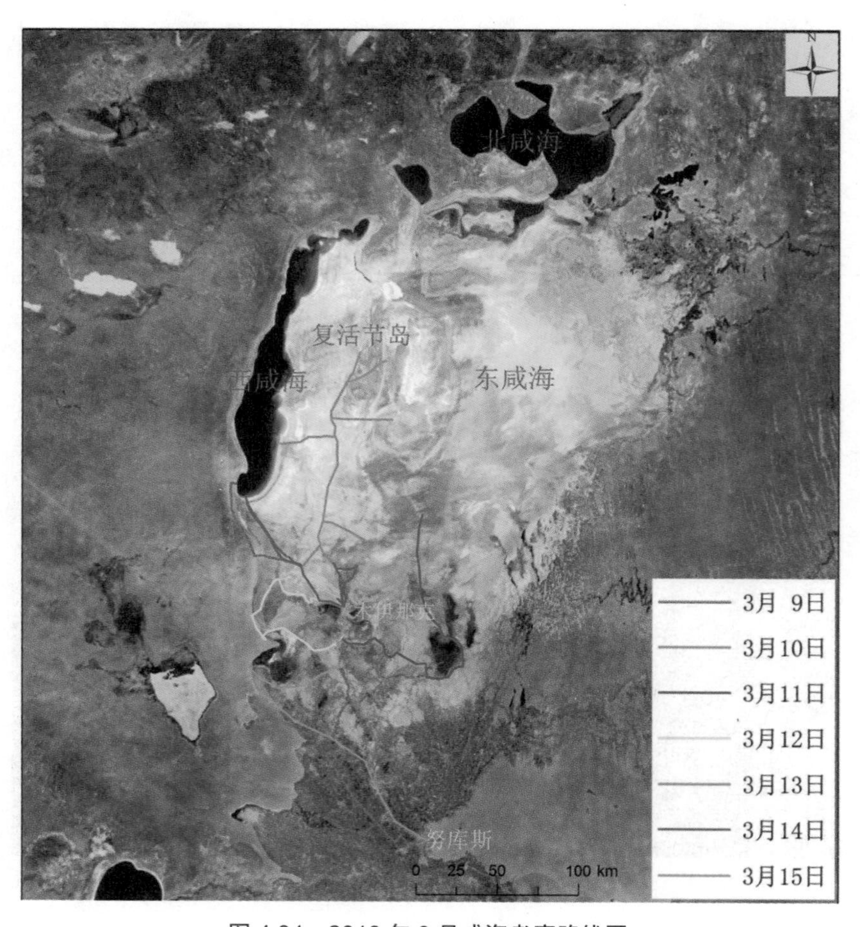

图 4.34　2019 年 3 月咸海考察路线图

4.2 水库

中亚地区有 110 个大型水库，库容超过 1 600 亿 m^3（表 4.2）。

表 4.2　中亚地区的水库

序号	国家	大型水库数量/座	水库的总库容/10^8 m^3	发电水库的总功率/MW
1	哈萨克斯坦	12	898.43	2 173
2	吉尔吉斯斯坦	20	219.28	2 910
3	塔吉克斯坦	9	325.20	3 966
4	土库曼斯坦	15	32.14	—
5	乌兹别克斯坦	54	208.41	920
总计		110	1 683.45	9 969

与此同时，阿姆河（图 4.35～图 4.38）、锡尔河流域（图 4.39～图 4.43）以及咸海流域修建了 60 个水库（总库容为 648 亿 m^3，有效库容为 468 亿 m^3）。

在阿姆河及其主要支流修建水库的目的在于，调节流域内多年径流（表 4.3），在丰水年储水，以应对少水年的缺水（Sherfedinov et al.，2004）。

图 4.35　卡什卡达里亚河流域（阿姆河流域）、阿克苏河上的吉萨尔水库

图 4.36　阿克苏河（阿姆河流域）上的吉萨尔水库（2015 年 6 月 12 日）

图 4.37　卡什卡达里流域古扎尔河亚灌溉水库

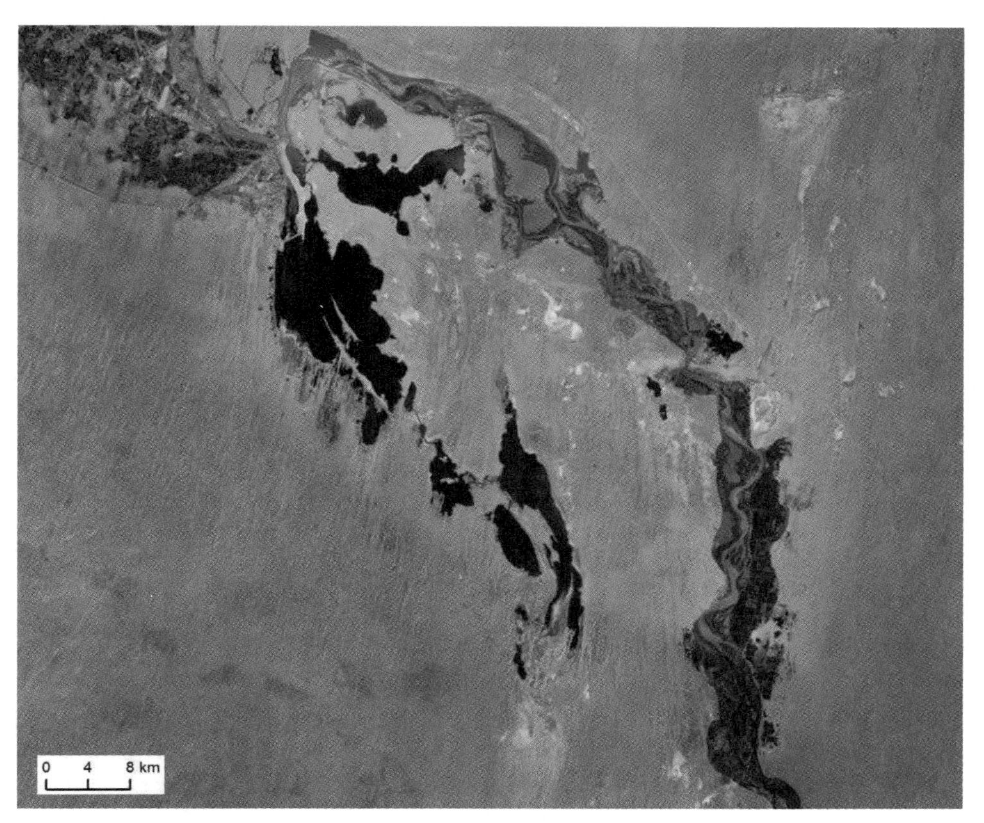

图 4.38　阿姆河干流上的图雅姆雍水库（2017 年 7 月 12 日）

图 4.39　卡拉达里亚（锡尔河流域）上的安集延水电站和大坝

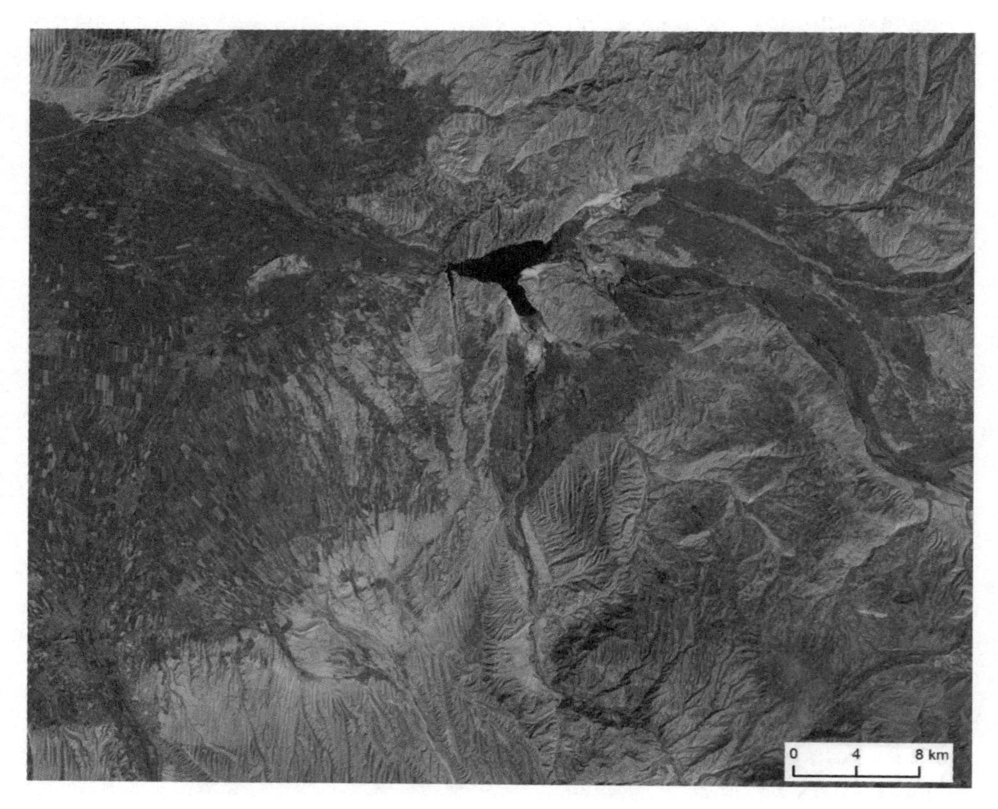

图 4.40　卡拉达里亚（锡尔河流域）上的安集延水库（2016 年 11 月 1 日）

图 4.41　奇尔奇克河（锡尔河流域）上的恰尔瓦克水库和大坝

图 4.42　奇尔奇克河（锡尔河流域）上的恰尔瓦克水库（2017 年 7 月 3 日）

图 4.43　锡尔河干流上的凯拉库姆水库（2010 年 8 月 29 日）

表 4.3 阿姆河正在使用的、在建的以及计划建设的水库型水利枢纽

序号	水库型水电站名称	所属国家	水库容量/10^8m^3		用于发电的水库，建有发电站的容量/MW	电力产量/（10^9kW/a）
			总量	有效容量		
瓦赫什河			230	130.77	9 125	35.87
1	罗贡	塔吉克斯坦	118	85	3 600	13.3
2	舒罗布	塔吉克斯坦	0.5	0.2	750	3
3	努列克	塔吉克斯坦	105	45	3 000	11.20
4	拜帕津	塔吉克斯坦	2.25	0.2	600	3.1
5	桑格图德 1 号	塔吉克斯坦	2.5	0.12	670	2.74
6	桑格图德 2 号	塔吉克斯坦	0.75	0.05	220	0.93
7	果洛夫	塔吉克斯坦	0.95	0.2	240	1.3
8	别列帕德	塔吉克斯坦	—	—	30	0.2
9	中央水电站	塔吉克斯坦	—	—	15	0.1
喷赤河			361	173.6	17 720	81.9
10	巴尔沙尔	塔吉克斯坦	22	12.5	300	1.6
11	安德罗布	塔吉克斯坦	14	1.0	650	3.3
12	皮什	塔吉克斯坦	2.0	0.3	320	1.7
13	霍罗格	塔吉克斯坦	1.0	0.1	250	1.3
14	罗善	塔吉克斯坦	55	41	3 000	14.8
15	雅兹古列姆	塔吉克斯坦	4.0	0.2	850	4.2
16	“花岗岩门”水电站	塔吉克斯坦	13	0.3	2 100	10.5
17	什尔果瓦特	塔吉克斯坦	19	0.4	1 900	9.7
18	霍斯塔	塔吉克斯坦	12	0.4	1 200	6.1
19	达什基朱姆	塔吉克斯坦	176	102	4 000	15.6
20	朱玛尔	塔吉克斯坦	2	13	2 000	8.2
21	莫斯科	塔吉克斯坦	8.0	0.4	800	3.4
22	果科琴	塔吉克斯坦	12	2.0	350	1.5
阿姆河			261	181	1 930	9.65
23	上阿姆河	—	152	114	1 000	4.4
24	铁尔梅兹	—	14	2.0	300	1.8
25	克里夫	—	22	4.0	480	2.9
26	图亚姆雍	乌兹别克斯坦	73	51	150	0.550

预测表明，少水年每隔 7～10 年出现一次，但是近几年的观测表明，该现象出现的更加频繁，给灌溉地区带来了一定损害，尤其是乌兹别克斯坦。

罗贡水电站和达什季朱姆水电站是最大的水库（表 4.4）。

表 4.4　锡尔河正在使用的、在建的以及计划建设的水库型水利枢纽

序号	水库型水电站名称	所属国家	水库容量/10^8m^3		用于发电的水库，建有发电站的容量/MW	电力产量/（10^9kW/a）
			总量	有效容量		
锡尔河			102 100	73 200	352	2 077
1	恰尔达拉	哈萨克斯坦	57 000	47 000	100	516
2	法尔哈德	乌兹别克斯坦	3 500	200	126	870
3	卡伊拉库姆	塔吉克斯坦	41 600	26 000	126	691
4	奇尔奇克河		20 460	15 960	905.5	2 978
5	加扎尔肯特	乌兹别克斯坦	160	70	120	418
6	霍金肯特	乌兹别克斯坦	300	90	165	560
7	查尔瓦克	乌兹别克斯坦	20 000	15 800	620.5	2 000
卡拉达利亚河			17 500		140	435
8	安吉延	乌兹别克斯坦	17 500	16 000	140	435
纳伦河			251 124.6		17 512.8	18 333.3
9	乌奇库尔甘	吉尔吉斯斯坦	530	200	180	820
10	沙马尔德赛	吉尔吉斯斯坦	410	55	240	900
11	塔什库梅尔	吉尔吉斯斯坦	1 400	100	450	1 700
12	库尔普赛	吉尔吉斯斯坦	3 700	350	800	2 630
13	托克托古尔	吉尔吉斯斯坦	195 000	140 000	1 200	4 400
14	坎巴拉金二号	吉尔吉斯斯坦	700	80	360	1 000
15	坎巴拉金一号	吉尔吉斯斯坦	46 500	34 300	1 900	4 580
16	托古兹托罗乌斯基	吉尔吉斯斯坦	1 684.6		248	925.3
17	卡拉布林二号	吉尔吉斯斯坦			163	852
18	卡拉布林一号	吉尔吉斯斯坦	1 100		149	536
19	阿特巴什	吉尔吉斯斯坦	100	43	40	—
合计			396 464.6	285 153	75 315	24 723.3

罗贡水电站的设计能力为 3 600 MW，有着世界上最高的土坝（335 m），可称为世界上最大的水力发电站之一。在瓦赫什河上修建了罗贡水电站、桑格图德 1 号和 2 号水电站，计划将水库总库容提高至 250 亿 m^3（现在是 105 亿 m^3），比河流多年平均径流量多 1.25 倍。

达什基朱姆水电站位于喷赤河上，功率为 4 000 MW，可生产 156 亿 kW·h 的电力，

库容为176亿m^3。初步建设成本30亿美元。水利枢纽包括：堆石坝高320 m，长1 075 m；第一层有2条长1 965 m的隧道，第四层有1条长1 375 m的隧道，为防特大洪涝灾害建有长2 630 m的泄洪道、3个压力管道和1个水电站楼（锡尔河上大型水利枢纽见表4.4）。

塔吉克斯坦计划在泽拉夫尚河建设水库和水电站（表4.5）。奥布尔东水利枢纽上游建设的压力灌溉隧道将泽拉夫尚的河水（阿姆河流域）经突厥斯坦山脉调向乌拉秋别山谷（锡尔河流域）。压力灌溉隧道将为塔吉克斯坦创造条件，额外获得泽拉夫尚河15亿m^3径流，解决13万hm^2灌溉地用水问题。

表4.5　泽拉夫尚河流域水电水利枢纽的建设（全部设备属于塔吉克斯坦）

序号	水电站名称	水库容量/10^8m^3		水头/m	用于发电的水库，建有发电站的容量/MW	电力产量/（10^9kW/a）
		总量	有效容量			
伊斯坎德尔达利亚河						
1	伊斯坎德尔达利亚	6.63	4.5	560	120～200	0.77
2	伊斯坎德尔达利亚-2（引水式水电站）	—	—	425	90	0.4
法恩河——由雅格诺布河和伊斯坎德尔达利亚河汇流而成，构成了泽拉夫尚河的左边部分						
3	法恩			200	300	1.8
马洽河						
4	奥布尔顿	15	—	180	120	0.72
5	达尔格	—	—	170	130～150	0.75～0.78
6	萨基斯坦	—	—	150	140～250	0.9～0.95
由马洽河和法恩河汇流而成的泽拉夫尚河流域						
7	艾尼	—	—	100	160～220	0.95～1.04
8	亚万	—	—	80	160	0.96
9	杜普林	26	16	85	200	1.0
10	彭吉肯特-1	—	—	49	50	0.27
11	彭吉肯特-2	—	—	46	45	0.25
12	彭吉肯特-3	—	—	49	65	0.38
	合计	47.63	20.5	—	1 580～1 850	9.15～9.32

20 世纪 50 年代，在乌兹别克斯坦新建了人工湖泊水库，可调节径流，具有灌溉等综合功能。乌兹别克斯坦水库的储水面积及库容超过了自然湖泊。截至 2008 年，该国共有 54 个水库，以灌溉型水库为主。

这些水库的总设计容量为 200 亿 m^3，有效库容为 148 亿 m^3。

乌兹别克斯坦 54 座水库中 28 座位于河漫滩，是河床水库，25 座为灌溉型水库，12 座为调节径流防洪水库（表 4.6）。

表 4.6　乌兹别克斯坦境内水库

序号	水库名称	水源、河流、河水流域	大坝高度/m	水库容量/10^8m^3	水库用途（水电站发电功率/kW）
1	阿克达里亚	阿克达里亚河	20	1.13	灌溉
2	阿克铁宾	阿姆河/阿姆藏格水道	14	1.20	灌溉
3	安集延	卡拉达利亚河	121	19.00	灌溉和动力
4	阿萨卡阿德尔	赛 阿萨卡阿德尔	24.6	0.04	灌溉
5	阿尔纳赛	锡尔河 供给水源： 1. 东上阿尔纳赛湖 2. 西阿尔纳赛胡 3. 南图兹刚湖，与阿伊德尔湖相接	大坝 1 号 大坝 2 号 – 17.3 大坝 3 号 – 12.35	6.50	灌溉
6	阿特恰帕尔	卡塔尔塔尔水道	24	0.08	灌溉
7	阿汉加兰	阿汉加兰河	100	1.98	灌溉和动力
8	瓦尔吉克	赛加瓦赛/加拉巴水道	40 20 28	0.18	灌溉
9	吉萨拉克	阿克苏河	138.5	1.70	灌溉
10	德赫干阿巴德	基奇克 乌拉达利亚河	41.8	0.18	灌溉
11	吉扎克	桑扎尔赛河	20	1.00	灌溉
12	吉达里赛	赛恰达克赛	计划 65 实际 45	计划 0.08	灌溉
13	扎阿明	扎阿明苏河	73.5	0.51	灌溉
14	扎尔肯特	卡拉卡卢姆赛/帕德沙塔	51	0.25	灌溉
15	卡尔卡明	库木达里亚河	21	0.09	灌溉
16	卡马希	卡拉巴格达利亚河	14.9	0.25	灌溉

序号	水库名称	水源、河流、河水流域	大坝高度/m	水库容量/10^8m^3	水库用途（水电站发电功率/kW）
17	卡拉巴格	卡拉巴格达利亚河	28.5	0.08	灌溉
18	卡拉苏	赛伊斯帕朗–沙万德	计划 33.5 实际 26	计划 0.07	灌溉
19	卡拉姆尔德	废水和排水	18.2	0.01	灌溉
20	卡拉苏	卡拉苏河	15.2	0.28	灌溉
21	卡拉捷帕	赛 卡拉杰帕赛	36	0.19	灌溉
22	卡拉乌尔捷帕	泽拉夫尚河/埃斯基秋亚塔尔塔尔	40.511 9	0.53	灌溉
23	卡尔基丹	库瓦赛/南费尔干纳河道	70 30	2.18	灌溉
24	卡桑赛	赛 卡桑赛	64	1.65	灌溉
25	卡塔库尔干	泽拉夫尚河	31.2	9.00	灌溉
26	克孜勒苏	赛 特尔纳—布拉克	436.6	0.09	灌溉
27	库克瑟尔斯克塞	库鲁克赛/库克瑟尔斯克塞	41.152 0	0.06	灌溉
28	库尔干捷帕	阿拉布特拉塞/克姆库里赛	4 534	0.20 0.09	灌溉
29	库尤马扎尔	泽拉夫尚河	23.5	3.10	灌溉
30	良加尔	良加尔河	34	0.07	灌溉
31	瑙卡	赛 瑙卡赛	23.7	0.06	灌溉
32	努塔伊利	亚卡巴格达利亚河/帕赫塔科尔河道	13.5	0.03	灌溉
33	帕奇卡马尔	古扎尔达利亚河	71	2.60	灌溉
34	萨比尔赛	萨比尔赛/埃斯基安加尔河道	计划 25 实际 5	计划 0.45 实际 0.08	灌溉
35	萨尔梅奇赛	萨尔梅奇赛	34	0.04	灌溉
36	塔利马尔占	阿姆河/卡尔希河道	3 536	15.25	灌溉
37	塔什干	阿汉加兰河/奇尔奇克/塔什卡纳尔	36.5	2.50	灌溉
38	塔什拉克赛	塔什拉克赛	32	0.07	灌溉
39	图达库尔湖	阿姆河/阿姆布哈尔河道	12	12.00	灌溉
40	图松赛	塞 图松赛	40.6	0.42	灌溉

序号	水库名称	水源、河流、河水流域	大坝高度/m	水库容量/10^8m^3	水库用途（水电站发电功率/kW）
41	图亚姆尤	阿姆河	34 24 22	78.00	灌溉
42	霍吉姆什肯特	霍吉姆什肯特赛	51.5	0.08	灌溉
43	恰尔瓦克	奇尔奇克河	168	20.06	灌溉
44	恰尔塔克	恰尔塔克赛	计划 45 实际 41.5	计划 0.45 实际 0.30	灌溉
45	奇姆库尔干	卡什卡达利亚河	33	5.00	灌溉
46	绍尔苏	赛　阿奇苏	32	0.10	灌溉
47	舒拉卜赛	舒拉卜赛/阿克苏甫/安霍尔-2 号河道	12	0.02	灌溉
48	舒尔库尔	泽拉夫尚河	14.5	计划 3.94 实际 1.70	灌溉
49	埃斯基耶尔	赛　纳曼干赛	34	0.19	灌溉
50	南苏尔汉	苏尔汉达利亚河	30	8.00	灌溉
51	扬吉库尔干	亚卡巴格达利亚河/卡拉苏/哈巴尔-伊河道	16	0.03	灌溉
52	德格列兹	图帕兰格/哈扎尔巴格河道	12.7	0.13	灌溉
53	乌奇克孜勒	苏尔汉达利亚河	11.5	1.60	灌溉
54	图帕兰格	图帕兰格河	120	1.20	灌溉和发电

乌兹别克斯坦的所有水库的总容量约 200 亿 m^3。其中有 5 个水库容量超过 10 亿 m^3：安集延水库、恰尔瓦克水库、塔利马尔扎水库、图达库里水库、图亚姆雍水库；容量为 5 亿～10 亿 m^3 的有：齐木库尔干水库、卡塔库尔干水库、南苏尔汗河水库、图博朗格水库；12 个水库的容量为 1 亿～5 亿 m^3，容量在 1 000 万～1 亿 m^3 的水库 14 个，容量在 1 000 万 m^3 以下的水库有 18 个。

乌兹别克斯坦所有投入使用的水库中，3 个处于未完工阶段，21 个水库运营 7～20 年，18 个水库运营 20～30 年，11 个水库运营 30 年以上：卡塔库尔干水库（建于 1964 年）、卡桑赛水库（1963 年）、库玉玛扎尔水库（1946 年）、乌其集基尔水库（1947 年）、塔什干水库（1942 年）、齐木库尔干水库（1941 年）、南苏尔汗河水库（1937 年）、卡尔集顿水库（1936 年）、吉扎克水库（1931 年）、帕奇卡玛尔水库（1936 年）、梁佳尔水库（1931 年）。

4.3 水力发电

在中亚国家运行着 45 座水电站，总功率为 34.5×10^3 MW，每个水库的功率为 50～2 700 MW。最大的水电站是努列克水电站（位于塔吉克斯坦瓦赫什河），功率为 2 700 MW，托克托古尔水电站（位于吉尔吉斯斯坦的纳伦河）功率为 1 200 MW。咸海流域水电消耗量占总电力消费的 27.3%。

塔吉克斯坦拥有巨大的水电资源潜在储量，在年平均功率约为 6 000 万 MW 的情况下，年总储电量超过 5 200 亿 kW·h。

塔吉克斯坦水电资源的开发始于 20 世纪 30 年代。1931—1937 年，建立并投入使用了一些小低坝——瓦尔佐布梯级水电站 1 号、2 号、3 号，50 年代在锡尔河上建立了名为“人民友谊”的凯拉库姆水电站，之后，在瓦赫什河建立了瓦赫什梯级水电站，1961—1985 年，建立了努列克水电站。20 世纪 60 年代建立了拜巴金水利枢纽，后来（1979—1989 年）又进行了重建。现在，正在建设桑格图德水电站 1 号和 2 号，恢复了瓦赫什河罗贡水电站的建设。

吉尔吉斯斯坦属于锡尔河流域，这里运营着 6 个大型水电站（托克托古尔、库尔普赛、塔什库梅尔、莎玛尔德赛、乌齐库尔干水电站），位于纳伦河下游，总额定功率 287 万 kW·h，年均发电 100 亿 kW·h。阿特巴什水电站功率为 4 万 kW，位于纳伦河阿特巴什支流上，年均发电 1.3 亿 kW·h。目前，计划在锡尔河建设卡穆巴拉特 1 号和 2 号。

哈萨克斯坦河流的水电潜力一年大约为 1 700 亿 kW·h，技术上可利用的为 620 亿 kW·h，经济用途的为 270 亿 kW·h，其中目前每年使用超过 80 亿 kW·h。与此同时，只有沙尔达尔水电站位于咸海流域，其他水利设施都位于咸海流域以外地区（表 4.7）。

表 4.7　哈萨克斯坦大型水电站

序号	水电站	水电站所在河流名称	水电站功率/MW	多年年均发电量/（kW·h）
1	布赫塔尔马	额尔齐斯河	675	2 430
2	乌斯季卡缅诺戈尔斯克	额尔齐斯河	332	1 520
3	舒里宾	额尔齐斯河	702	1 590
4	卡普恰盖	伊犁河	345	860
5	沙尔达尔	锡尔河	100	650

乌兹别克斯坦目前发电总功率约为 116 亿 kW·h，其中水电约占 15%。1992 年国内人均用电量指标为 2 311 kW·h，到 1999 年降低到 1 870 kW·h。1990—2000 年国内总用电量降低了 11.3%。这期间工业部门耗电份额由 42%降低到 36.5%，农业经济份额由 21.6%增长到 23%，住宅公用事业耗电份额由 15%增长到 20%。

土库曼斯坦跨境河流的水资源基本上不用于发电。

4.4　湖泊和水库的管理

水库管理的统一体系瓦解后，尤其是在水库的长期调节从灌溉模式转变为发电模式后，中亚各国间就水库管理问题产生的分歧持续增大。近年来，吉尔吉斯斯坦纳伦河上的托克托古尔水库的运营模式已转变为发电型。从图 4.44 可以看到，水库的排水开始可以满足电力生产的要求。除了托克托古尔水库，凯拉库姆和沙尔达拉（锡尔河干流）、安集延（卡拉达利亚河）和查尔瓦克（奇尔奇克河）水库都是用于灌溉电力的工程项目，同时（不同程度地）用于解决供水、防洪问题，以及休闲和渔业养殖。由于托克托古尔水库位于纳伦河—锡尔河的较高处，且水库容量占总容量的一半以上，因此发挥着主要作用。

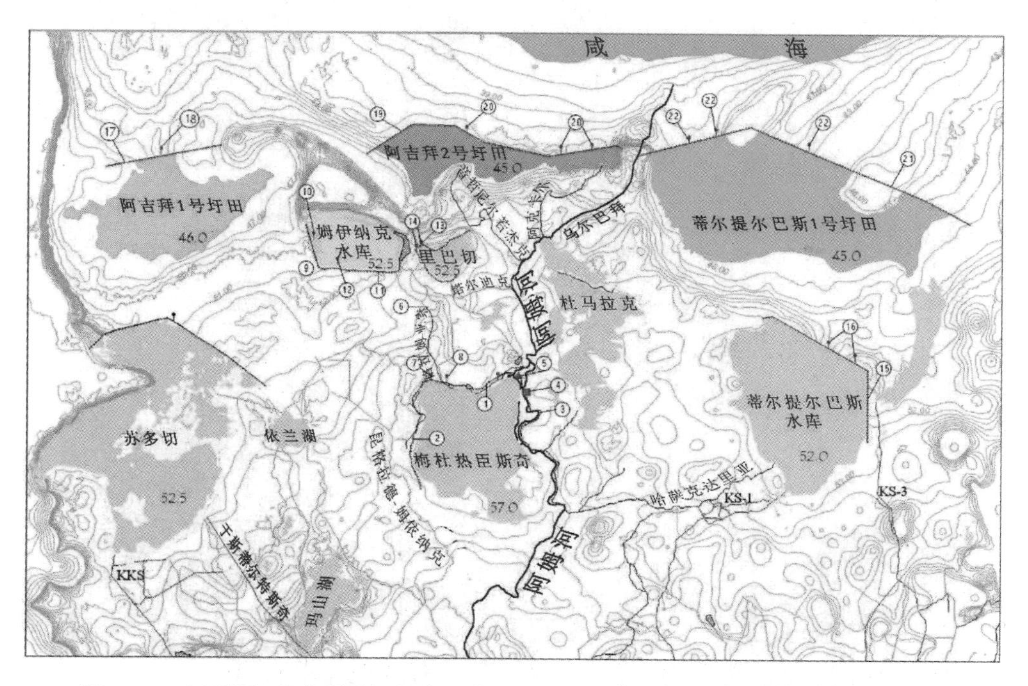

图 4.44　在阿姆河三角洲建设的本地蓄水设施（国际水协调委员会科学信息中心）

水库系统现有的水库容量足以对锡尔河流域的径流自我调节保持较高稳定性，η=0.94（以恰尔达雷径流量为基准，总径流量 32.4 m^3/a）。由于托克托古尔水库的地理位置较高，因此直接控制着费尔干纳山谷（乌兹别克斯坦境内）大部分地区的土地灌溉，同时托克托古尔水库相对于凯拉库姆及沙尔达拉水库来说属于上游水库，在梯级调控下建立了与下游水库良好的互换性。同时根据水库的最大储水量（纳伦河水库年径流量为 1.71 亿 m^3，有效库容 1.23 亿 m^3），任何时节锡尔河流域水利部门都需要对纳伦河实施长期的平衡调节，并对费尔干纳山谷的灌溉（用于此目的的年排水量为10亿～15 亿 m^3）进行季节性（内部）的调节。

水库长期调节所设计的平衡状态是保证水库中长期平均出水量为 104 亿 m^3/a，在75 m^3/a（丰水年份）到 135 m^3/a（缺水年份）范围内浮动，丰水年时应填充水库（填充量达到正常回水位，当然，图表外用于灌溉的水可能超过上述的 135 亿 m^3/a）。托克托古尔水库（图 4.45 和图 4.46）灌溉管理效果体现在对锡尔河水系统用水指标的调节上，即每年增加 70 亿～78 亿 m^3 的放水量（其中包括为保持平衡状态增加的约 10 亿 m^3），在此基础上，计划将 47.8 万 hm^2 新土地用于灌溉，并增加保证 10 万 hm^2 旧区灌溉的用水量。

图 4.45　托克托古尔水库（2016 年 10 月 6 日）

图 4.46　托克托古尔水库大坝

托克托古尔水库建设的历史、经济用途及效率评价方法简述如下：作为重点建设项目，它是由卡拉苏水电站建设项目下的“纳伦河资源综合利用规划”推动的。这一阶段被视为锡尔河流域水资源利用的 10 年发展期，水利枢纽工程在这期间被提升为优势能源项目。该项目的灌溉效果体现在，通过托克托古尔（卡拉苏）水库的调节增加纳伦河的径流量（保证了锡尔河缺水年份 90%的用水量，大约提高了 20 亿 m^3）。季节状况决定了冬季水电站的电量输出（平均功率为 560 MW）比夏季高出两倍。应该指出，如果不考虑对流域的现代灌溉要求，这种模式是可以实现的。

在制定托克托古尔水电站（1961—1963 年）的建设方案时，设计的重点放在了灌溉应用方面。这一时期国家的政治方针（赫鲁晓夫发言反对水电站的建设，于是苏共 21 次会议上通过了优先建设火电站的决议）以及在流域内已经开展的灌溉农业长期规划，都促使水库建设的重点需要向灌溉应用方面进行转变。水利枢纽的主要参数及其水库运行制度的选择，都需要针对该地区灌溉用水的最大量进行设计，预计将在 1985 年后得以实现。实际上对旧区灌溉系统进行了改造，在锡尔河流域这种跨境河流水库的管理模式中，纳伦河—锡尔河在非植物生长期内的用水量增加了 30 亿～40 亿 m^3，而植物生长期内的径流量会大大减少。正因如此，乌兹别克斯坦的锡尔河州和吉扎克州的农民会遭受很大的损失，超过 50%的农作物将无法达到平均收获量。哈萨克斯坦由于沙尔达尔水库（有效容量约 50 亿 m^3）及从中游（奇尔科奇、阿汉加兰、克列斯）流入锡尔河主干的径流，可达到《苏联规划》径流分水保障的 90%。此外，近年来增加的水量使哈萨克斯坦能满足锡尔河三角洲的部分灌溉，恢复萨雷—恰干纳克海湾的渔业。

在缺水年份，由于卡伊拉库姆水库和费尔干纳山谷的取水，塔吉克斯坦一些灌溉区可能遭受损失。

在咸海流域内有天然湖和人工湖，乌兹别克斯坦境内的天然湖多位于山区，有少量分布在海拔 2 000～3 000 m 处。山地湖泊的水为淡水。

在平原地带，湖泊多分布在河谷内，共有 32 个，且水质不同。在乌兹别克斯坦由于有大面积新土地需要灌溉，因灌溉系统排水而形成的湖泊没有得到相应的管理，其状况取决于土地的改良。

为了调节乌兹别克斯坦境内河流径流量，在 20 世纪建设了人工湖水库（54 个），总容量 200 亿 m^3。这些水库根据计划用以调节所在区域的水资源利用。

由于苏联解体，中亚各国相继成为新的主权国家，吉尔吉斯斯坦和塔吉克斯坦占据流域产流的主要部分，并有将托克托古尔和努列克流域内的主要水库从灌溉型转为能源型的趋势，对下游国家，即乌兹别克斯坦、土库曼斯坦和哈萨克斯坦的水利行业带来很大的影响。

第 5 章　水资源管理

沙皇统治时期和苏联时期制定的水利政策，计划在乌兹别克斯坦建立最大的棉花种植中心。尽管一些科学家警告过该政策会带来不良后果，但是在 1960—1986 年大规模地开垦草原的过程中，生态平衡仍旧遭到破坏。在水利部门发布的《水资源综合利用纲要》中考虑了水资源使用单位、用水用户的利益及向锡尔河和阿姆河三角洲生态环境保护水量的需求，指明了需要保留的河流水资源量。当时甚至考虑引入西伯利亚地区鄂比河和额尔齐斯河两条河流的部分径流，该计划曾预计在 1990—1995 年前实施。

在苏联改革时期（1985 年），在灌溉和土地改良领域的成果以及咸海海域的灌溉与水利建设受到了批评，国家和社会对水利部门持否定态度。因此，水利部门预算减少，大量的水利机构被迫关闭。国家预算中用于维护灌溉系统的资金急剧下降，水利系统开始快速“崩溃”。

乌兹别克斯坦独立后，不仅继承了大型的水利基础设施，包括大型的设施、独特的泵站、水坝、运河等，但同时也面临一系列迫切的问题，如设备的磨损、利用率的降低、供水系统的极端无序及水资源分配问题。

目前，按照与其他国家商定的苏联农业水利部科技委员会议定书，确定了 90%保证率为每年的取水限额，以保障锡尔河及阿姆河的径流量，该限定量在《锡尔河水资源利用及保护综合纲要》中已明确规定。《锡尔河水资源利用及保护综合纲要》调整说明中确定了乌兹别克斯坦拥有的咸海流域的地表水资源（表 5.1，图 5.1）。

在苏联解体后，乌兹别克斯坦和塔吉克斯坦讨论了一些问题，其中包括希望单独管理本国领土上的水资源。为了实现能源经济效益，咸海流域上游国家已经改变了水库的工作模式，吉尔吉斯斯坦将托克托古尔水库、塔吉克斯坦将努列克水库的功能由灌溉转变成发电。该情况与已商定的协议不符，并且对分布在下游国家使用限量水资源会带来负面影响。因此，实际的水利平衡与协议中的水利平衡是有区别的。

表 5.1 咸海流域中亚五国地表水资源量

序号	国家	咸海流域/亿 m^3			比例/%
		锡尔河流域	阿姆河流域	咸海流域总和	
1	哈萨克斯坦	153	—	153	13.8
2	吉尔吉斯斯坦	49	4.0	53	4.8
3	塔吉克斯坦	37	95	132	11.9
4	土库曼斯坦*	—	220	220	19.8
5	乌兹别克斯坦	225	296*	551	49.7
总计		494	615	1 109	100

注：*其中包括在（阿姆河）克尔基断面，乌兹别克斯坦占 220 亿 m^3，土库曼斯坦占 220 亿 m^3。
（中亚国家间水利协调委员会科技信息中心）

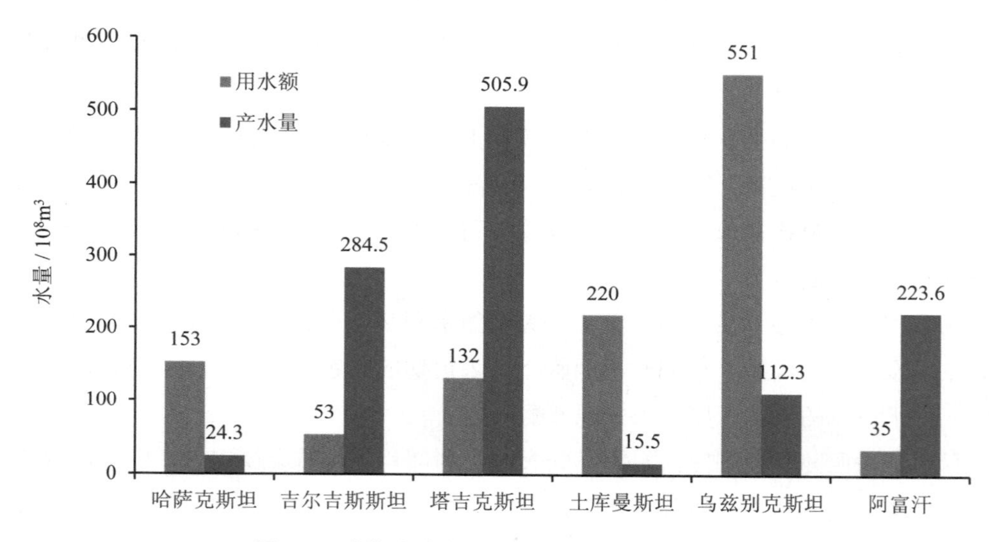

图 5.1 咸海流域水资源及各国协商的分水限额

锡尔河流域 近年来，由于使用托克托古尔水利枢纽进行发电，锡尔河的水利状况发生了变化（水库容量 195 亿 m^3）。水利发电需要冬季增加 180～360 m^3/s 的流量，为在生长季节保证锡尔河供水量，每年减少 45 亿～50 亿 m^3（图 5.2）。其中，乌兹别克斯坦占 25 亿 m^3，包括夏季费尔干纳盆地水源短缺时仅有 15 亿 m^3/a。

锡尔河下游的锡尔河州和吉扎克州地区也有类似情况。南饥饿草原的运河输水量为 330 m^3/s，无法满足饥饿草原和吉扎克草原 450 hm^2 土地的灌溉需要，目前该地区的供水缺口已达 30%。

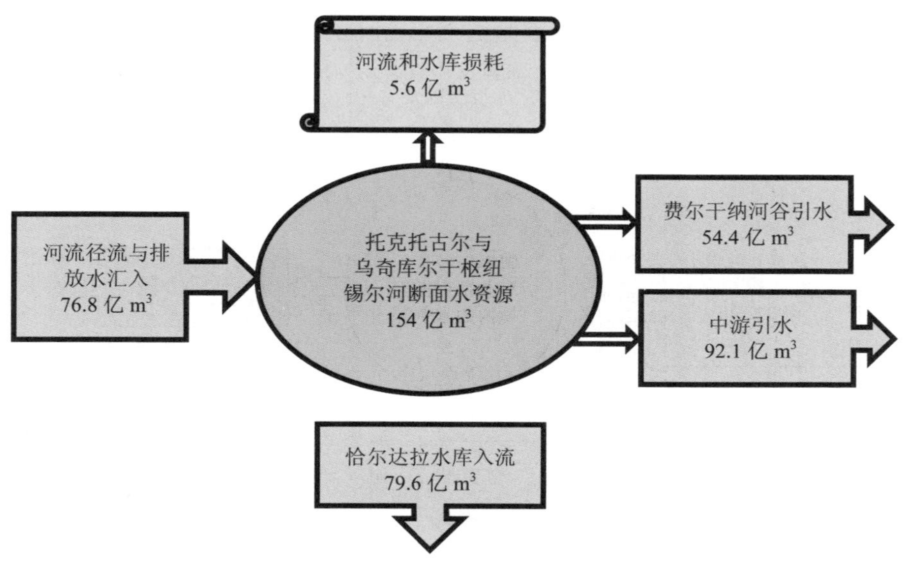

图 5.2　锡尔河水力平衡

目前，在水保障率为 90%的年份，水限额实际不超过 592 亿 m^3。在丰水年份乌兹别克斯坦的水利用量达 630 亿 m^3，其中灌溉用水为 590 亿 m^3。而在水量较少的年份，这一指标则为 542 亿 m^3，其中灌溉用水为 490 km^3。这远低于所确定的用水限额和根据实际缺水情况修订的干旱年份可能的用水量（Духовный В.А. и др.，2005）。

阿姆河流域　保证阿姆河流域的灌溉供水面临着一系列的问题。卡尔希草原和布哈拉绿洲上的灌溉水是通过卡尔希—布哈拉梯级泵站来进行输送的，泵站的首段位于土库曼斯坦境内。这一区域允许从阿姆河（100 亿 m^3）引水的限额为 80 亿 m^3，即每年存在 20 亿 m^3 的缺口。

阿姆河下游的情况：图亚姆雍水利枢纽系统，依次由 3 个有效库容为 45 亿 m^3 的水库组成（卡帕拉斯、苏尔坦桑扎尔和卡什布拉克）。由于水库注水是依次进行的，所以不可能达到设计库容。这主要是因为卡帕拉斯（有效库容 5.5 亿 m^3）仅提供经济和饮用水，而苏尔坦桑扎尔的大坝则处于事故频发的状态（有效库容 16.5 亿 m^3）。另外，由于长期使用导致图亚姆雍水库产生了 10 亿 m^3 的淤积，从而减少的有效库容达 30 亿～35 亿 m^3，限制了向花剌子模和卡拉卡尔帕克斯坦的供水。供水赤字估计在 15 亿～30 亿 m^3，随年度水量状况变化。

因此，乌兹别克斯坦锡尔河总缺水量达每年 25 亿 m^3，阿姆河的总缺水量在 15 亿～30 亿 m^3 波动（取决于年度水分状况）（图 5.3 和图 5.4）。

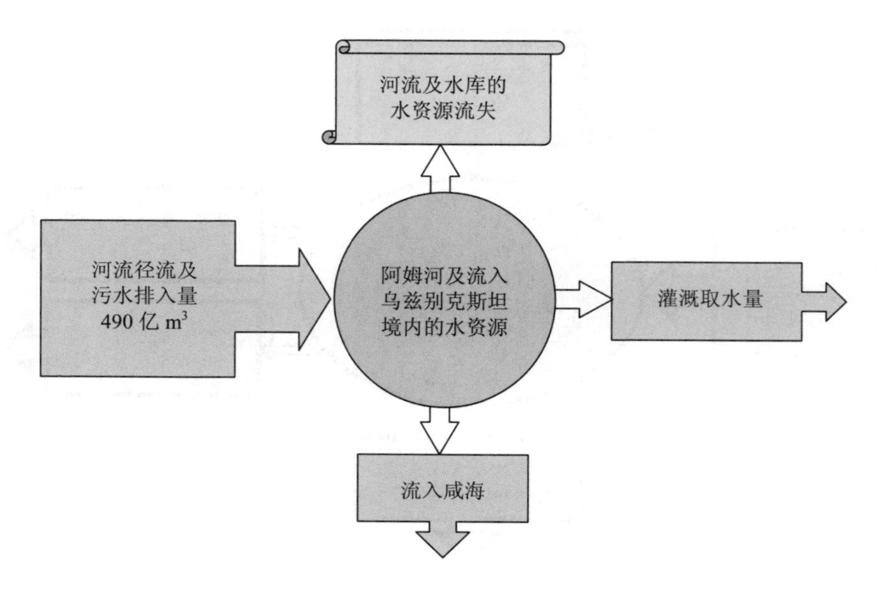

图 5.3 阿姆河扩大的水利平衡

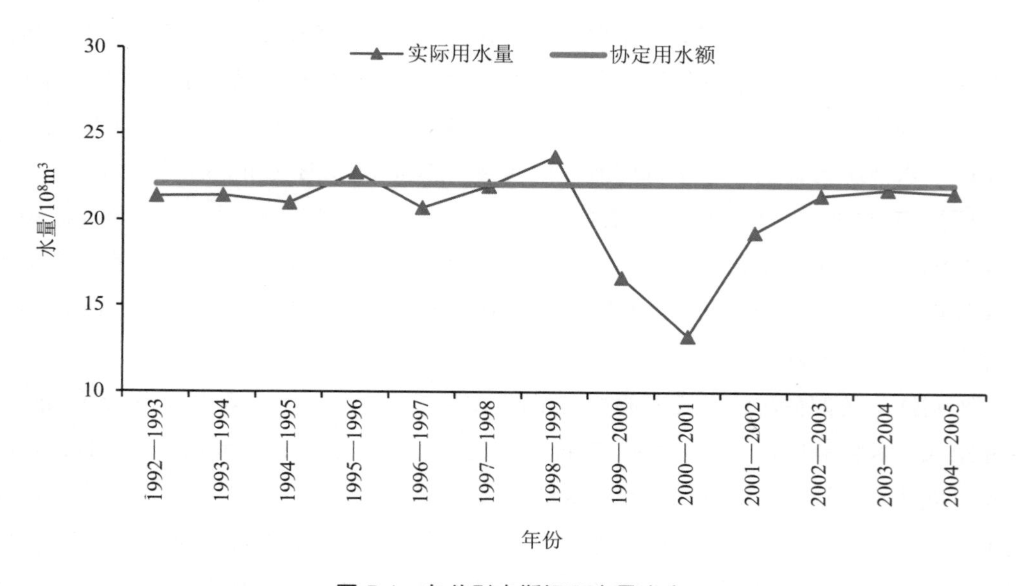

图 5.4 乌兹别克斯坦取水量赤字

由于已经形成的水资源缺乏状况，咸海的生态放水和需水都发生了改变。到 20 世纪 90 年代初期，咸海的需水按照剩余原则满足（满足社会经济用水需求后输送剩余水量）。随着咸海沿岸国家政府间协议的通过，咸海沿途及咸海被视为一个独立的水消费者。向咸海进行生态放水和输水动态变化与构成如图 5.5 所示。

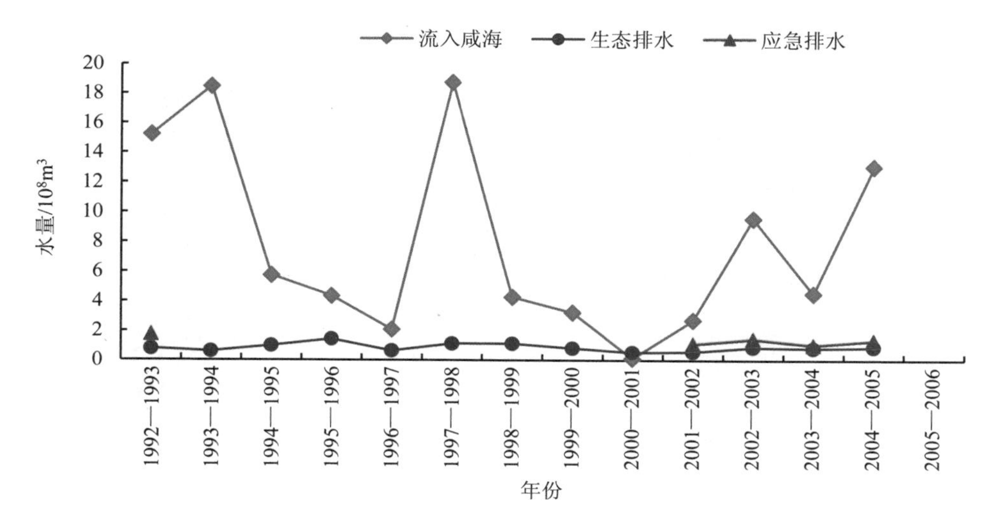

图 5.5　向咸海的生态放水和输水的动态变化及结构

正是由于水源短缺，特别是灌溉用水短缺（灌溉用水占全部水资源的 90%），所以，必须培养农民的节水意识，使其明白在乌兹别克斯坦大多数农业生产活动中，水是最重要的资源。

按照乌兹别克斯坦已通过的宪法规定，水资源是乌兹别克斯坦国家的社会财富。水资源的使用应遵循公平保障的限额原则。水资源优先保障方向如下：

- 饮用水及市政供水
- 工业用水
- 农业用水
- 政府特批用水
- 灌溉系统与小流量的生态环境用水

由于不同年度水资源量的不同，乌兹别克斯坦水资源总引取水量在 438.7 亿 m^3（2008 年少水年份）至 502.25 亿 m^3（2009 年）之间浮动（水利部 2007—2009 年）。其中，2009 年锡尔河流域的水资源引取水量占 38.5%，阿姆河为 61.5%，2007 年分别为 40%和 60%。锡尔河流域的平均引取水量为 185.41 亿～210.69 亿 m^3，阿姆河流域的平均引取水量为 253.29 亿～319.38 亿 m^3（图 5.6）。

中亚主要渠道地表水资源的引取水占 58%（2008 年）～60%（2007 年），来自乌兹别克斯坦的河流引取水量占 33%和 37%（图 5.7）。

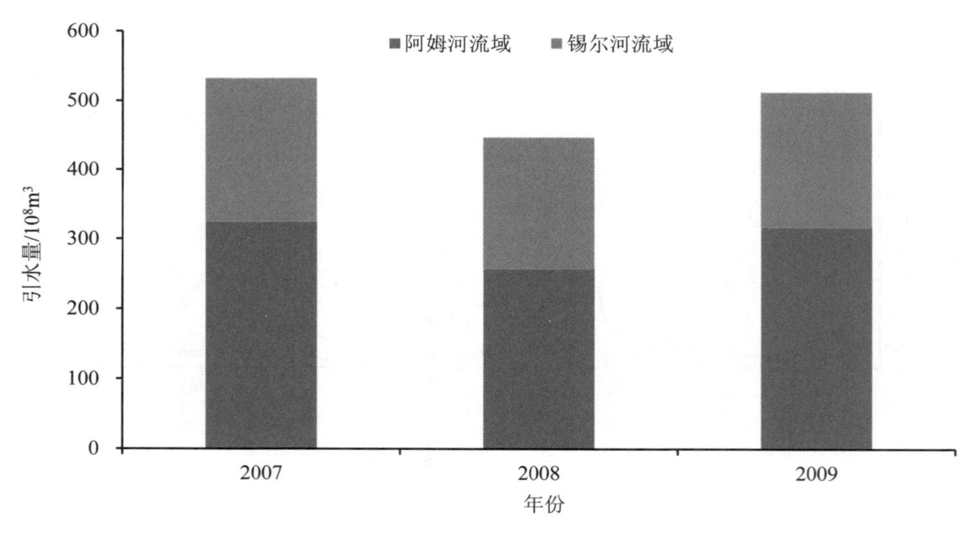

图 5.6　乌兹别克斯坦总引水量

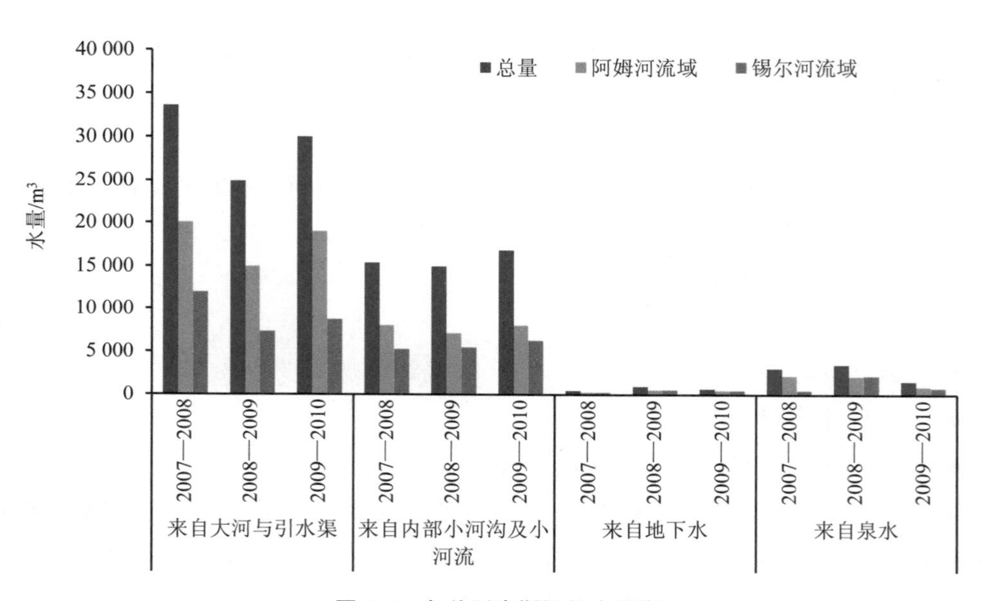

图 5.7　乌兹别克斯坦的水平衡

5.1　社会经济用水

乌兹别克斯坦经济领域的用水按照明确的限量，该限量规定水利发电占 7.3%，即 40.9 亿 m^3（其中包括非循环水消耗占 0.2%，即 1.24 亿 m^3）；市政公共用水限制在总量的 5.2%，即 29 亿 m^3；渔业用水限制在 0.7%，即 4 亿 m^3；农业用水定额占水资源总量的 92.5%，即 52.1 亿 m^3。乌兹别克斯坦水资源实际利用情况如图 5.8 所示。

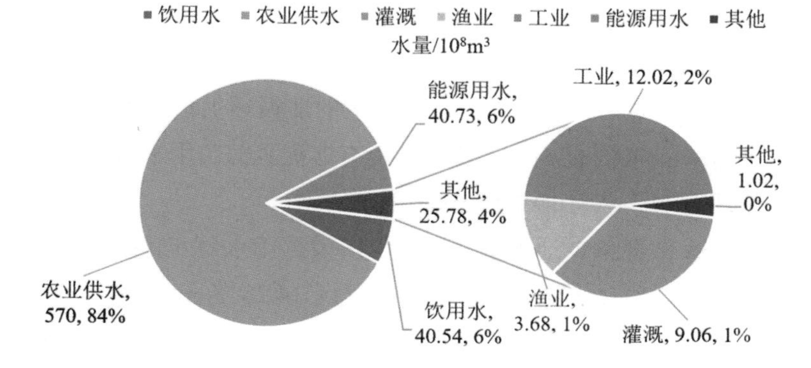

图 5.8　乌兹别克斯坦各行业用水（Кенесарин Н. А.，1959）

5.1.1　水力发电

乌兹别克斯坦电力系统是中亚联合电力系统的一部分，并且占其额定功率的 42%。中亚电力系统是在《中亚国家电力系统平行工作》协议的基础上开展工作，并且符合与周边国家达成的协议。

乌兹别克斯坦电力系统由 9 座热力发电站及 34 座水力发电站构成。总发电功率为 1 158 万 kW（热力发电占 980 万 kW，水力发电占 140 万 kW）。

工业、市政公用及其他国民经济建设用电占 11%，热力发电站需水量 2007 年为 45.57 亿 m^3 至 2009 年为 47.37 亿 m^3（图 5.9）。

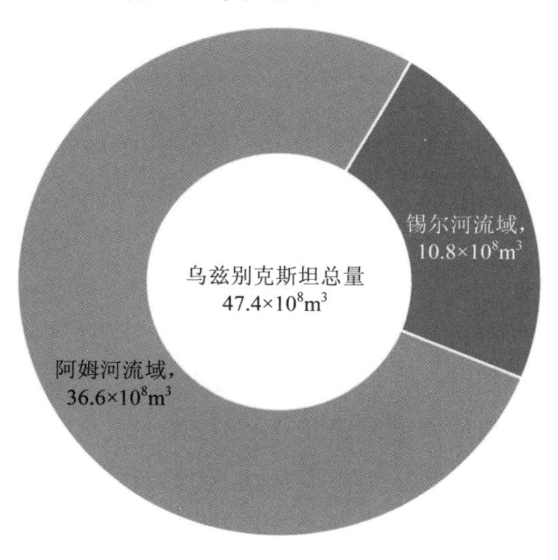

图 5.9　能源需要方面的水资源利用（Кенесарин Н. А.，1959）

5.1.2 饮用水及公共用水

公共事业用水的特点是对所用水的质量有严格要求，尤其是饮用水。在非灌溉用水中，公共事业的用水量所占比例最大，居民区的非循环供水排水系统最为庞大。饮用水及公共用水需求为 40.5 亿 m^3/a，相当于所有非灌溉部门用水量的一半，其中公共用水一年的非循环用水需求为 19.7 亿 m^3。

经济—饮用水大部分来自地下水，国民经济发展用水每年需要的地下水为 62.05 亿 m^3，其中城市饮用水 11.42 亿 m^3/a，农村居民区 14.23 亿 m^3/a。

目前，乌兹别克斯坦正在努力改善饮用水的供水情况，但仍然有 1/3 的居民在使用不符合标准的饮用水。调查结果显示，取自花刺子模州的地表水样本中 33.4%不符合国家微生物安全标准，而 15%检测出霍乱菌呈阳性。同时，由于人类的活动的影响，40%已探明的地下水因水质达不到标准不适合饮用。由于淡水储量分布不均，乌兹别克斯坦很多地方（卡拉卡尔帕克斯坦、花刺子模、布哈拉、撒马尔罕州、卡什卡达利亚州、吉扎克州和苏尔汉河州的西部地区）出现饮用水短缺的现象。

5.1.3 工业用水

乌兹别克斯坦每年的工业需水量为 12 亿 m^3，其中每年消耗量（不可回收）为 5.8 亿 m^3，近一半会以工业废水的形式排出，对周围的环境造成危害。在工业排放的 1.4 亿～1.7 亿 m^3 废水中含有重金属盐、氟化物、酚、石油产物、氮化物、生物污染物以及其他有害的排放物。

5.1.4 农业供水

农业供水是为了满足农村居民生活用水、公共需水及农业产品加工需水。大量的用户对公共用水有相似的需求。每年农业用水总计 90.6 亿 m^3，其中 90%不可回收。

5.1.5 灌溉农业

灌溉农业的用水量份额占总用水量的 84%以上。农业在乌兹别克斯坦国民经济中占主导位置，是 1 657.9 万农村居民（生活水平、收入水平、财产水平）的直接经济来源，因此，提供充足的灌溉用水量是极其重要的。

从工程的角度来看，开发新土地时期（20 世纪 60 年代初）灌溉系统的技术水平是相当高的，因土地干旱（图 5.10），所以乌兹别克斯坦境内的大部分地区均建有灌溉系统。

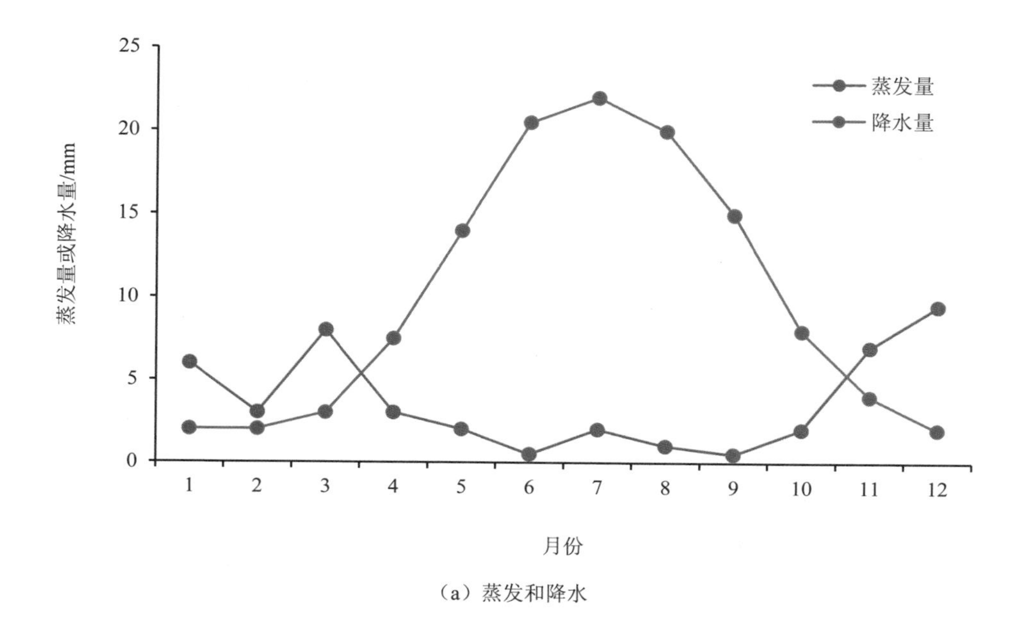

（a）蒸发和降水

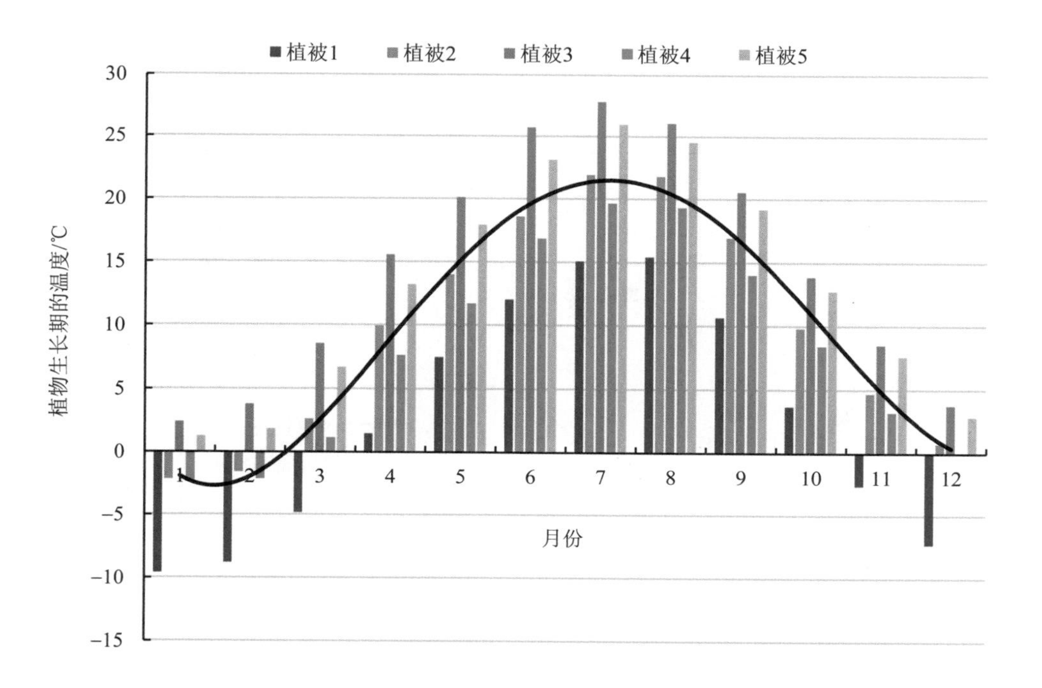

（b）植物生长期的温度

图 5.10　乌兹别克斯坦土壤干旱的特征

5.2 灌溉用水

目前，乌兹别克斯坦有超过 60%的农业人口，从事与农业领域相关的活动。因此，确保其生产和生活具有特别重要的意义。乌兹别克斯坦适合耕作的可利用土地总面积为 4 440.57 万 hm^2，其中实际利用的仅有 427.5 万 hm^2。

乌兹别克斯坦的灌溉系统是大型的复杂的综合体，其中包括 54 座大型水库，总库容约 200 亿 m^3。在 46 668 个经济体与 175 000 个经济体内部水利设施结点之间建造了 165 463 km 灌溉渠道。其中，23 768 km 是混凝土型，29 786 km 是经济体间干管。104 433 km 的排水管网，其中包括 42 734 km 封闭型水平排水管道和 3 645 km 的垂直排水管道。422 万 hm^2 耕地中有 203.8 万 hm^2 土地使用大中型泵站来进行灌溉。

为了改善农作物灌溉条件，乌兹别克斯坦建立了组织来管理大型水利设备、灌溉和排水设备及其使用、培养当地高水平人才及修建必要的基础设施。

灌溉系统的效果是显著的：灌溉土地面积自 1960 年的 257 万 hm^2 增长到 20 世纪 80 年代中期的 422 万 hm^2，增长了 1.6 倍（图 5.11），皮棉产量从 295 万 t 提高到 537 万 t。系统性能及水源利用效率提高，新开发的渠道灌溉效率达 0.8%～0.85%，在技术上完全可支持灌溉系统的正常运作。

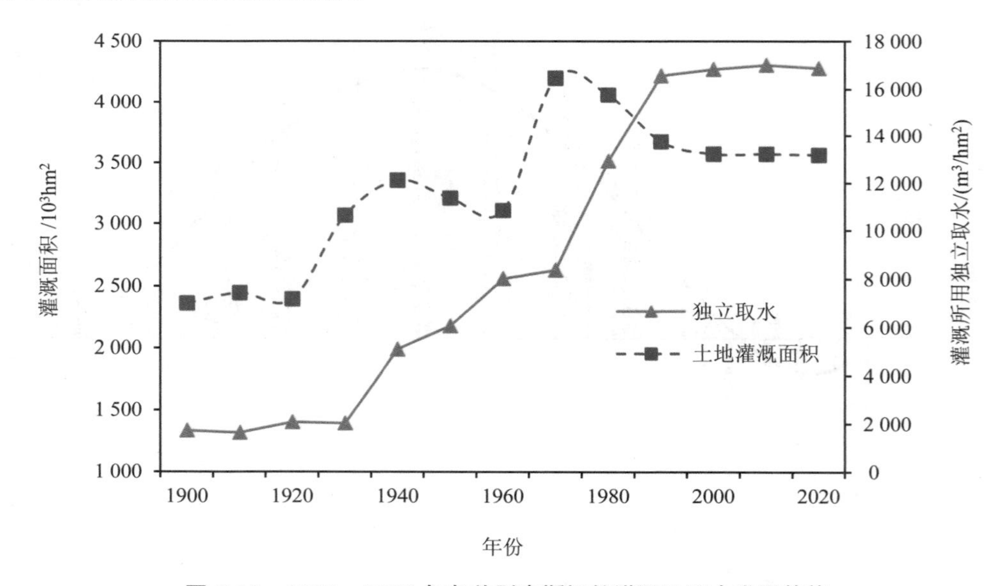

图 5.11　1900—2020 年乌兹别克斯坦的灌溉及取水发展趋势

目前，灌溉 430 万 hm^2 的土地平均需要 570 亿 m^3 的水资源。锡尔河流域的灌溉地单位需水量是 10 400 m^3/hm^2，阿姆河流域是 12 500 m^3/hm^2。

限制农业灌溉的根本因素是水资源的不合理利用及低效性。干线渠道渗透造成的大量水损耗以及灌溉时内部网络直接损耗是造成灌溉低效性的主要原因。

自 20 世纪 80 年代起，除了小型农场，乌兹别克斯坦已经停止新土地的开发，与此同时，人均灌溉面积减少了约 25%，（从 0.23 hm^2 减少到 0.16 hm^2）。由于土壤的退化及水资源短缺，土地单位面积的生产率下降了 23%，生产成本也相应地增加了。这种情况使得乌兹别克斯坦陷入了困难的境地，要想在第一阶段的改革中改变是非常困难的，因为考虑到国家的经济状况，政府无法立即提出有利于保障水利建设的措施，因为此举需要大量的财政支出。

1991—2001 年，国家对农业的投资比例从 27%下降到 8%，对水利的投资减少了将近 80%，泵站所需电力从 13.6%上涨到 48%，将近 20%的电力和 70%国家水利预算用于提供泵站和排水设备所需电力。用于基础设施的维护和运行的资金则急剧下降，减少了维修和清洗管道及排水渠的数量，并且渠道和水利设备维修工作完全停滞，维护水利设备的基础资金下降 10%。

到目前为止，灌溉系统的固定资产折旧率达 30%～50%，这表明灌溉系统中存在很严重的问题。据世界银行估算，乌兹别克斯坦每年农业生产经济损失达 1 000 万美元。

近几年，为改善这一情况，乌兹别克斯坦政府颁布了一系列指导性文件，旨在提高输水干渠效率，改善供水设施，实现与邻国达成可接受协议。这些被国际组织及捐助国所接受的措施旨在制定积极的灌溉方法以及全国水源管理机制。然而，这些措施的实行在很大程度上还是受制于资金的缺乏和农业系统中现存的一些问题。同时，水资源污染影响了可持续发展及粮食安全。

水利基础设施的改造措施归纳如下：

- 32.1%的农田间干线渠道（22.3×10^4 km）需要重建，23.5%需要维修。
- 超过 42.1%的农田内部灌溉网（14.95×10^4 km）需要重建，17.4%需要维修。
- 42 个水利枢纽中（流量为 10 ~ 300 m^3/s）有 18 个需要更换和改进设备，有 5 个需要重建。
- 大部分的泵站灌溉超过 21 万 hm^2 土地，已经丧失灌溉能力。在 1 130 个泵站中有 76 个大型泵站（功率 > 100 m^3/s），496 个中型泵站（功率不超过 10 m^3/s），561 个小型泵站（功率<1 m^3/s）。但是总体上，80%的大型泵站，50%的中型泵站和 30%的小型泵站需要维修和重建。
- 能源价格急剧上涨，设备价格的提高改变了自流灌溉的优势。
- 约 19 000 km 开放型农田内部排水管道需要清洗，11 500 km 开放型和封闭型排水管道需要更新和维修，仅有不超过 50%的封闭型横向排水管道可正常使用。

5.3 灌溉土地的结构及农作物的分布

土地监测显示，2006 年耕地面积为 405.72 万 hm^2，2007 年为 406.42 万 hm^2，2008 年为 406.86 万 hm^2，2009 年为 407.12 万 hm^2，2006—2009 年，乌兹别克斯坦的耕地面积增长了 1.4 万 hm^2，即 3.5%。与此同时，灌溉土地的变化如下：2006 年灌溉面积为 330.36 万 hm^2，2007 年为 330.82 hm^2，2008 年为 331.07 万 hm^2，2009 年为 331.39 万 hm^2，表明灌溉面积正在逐步增长。

与 2009 年同期相比，经济作物的种植面积减少了 50%，2010 年 4 月，主要的农作物种植面积有所增加（表 5.2，图 5.12 和图 5.13）。

表 5.2 乌兹别克斯坦 2010 年 4 月主要农作物种植面积

作物种类		面积/10^4 hm^2	与上年同期相比/%
粮食与粮用豆类作物（含冬季作物）	粮食玉米	0.45	94.8
	谷物*	155.06	103.4
	合计	156.24	103.4
经济作物	棉花	12.75	37.0
	马铃薯	4.95	116.4
	蔬菜	7.82	117.7
	瓜类	0.93	104.0
	饲料作物	8.63	114.1
	合计	15.69	42.1
种植面积总计		194.26	93.5

注：*谷物中小麦种植面积为 146.04 万 hm^2。

数据来源：乌兹别克斯坦农业与水利部。

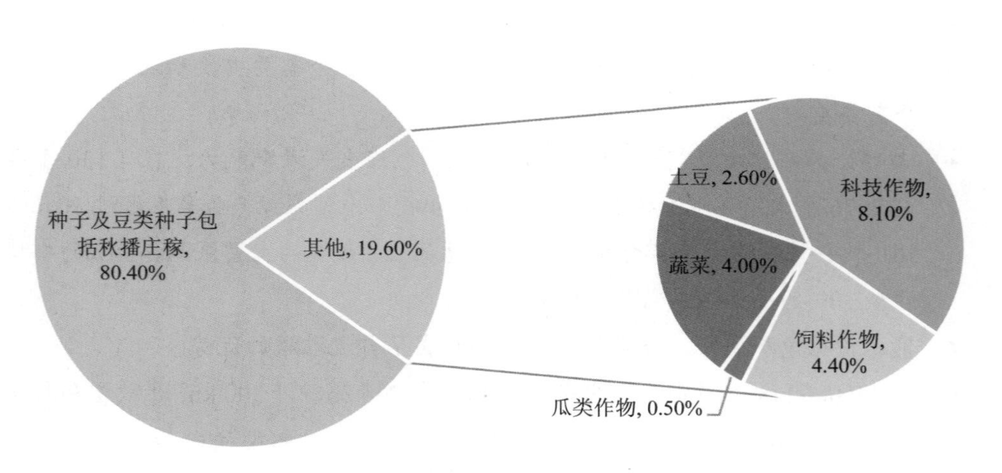

图 5.12 乌兹别克斯坦主要农作物种植所占比例（2010 年 4 月）

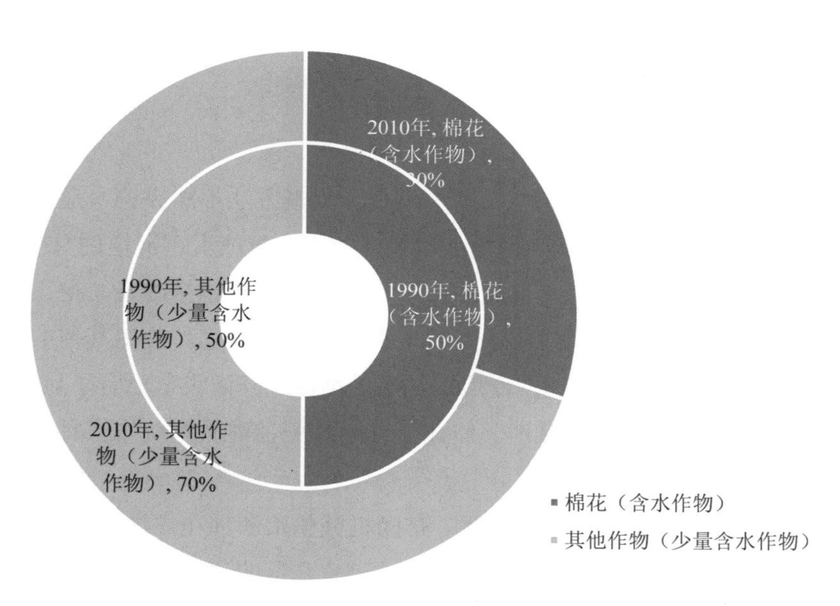

图 5.13　乌兹别克斯坦独立 20 年后含水作物种植面积的减少比例

乌兹别克斯坦灌溉土地的使用动态变化非常明显，由表 5.3 可以得知。

表 5.3　乌兹别克斯坦卡拉卡尔帕克斯坦、各州和塔什干市灌溉地分布（Чен Ши и др.，2013）

行政区	面积/10^4 hm^2				2006 年与 2009 年的指标差异	
	2006 年	2007 年	2008 年	2009 年	面积/10^4 hm^2	占比/%
卡拉卡尔帕克斯坦	41.94	41.92	41.98	42.03	0.9	0.5
安集延	19.83	19.93	20.09	20.09	2.6	0.5
布哈拉	19.96	20.03	20.04	20.04	0.8	0.2
吉扎克	26.04	26.17	26.31	26.41	3.7	1.0
卡什卡达里亚	42.16	42.21	42.34	42.38	2.2	0.4
纳沃依	8.97	8.96	8.96	8.95	−0.2	−0.1
纳曼干	19.86	20.02	19.94	19.92	0.6	−0.2
撒马尔罕	25.75	25.54	25.46	25.39	−3.1	−0.7
苏尔汗达里亚	24.2	24.2	24.15	24.15	−0.5	0.3
锡尔河	25.6	25.59	25.62	25.69	0.9	0.7
塔什干	30.17	30.41	30.46	30.49	3.2	0.3
塔什干市	0.05	0.05	0.06	0.06	0.1	0.1
费尔干纳	24.96	24.93	24.91	24.93	0.3	0.2
花剌子模	20.92	20.9	20.85	20.85	−0.6	0.1
合计	330.41	330.86	331.17	331.38	10.3	3.2

5.4 主要农作物灌溉技术

乌兹别克斯坦农作物灌溉技术发展历史悠久，灌溉方法不断完善（通过漫灌、沟灌、垄沟等），这些方法均是以重力作用下水流沿地表土壤或人工河道的分配为基础。

预先对土地进行整治是地表水灌溉的一个重要的特征，包括准备、挖渠和修建土堤等。在进行漫灌时，要对土堤包围内的每块耕地都进行规划。使用其他的灌溉方法时，会考虑到保护自然坡面。一些广泛应用漫灌的地区，其灌溉早已有了显著的发展，在阿姆河中下游地区泽拉夫尚山脉地表修建了连续梯田，灌溉系统中多种灌溉方式的混用使得农业集约化程度降低。

从 20 世纪 30 年代初开始，由于条播、带间机械整治和棉花灌溉面积的显著增加，沿垄沟灌溉已经成为主要的灌溉方式（图 5.14）。未被开垦的苜蓿及其他作物使用沟灌，而在坡度很低的土地上使用漫灌，多用于种水稻和盐碱土壤的洗盐。

图 5.14　棉花沟灌

在过去的几十年里，灌溉技术取得了显著进步，其中包括通过地表整治实行部分自动化灌溉，延长灌沟，运用更加完善的技术手段向垄沟放水，改变沟、管网的区段分布，更换灌溉网络以及使用灵活的软管或移动式喷灌机器。

但是，下游地区灌溉网络和经济体内部水资源分配技术的结构改造并没有取得显著成效，无法解决土地无水的问题，即能够应用新灌溉技术的土地目前还很少，而软管灌溉在新的灌溉系统中比较普及。

喷灌（图 5.15）在乌兹别克斯坦没有得到大范围的普及，其原因是气候干旱，蒸发量远大于降水量，强化了积盐的渗透过程，使得必须加大灌溉量，在非生长期时进行冲洗土壤。所以，该技术尚处于试生产和测试阶段，并进行渗灌实验。

在当前以手工劳动为主的情况下，因渗漏和泄水过程而造成大量水资源损耗，这使得新技术的推广运用成为亟待完成的任务，这些现代技术可改善下游灌溉网和工程设备，使灌渠流量和地下水调节部分实现自动化，以及实行机械化灌溉等。

在一些自然区域，如山麓和山前冲积平原的上部，表层灌溉会产生土壤侵蚀和灌网冲毁的危险，所以，需要特殊的保护工作，这种情况会降低灌溉效率并增加灌溉成本。

图 5.15　喷灌机喷灌

低洼地区的表面坡度很小，同时盐碱化土壤或盐碱化易发土壤排出地下水困难，造成灌溉网因水压不足而无法利用重力产生自流，使得灌溉难度加大，所以必须在灌溉的同时调整土壤的水盐比例。在此情况下，地下水位上升并四处溢出是造成干管灌溉效率较低（土壤根系营养层保持水分数量与灌溉时水量的比值）的主要原因。

5.4.1　渗灌（土壤内灌溉）

利用铺设的几厘米的地下加湿管道（深入地下 30～40 cm）将水分直接输入植物根部区域的灌溉方式称为渗灌（图 5.16）。

图 5.16　渗灌[Rain Bird's Root Watering System（RWS）]

现代的低压渗灌系统是由带有杂物过滤网的进水首部和聚乙烯或金属制管构成，从该系统直接铺设通向土壤的增湿管道。浇水管（即增湿管）为半硬质的塑料制品（聚乙烯或聚氯乙烯），直径为 15～40 mm，长度为 200 m。管间距为 1～2 m，个别增湿管的长度取决于作物栽培方式及土壤特性。在果园和葡萄园里，间距相对较短，而大田作物的栽培为 7 000～10 000 m/hm^2。增湿管道的深度、管间距、直径、孔洞的分布、尺寸及灌溉模式必须考虑能够保证最优的土壤湿润状态，使幼苗成功发芽（在土壤上部干燥层部分较为复杂），并将根部区域的水分渗漏损耗降到最低。此外，管道和埋深应不妨碍土壤深耕。这里该情况指的是，普通的未受保护空洞（穿孔）的直径范围为 0.4～0.8 mm，受保护空洞（穿孔）的直径范围为 2.0～2.5 mm，增加孔径会导致淤泥进入并造成阻塞，而孔径缩小后，经过一段时间，在灌溉水中可检测到氧化铁和其他各种难溶性盐的沉积物。

采用阀门或金属、泡沫塑料、尼龙绳制成的挡板等保护孔洞，需要给增湿管加大压力，选择最佳的水流速度和压力，同时冲洗设备的组合和结构应当考虑水的浑浊度及系统的使用条件。

土壤内灌溉低压系统还没有得到广泛使用，原因是设备昂贵，而且在该系统的构造及推广使用存在一些尚未解决的问题。这种方法主要应用于果园和葡萄园的灌溉。塑料管生产量的增加降低了成本，在土壤中安置加湿器等设施的技术得到了完善发展，为未来该种灌溉方法更加广泛的应用创造了先决条件。

乌兹别克斯坦首批运用多孔聚乙烯管道进行的渗灌实验开始于 1967 年。1970 年，苏联国营农场中亚建设总局与其他组织开始了关于在饥饿草原进行棉花渗灌的实验研究，得到了良好的结果（Чен Ши и др.，2013）：

（1）与对照组相比（沟灌），棉花的产量增加；

（2）减少了土壤中水分蒸发的损耗量。同时，管道加湿器上层可溶性盐有所增加。实验揭示了系统中一系列结构上的不足，指出了接下来的完善方法。

5.4.2　滴灌——技术上更加完善可靠的灌溉方式

滴灌系统配备了复杂的过滤器和滴管，减弱了农作物用水的压力（特别是果园和葡萄园）。但是，建造滴灌系统的成本要高于低压土壤内渗灌系统。滴灌系统可以精确定量地将水输送至根部区，在需要的点维持局部所需水分。滴灌时可减少灌溉量，从而降低成本。

在使用表层滴灌方法情况下，可为被湿润土壤最优化创造条件。此时，植物可以生长强大的根系，并且从根系中获取水分和养分，同时，将水分储存，以备降水延迟和灌溉受阻时使用。而滴灌符合上述所有要求。因此，乌兹别克斯坦广泛地进行滴灌技术的实验（图 5.17），灌溉软管使用中国技术，在源头使用高位反向作为输水来源的储水装置从农田内部灌溉网提取排放水。图 5.18～图 5.21 展示了蓄水池和水槽通道。

在定点灌溉时，可减少土壤的湿润量，使得植物在很大程度上依靠适时的输水和营养液。这种灌溉技术提出了农作物种植向工业化方向转化的必要性，需要建立技术改进系统和更高水平的水资源利用与管理组织。

很久以来，乌兹别克斯坦农业灌溉仅存在两种方式：地表灌溉和亚灌溉（或次灌溉）。前者已经得到了广泛的使用，而后者作为其补充，利用浅层淡水或弱矿化度地下水灌溉齐尔齐克河谷、费尔干纳盆地、饥饿草原及卡尔希草原、苏尔汉—沙拉巴特山谷的水成及半水成土壤。研究表明，滴灌可节约 30%～40%的灌溉水资源。

乌兹别克斯坦中耕和旱作作物连续种植时，表面沟灌方式最为常见。现在所运用的灌溉方式，完全可以认为是耗水型灌溉。犁沟、灌渠和临时水渠是造成灌溉系统田间水资源损耗的根本原因。

图 5.17　刚性软管滴灌树木

图 5.18　棉花软管滴灌及用聚乙烯薄膜覆盖

图 5.19　农场内部灌溉渠

图 5.20　蓄水池

图 5.21　乌兹别克斯坦采用的棉花滴灌示意图

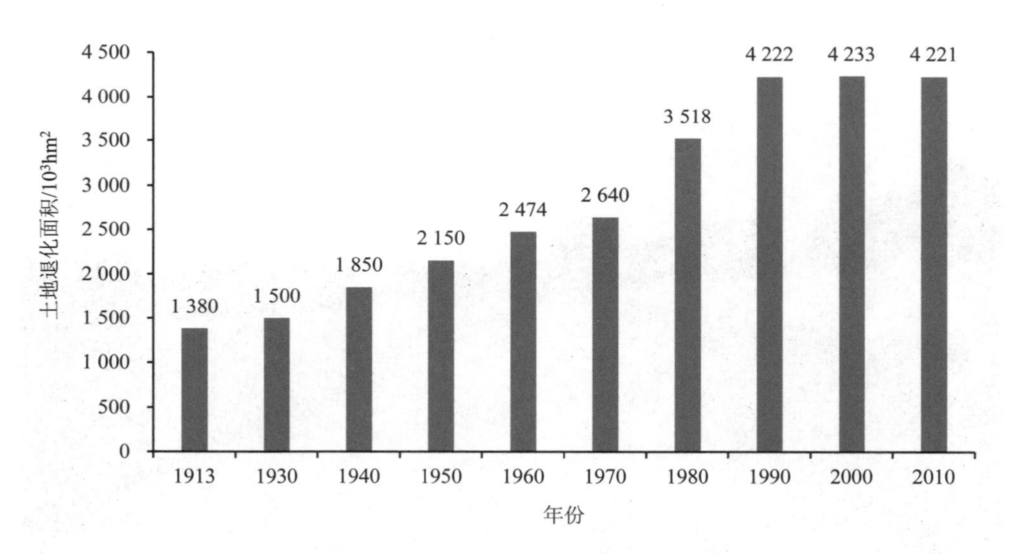

图 5.22　乌兹别克斯坦灌溉的动态发展

垄沟灌溉造成的水损耗达 25%～30%，其中蒸发占 2%～5%，深度渗漏为 10%～20%，表面排水占 10%～15%。还有临时排水渠的蒸发和渗透的损耗（5%～10%）。除去大田损耗，最终有 30%～35%的水量可以较好地利用。田间大面积水流失是因为缺乏灌溉机械，垄沟间的水分配来自人工挖成的水渠，通过用纸和薄膜制成的布巾对垄沟的首部进行加固。

在面积不大的种植多年生作物的土地上（果园、葡萄园），应用滴灌技术具有技术和经济方面的高效性：节约灌溉水量达 56%，原棉产量增加 21%（传统滴灌系统费用高昂，达 250 万～300 万索姆/hm^2）。但是，滴灌土壤质量呈恶化趋势，灌溉造成的土壤退化产生了一系列负面问题（图 5.22）。

5.5　水资源管理的组织机构和法律基础

国家对水资源利用的管理是由乌兹别克斯坦内阁、国家地方政权机构以及由政府授权专门调节水资源使用的机构，或直接或通过流域实施管理（乌兹别克斯坦法律《关于水及水资源的利用》第 8 条　国家对水资源利用的管理）。

乌兹别克斯坦农业和水利部是国家管理及调节水资源（地表水）利用的国家全权管理机构，乌兹别克斯坦地质和矿产资源（地下水）委员会、国家地下资源研究及工业领域安全应用检查机构，以及公共日常事务部门（地下热水及矿物质水）都负有管理责任。

自 2003 年 3 月起，乌兹别克斯坦总统在国内颁布法令，实行地方行政管理向流域管理转换（图 5.23）。流域管理包括以下几个方面：

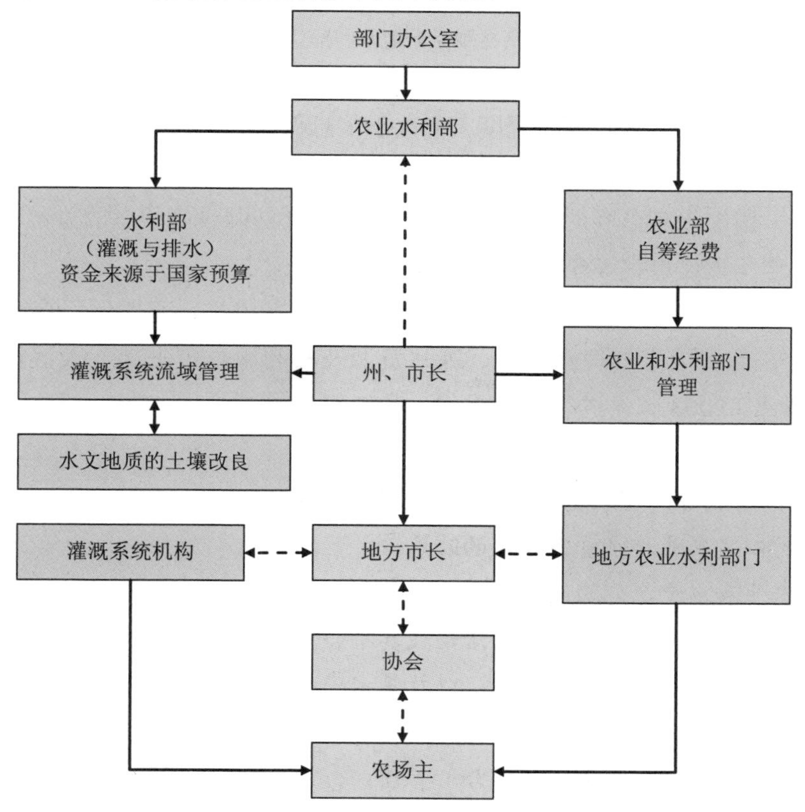

图 5.23　乌兹别克斯坦国家水利机构

- 建立以市场原则为基础和基于先进技术的水利用机制的完整、合理的水资源利用组织；
- 流域水资源合理高效的管理，提高对水资源用户及时保障的责任；
- 确保灌溉系统和水利设施的技术可靠性；
- 从用户的角度来看水资源利用的可靠统计和报表。

为提高乌兹别克斯坦灌溉系统的效率，水利部门已建立了10个灌溉系统流域管理机构和一个费尔干纳谷地联合调度中心干渠管理机构（图5.24，其中包括52个机构）。

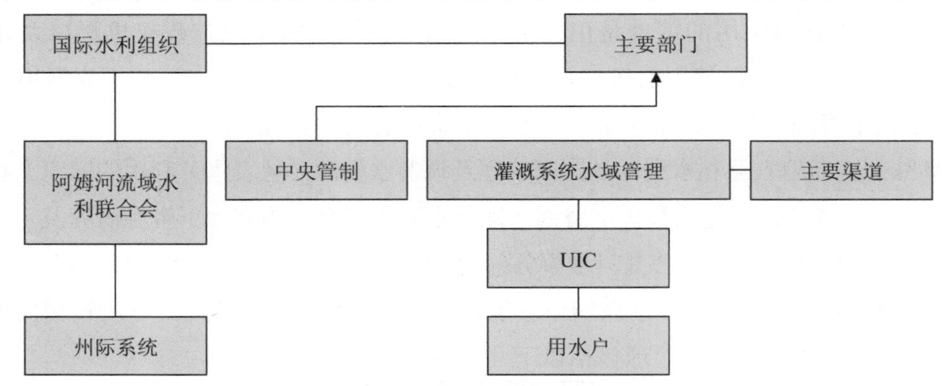

图5.24　乌兹别克斯坦水利部门组织机构

流域管理工作的效率在很大程度上取决于信息保障、信息数据充分和可靠性，完善流域管理工作需要实行自动化、远程控制化和计算机系统之间的畅通的信息交换流域管理目标。国家水利监察的主要任务是对全国水利基础设施状态的监察，并向政府提交完善工作和重建事宜等建议。

乌兹别克斯坦农业和水利部作为政府机构，统筹乌兹别克斯坦所有水利项目及活动实施。在落实国家管理水资源、森林资源及其利用政策中起着关键作用。随着农业和水利部（2003年）进行结构重组，其组织成员减少了60%，部分职能发生了变化。

改革后的水利部门在水资源管理时的主要任务是：

- 及时制定农业和水资源领域的政策。
- 在农业和水资源领域改善并运用新技术。
- 调整现行机构和服务企业的活动使其符合市场经济原则。
- 向灌溉和排水系统进行投资，以改善水资源的管理状况。
- 促进应急机构的规章及法律程序的完善。
- 推行流域水资源一体化（综合）管理。
- 建立有效的部委下属科研单位和培训机构，以提高农场水利用水平。

灌溉系统的流域管理机构主要以农业部和水利部的地方机构现有的主要组织构成及其地方分支为基础。其主要任务是：

- 组织有针对性地合理地利用水资源。
- 在水利方面实行统一的技术政策。
- 组织对用户交流畅通和及时的保障。
- 对流域水资源的合理管理。
- 确保对水资源利用的可靠核算。

乌兹别克斯坦农业和水利部下属流域管理机构构成灌溉系统管理局（图 5.25 和图 5.26，表 5.4）。

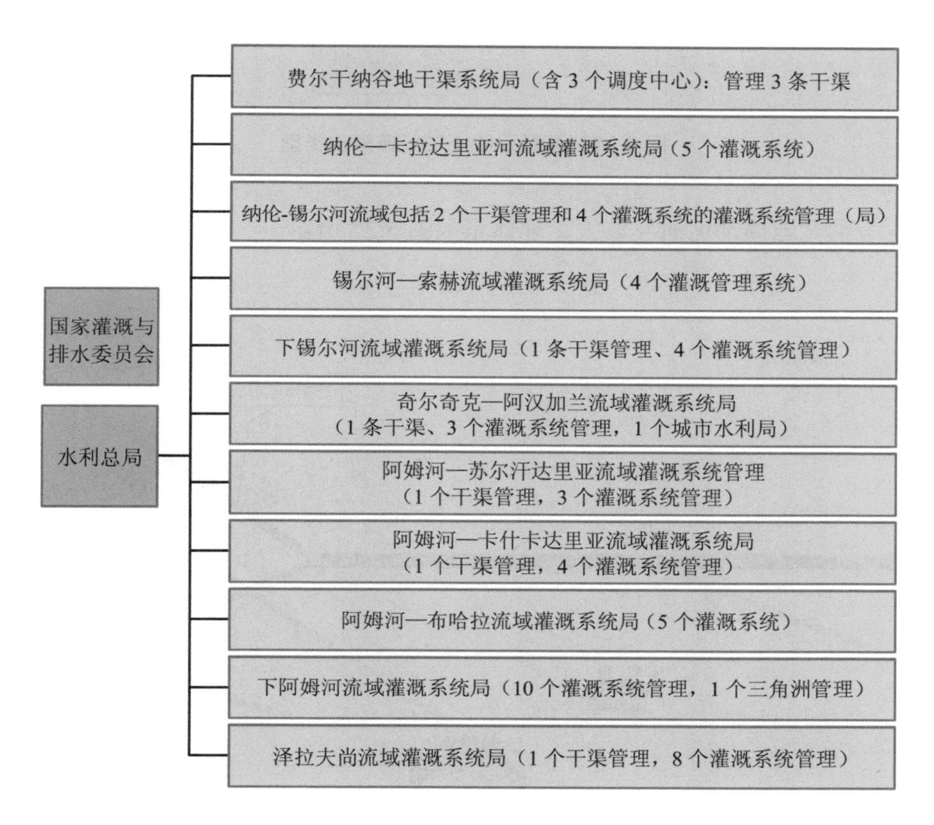

图 5.25　灌溉系统流域管理组织机构

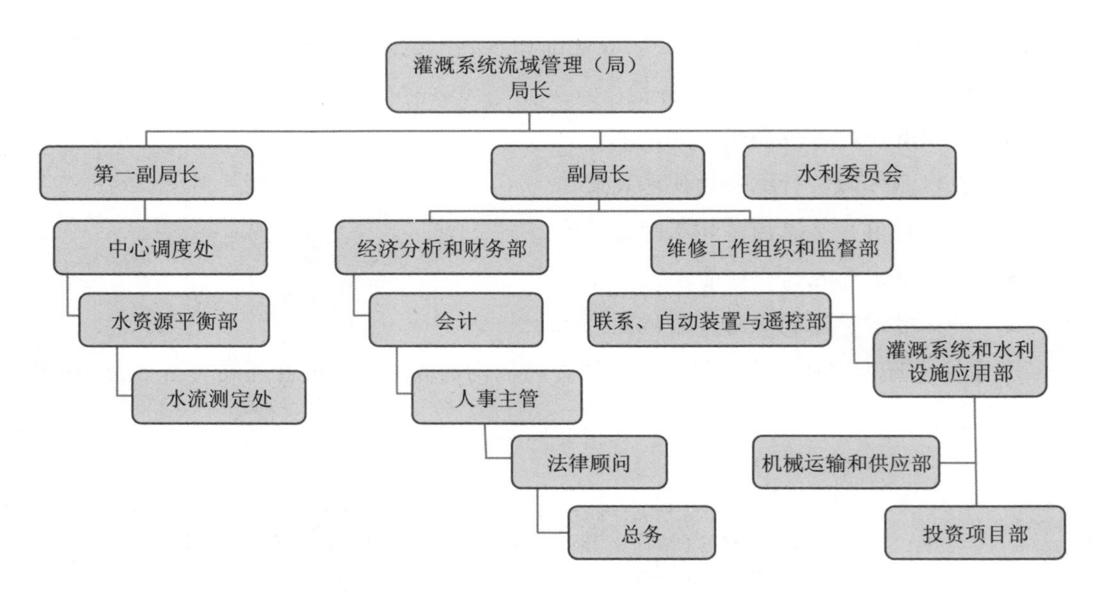

图 5.26　灌溉系统流域管理机构类型

费尔干纳盆地局部运河及谁去管理体系如图 5.27 所示。

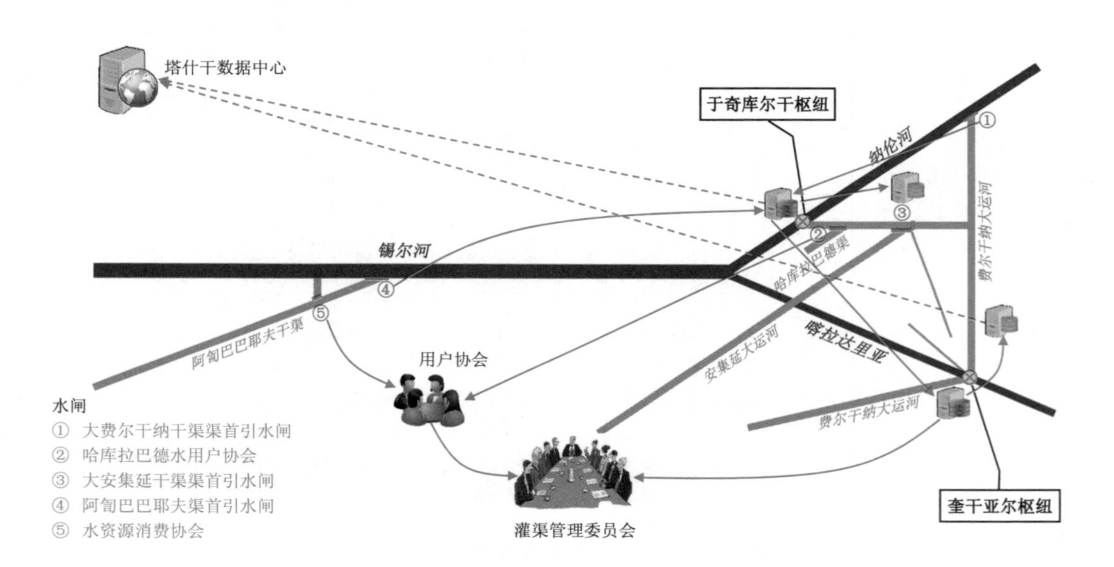

图 5.27　锡尔河水资源管理示意图

表 5.4　灌溉系统流域管理机构目录及地点

序号	机构名称	分布地点	备注
1	**费尔干纳谷地包括统一调度中心的干渠系统管理局**	费尔干纳市	
1.1	大费尔干纳干渠管理局	费尔干纳市	
1.2	大安集延干渠管理局	巴雷克奇区	
1.3	南费尔干纳干渠管理局	库维区	
2	**纳伦—卡拉达里亚河流域灌溉系统管理局**	安集延市	
2.1	卡拉达里亚—麦利苏灌溉系统管理局	伊兹巴斯坎区	
2.2	乌卢格诺尔—马兹吉勒灌溉系统管理局	柏兹区	
2.3	安集延灌溉系统管理局	安集延区	
2.4	沙赫里汗赛灌溉系统管理局	阿萨卡市	
2.5	萨瓦—阿克布拉灌溉系统管理局	霍德日阿巴德区	
3	**纳伦—锡尔河流域灌溉系统管理局**	纳曼干市	
3.1	大纳曼干干渠管理局	纳曼干市	
3.2	北费尔干纳干渠管理局	纳曼干市	
3.3	纳伦—哈库拉巴德灌溉系统管理局	乌奇库尔干区	
3.4	纳伦—纳曼干灌溉系统管理局	纳曼干区	
3.5	帕德沙塔—恰达克灌溉系统管理局	卡桑赛区	
3.6	阿洪巴巴耶夫灌溉系统管理局	明格布拉克区	
4	**锡尔河—索赫流域灌溉系统管理局**	费尔干纳市	
4.1	纳伦—费尔干纳灌溉系统管理局	巴格达德区	
4.2	伊斯法拉姆—沙希马尔丹灌溉系统管理局	费尔干纳市	
4.3	索赫—阿克杰帕灌溉系统管理局	科坎德市	
4.4	伊斯法拉—锡尔河灌溉系统管理局	福尔卡特区	
5	**奇尔奇克—阿汉加兰流域灌溉系统管理局**	塔什干市	
5.1	塔什干干渠管理局	塔什干市别克帕米尔区	
5.2	柏兹苏灌溉系统管理局	塔什干市	
5.3	帕尔肯特—卡拉苏灌溉系统管理局	塔什干市别克帕米尔区	
5.4	阿汉加兰—达利维尔金灌溉系统管理局	普斯肯特区	
5.5	塔什干市水利局	塔什干市	

序号	机构名称	分布地点	备注
6	**下锡尔河流域灌溉系统管理局**	拉希多夫区	
6.1	南米尔扎丘里干渠管理局	帕赫塔科尔市	
6.2	舒鲁兹雅克—锡尔河灌溉系统管理局	赛胡纳巴德区	
6.3	巴亚乌特—阿尔纳赛灌溉系统管理局	米尔扎丘里区	
6.4	乌奇托姆灌溉系统管理局	度斯特里克区	
6.5	哈瓦斯特—扎明灌溉系统管理局	扎尔布多尔区	
7	**泽拉夫尚流域灌溉系统管理局**	撒马尔罕市	
7.1	泽拉夫尚干渠系统管理局	撒马尔罕	
7.2	图亚加尔塔尔—克雷灌溉系统管理局	巴赫马里区	
7.3	米尔扎帕灌溉系统管理局	切列克市	
7.4	达尔国姆灌溉系统管理局	泰列克区	
7.5	爱斯基安加尔灌溉系统管理局	奇拉克奇区	
7.6	阿克—卡拉达里亚灌溉系统管理局	阿克达里亚区	
7.7	缅加利—托斯灌溉系统管理局	卡特塔库尔干区	
7.8	卡尔玛纳—科尼麦赫灌溉系统管理局	卡尔玛纳市	
7.9	纳尔帕—纳沃伊灌溉系统管理局	纳尔帕区	
8	**阿姆河—索赫流域灌溉系统管理局**	铁尔梅兹市	
8.1	苏尔汗达里亚干渠系统管理局	库姆库尔干区	
8.2	图帕兰特—卡拉塔戈灌溉系统管理局	德纳乌市	
8.3	苏尔汗—舍拉巴德灌溉系统管理局	舍拉巴德区	
8.4	阿姆赞戈灌溉系统管理局	扎尔库尔干区	
9	**卡什卡达里亚干渠系统管理局**	卡尔希市	
9.1	卡什卡达里亚干渠系统管理局	卡马希区	
9.2	米利什科尔灌溉系统管理局	米利什科尔区	
9.3	卡尔希干渠灌溉系统管理局	卡尔希区	
9.4	阿克苏灌溉系统管理局	沙赫里沙布兹区	
9.5	亚卡巴戈—古扎尔灌溉系统管理局	古扎尔区	
10	**阿姆河—布哈拉流域灌溉系统管理局**	布哈拉市	
10.1	阿姆—卡拉库里灌溉系统管理局	阿拉特市	
10.2	沙赫鲁德—杜斯特里克灌溉系统管理局	卡甘市	

序号	机构名称	分布地点	备注
10.3	哈尔乎尔—杜阿巴灌溉系统管理局	沃布肯特市	
10.4	塔什拉巴特—吉利万灌溉系统管理局	季日杜万区	
10.5	塔什拉巴特—乌尔塔丘里灌溉系统管理局	吉兹勒铁普区	
11	**下阿姆河流域灌溉系统管理局**	塔希阿塔什市	
11.1	塔什萨卡灌溉系统管理局	巴加特区	
11.2	帕勒万—加扎瓦特灌溉系统管理局	汗金区	
11.3	沙瓦特—库拉瓦特灌溉系统管理局	乌尔根奇市	
11.4	卡拉马兹—克雷奇拜灌溉系统管理局	古尔连区	
11.5	曼吉特—娜扎尔汗灌溉系统管理局	阿姆达利亚区	
11.6	苏安利灌溉系统管理局	坎利库里区	
11.7	帕赫塔阿尔纳—奈曼灌溉系统管理局	布斯通市	
11.8	库瓦内什扎尔玛灌溉系统管理局	卡拉乌兹亚克区	
11.9	吉兹科特肯—凯戈利灌溉系统管理局	奇姆拜区	
11.10	卡特塔加尔—博扎塔乌灌溉系统管理局	努库斯区	
11.11	咸海三角洲管理局	努库斯区	

此外，经济核算单位、预算制企业和建设管理部门，以及设计、科研及其他机构组织也需向农业水利部负责。

国家灌溉与排水委员会是一个跨部门和跨地区的国家管理机构，负责协调乌兹别克斯坦灌溉及排水领域的相关事务。该委员会负责水资源管理方面的问题，成员主要来自大型企业的领导及副州长。

乌兹别克斯坦市政公共设施服务署于2000年在市政居民服务署的基础上建立，是国家为居民服务的市政机构。它的主要任务是：

- 保障跨区域的输水管道的稳定和可靠。
- 在跨区域输水管领域制定和实施技术政策，并负责建设项目的订购功能。
- 在居民公共服务方面制定并批准标准法规条款和技术经济条件。

地区公共运营联合会是隶属于乌兹别克斯坦市政公共设施服务署的地方经济管理部门。

国家自然环境保护委员会是乌兹别克斯坦自然环境与自然资源保护的主要执行机构。它负责检测地表水水质、完善地表水利用及监察自然保护领域的立法，制定并实施自然保护措施。委员会直属乌兹别克斯坦议会。实施环保措施、执行监督职责、负责单个自然区域、部门和科研机构委托的事宜，其中有：

- 国家鉴定委员会《乌兹别克斯坦能源（电力）》，管理水利发电站及其相关水库。
- 国家地质矿产资源委员会负责监测和管理地下水。
- 《乌兹别克斯坦水文气象局》开展河流、湖泊及水库的水文观察，并负责监测水质。

这些机构的职责是保障国家组织系统的长期运行，在管理水利和基础设施及自然资源方面组织和发展实施特殊项目、战略及规划，同时监测及保护水资源安全及周围环境。

环境卫生流行病站保障居民安全、防疫流行病。在国家层面，该站隶属于乌兹别克斯坦卫生部，在州和地区级归属地方政府。卫生流行病站负责饮用水例行监测、公用事业用水及灌溉用水的水质，以防止不同类型的污染物、化学物质、细菌及微生物污染水源，危害居民的生命健康。卫生流行病站的任务是保障所有的组织、公民的生产和生活用水，此外还要保障新投入的供水设施的调试。

劳动、就业、居民社会保障（劳动力交换市场）部门归属市政府和国家劳动和社会保障部，负责将无工作能力的人安排至临时社会工作中，其中包括维修、修建及清洗灌溉和排水系统设备等活动。

主要的用水户及用水部门　在城市、农村及乡镇有许多不同性质的水资源用户，其中，超过 1 600 万人居住在农村，有农民、农场主、林场主，此外还有一些非政府组织、自我管理组织、工商企业，他们的利益相互交叉。例如，农民私人拥有土地，城市居民可能向水利组织租用。

与水资源利用有关的非政府组织　非政府非营利性组织作为独立法人是住宅的所有者。它联合城市业主共同管理房屋，保障其运行及提供相应的保护，确定不动产和使用条件，维护业主共同所有权下的卫生消防及技术设施等。

乌兹别克斯坦的自治机构是乡镇城市居民大会机构。公民大会是最高自治机构，有权代表居民做出符合所在地方的决议，在所有涉及民生及公共事业的问题上，公民大会可全权决定，这些问题包括：国内公共设施建设（饮用水及天燃气来保障居民生活）、集体组织负责整理及修建水利基础设施等。国家农业协会联合农户及小型企业加工农产品，赚取利润并上缴国家及其他组织，包括水利服务。

用水者协会是由农民、法人及自由人联合形成的联合会，主要职责是制定配水方案及将灌溉排水系统投入农田使用。在土壤及水源利用方面，尽管用水者协会对于乌兹别克斯坦来说是一种由非政府组织支持的新形式，但是，该组织的服务功能已经开始实施，涉及 280 万 hm^2 土地上的（2005 年）约 7 万 km 的灌溉网和 5 万 km 长的排水网。

用水弱势群体

乌兹别克斯坦国内上下都能感受到因水资源短缺对社会经济及生态造成的负面影响，但有部分群体在此方面处于更为弱势的地位，其中包括：

- 在农村合作社（农业合作社）家庭经营户和土地租赁户（租用土地面积平均为 5 hm^2）。
- 在小自留地（0.1 hm^2）种植农产品的农民。
- 占有大片土地的私有农场主，这些土地为长期租赁形式。不可靠的灌溉供水加剧了其生活保障问题。世界银行（2002）和亚洲开发银行（2005）在其社会评估中指出，这些农业生产者对改善饮用水、生产和环境卫生用水的质量有着较高的需求，因为这类人必须花费自己收入的很大一部分来购买和储存饮用水。居民试图用一定的社会支出来应对健康风险。

最易受缺水影响的群体是：

- **女性** 包括居住在城市及农村的女性。妇女是公共供水和卫生的主要受益者。缺水和环境恶化凸显了女性的薄弱环节，因为女性要将工作与家庭相结合。女性常常只能找到除草和摘棉花等季节性工作，低收入家庭的妇女将更受折磨，由于缺乏资金，她们买不起水，无法支付运输费用。更严重的情况是，老年人、残疾人、单身母亲、孕妇及多子女妇女，这类人群受缺水影响最大。
- **新组建的家庭** 农村地区的弱势群体之一是新组建的家庭，他们与父母分开居住。通常，他们利用偏僻的土地来建造房屋，并且农田没有灌溉设施，当其他农田供水状况普遍得到满足时，这些家庭仍处于缺水条件下。在枯水期他们的状况将更加困难。
- **处于河流下游的农民** 位于灌溉网终端或远离灌溉网，尤其是生活在三角洲及河流下游的农民，与位于上游或渠道附近的农民相比更困难，不管他们是否是农村合作社、合作社的成员。最弱势的农民的土地质量差，无法获得足够的灌溉用水。
- **特殊的农民** 从事果木栽培及葡萄种植的农民也是弱势群体，缺水使得果园和葡萄园枯萎，劳动付诸东流。在严重干旱的情况下，动物的育种和植物的种植变得困难，妇女和儿童最为受罪，因为他们要到很远的地方去自己动手来给牲畜打水，为植物浇灌。

法律基础

为水利设施进行管理，乌兹别克斯坦出台了《关于水及其利用》（1993 年 5 月通过）法规，主要细节，反映在第二十一条、第三条、第四条、第五条、第六条中。

第二十一条：主要概念

地下水——指位于地表下地壳岩层中的水。

地表水——指地壳表面的水。

土壤改良设施——可以收集干渠排水系统的排水，并能够将其运出灌溉土壤的水利设施。其中包括：排水干渠、干渠排水网、立式排水井、土壤改良泵站（联动装置）和观测网。

水——所有水体的统称。

需水——法人和自然人为满足个人需求，并通过既定制度从水利设施获得水资源的行为。

用水户协会——由用水户（法人）自发组织成立的非国有非营利性组织，旨在协调水利关系，维护彼此共同利益。

用水户——为满足个人需求，并通过既定制度从水利设施获得水资源的法人或自然人。

水体——自然（小溪、泥沟、河流、泉、湖泊、海洋以及地下含水层）和人工的开放式和封闭型渠道中的水。

水库——泥石流槽、池塘、集水设施和其他干渠排水，还包括长期或暂时集水的设施，它们都有特殊的外形和水文特征。

水利设施的保护——旨在保护和恢复水利设施的一系列措施方法。

水情——水体和地下的水位、流速、流量以及水量的变化情况。

水资源——可被使用的水体。

水利经济——属于经济行业的分支，包括研究、计算、管理、利用、水资源和水利设施的保护，还包括防治水体的不利影响。

水利设施——可以实现蓄水、管理、运输、利用、使用引流以及保护水资源水利行为的设施。

水资源利用——法人和自然人为满足个人需求，而从水利设施获取水资源的行为。

水资源利用者——为满足个人需求，而从水利设施获得水资源的法人或自然人。

水资源的不利影响——由于洪水、浸没和其他水的不利影响造成的，出现在特定的自然农业项目和区域里的冲刷、破坏、淤积、沼泽化、盐碱化等其他负面现象。

跨境水利设施——跨越两国或多国，或位于其边境上的水利设施。

跨境水资源——跨越两国或多国，或位于其边境上的任何地表和地下水。

第三条：国家水权

水资源归国家所有——是乌兹别克斯坦全民族所共有的财富，由国家对其进行合理利用和保护。

第四条：统一的国家水资源量

包括：溪流、泥沟、河流、水库、湖泊、海洋、运河水资源、干管灌溉网，泉水、池塘和其他地表水、地下水、融雪水和冰川。

跨境水利设施（河流：阿姆河、锡尔河、泽拉夫尚河，咸海等）水资源的利用需签订国际合约。

第五条：乌兹别克斯坦议会在水资源方面的职权范围

乌兹别克斯坦议会在水关系方面进行调节的职权范围包括：

- 通过有关水资源及其利用的法案，并对其进行修正和补充。
- 确定国家在水资源利用和保护方面的相关政策，通过水利项目的国家性战略。
- 解决其他乌兹别克斯坦议会的相关问题。

第六条：乌兹别克斯坦内阁在调节水关系方面的职权范围

乌兹别克斯坦内阁在调节水关系方面的职权范围包括：

- 推行全国统一的水资源综合与合理利用、管理及保护水资源政策。
- 协调涉及水资源综合与合理利用、管理和保护的国家各个部委、机构、法人间的职能。预防并消除水资源的不利影响。
- 制定水资源使用规范、批准水资源使用规范和水资源使用标准及从水体引水定额规范。

根据乌兹别克斯坦水资源状况、管理体系及组织机构，建议如下管理措施：

1. 由于乌兹别克斯坦水资源匮乏，因此，通过限额来管理水资源（可利用水资源总量），其中限额中超过 90%的用在乌兹别克斯坦农业经济领域。

2. 乌兹别克斯坦灌溉农业是综合性大型工程设施。其中包括 54 座总蓄水量为 200 亿 m^3 的大型水库，46 668 个农庄间和 175 000 个农庄内水利枢纽。165 463 km 农庄间灌渠（23 768 km 为混凝土型排水槽和排水管道），29 786 km 农庄间排水干渠，104 433 km 农庄内排灌网（42 734 km 封闭型水平排水系统）以及 3 645 km 立式排水系统。422 万 hm^2 耕地中有 203.8 万 hm^2 通过机械扬水和大中型水泵站进行灌溉，能够从露天水源地引取水达到 520 亿 m^3 用于农作物灌溉。

3. 由于人类活动负荷的增加和径流灌溉的损失，农田灌溉应建立在保持水分和节约水资源的基础上，可通过采用供水、节能、高效以及农业生产和粮食安全方面的先进科学技术和安全方法实现这一目标。

第6章　土壤盐渍化及其改良

土壤盐碱化是乌兹别克斯坦灌溉农业面临的主要问题。由于干旱的气候条件和灌溉中产生的高矿化水，在水分蒸发浓缩的过程中，土壤中有毒盐类大量增加。可灌溉土地的生产率在很大程度上受以下因素影响：土壤营养根层有毒水溶性盐类的积蓄量，水溶性盐类在地下水中的浓度和深度，以及成土岩层中有害盐类的含量。

强盐碱土壤和沼泽化土壤为低产土壤，需要将其从土壤中剥离。近10年来，中亚地区有约60万 hm^2 灌溉耕地被荒废，虽然也包括由于水资源和生产资料匮乏而闲置的土地，但绝大部分是由于土壤盐渍化。由于土壤的高度盐碱化和沼泽化，乌兹别克斯坦一年损失近2万 hm^2 灌溉耕地（图6.1）。

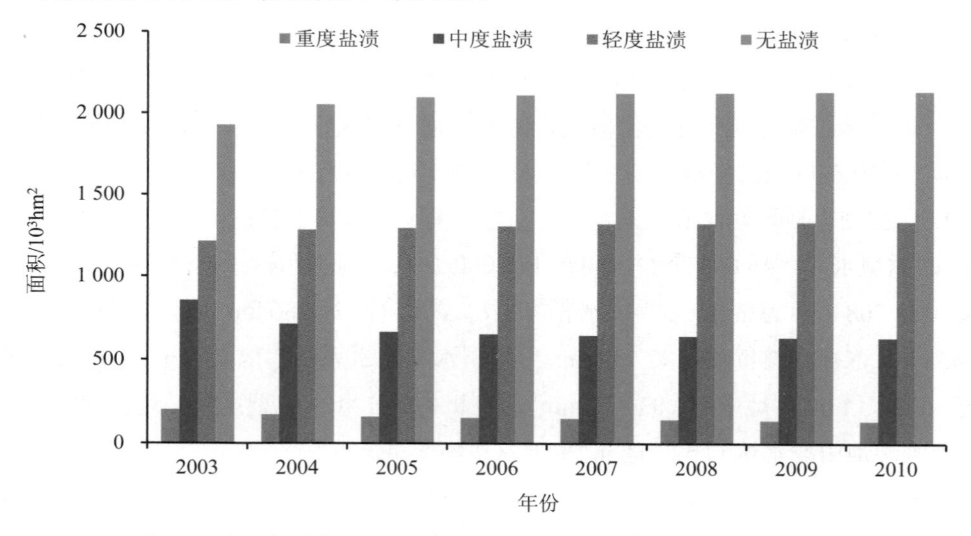

图6.1　乌兹别克斯坦土地盐碱化动态变化（Чен Ши и др.，2013）

此类情况主要发生在乌兹别克斯坦卡拉卡尔帕克斯坦。而在此例中也很好地反映了由于土壤盐渍化，进行农业休耕对经济产生的影响（图6.2）。

乌兹别克斯坦大范围的土地盐碱化导致了主要农作物的大量减产（表6.1），这种情况主要出现在1991—1998年（表6.2）。

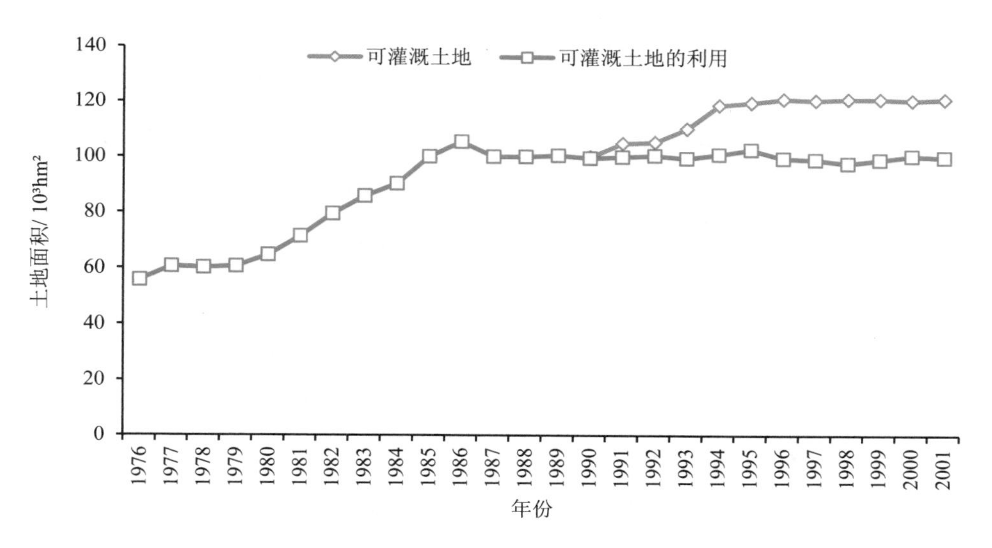

图 6.2　卡拉卡尔帕克斯坦灌溉土地使用动态变化（Чен Ши и др.，2013）

表 6.1　未采取冲盐措施的盐渍化土地主要农作物收成减产情况（灌溉与水问题研究所数据）

序号	州	作物及种植面积/10^4hm^2	盐渍化程度	种植作物的盐渍化土地面积/10^4hm^2	因盐渍化平均减产/t	合计减产/t	总减产/t
1	布哈拉	棉花 12.90	弱	7.48	1.2	8 976	32 254
			中	3.61	3.8	13 718	
			强	1.21	7.9	9 560	
2	费尔干纳	棉花 12.12	弱	3.03	1.2	3 636	18 935
			中	2.55	3.8	9 690	
			强	0.71	7.9	5 609	
3	卡拉卡尔帕克斯坦	棉花 12.90	弱	650.80	1.2	7 896	31 403
			中	3.92	3.8	14 896	
			强	1.09	7.9	8 611	
4	布哈拉	小麦 7.72	弱	4.48	3.2	14 326	38 151
			中	2.16	7.1	15 343	
			强	0.73	11.7	8 482	
5	费尔干纳	小麦 11.68	弱	2.92	3.3	9 344	34 899
			中	2.46	7.1	17 494	
			强	0.69	11.7	8 061	
6	卡拉卡尔帕克斯坦	小麦 3.88	弱	1.98	3.3	63.3	18 548
			中	1.18	7.1	8 370	
			强	0.33	11.7	3 849	

表 6.2　乌兹别克斯坦境内咸海周边灌溉土地翻耕造成的损失

年份	具可灌溉土地/10^4hm^2	可灌溉土地的利用/10^4hm^2	差额/10^4hm^2	损失/万美元	折算率	设算损失/万美元
1991	10.05	9.78	0.28	150	1.344	210
1992	10.49	9.93	0.55	0	1.305	400
1993	10.92	10.09	0.83	460	1.267	580
1994	11.36	10.25	1.11	610	1.230	750
1995	11.79	10.40	1.39	760	1.194	910
1996	11.79	9.65	2.14	1180	1.159	1370
1997	11.79	8.89	2.90	1590	1.126	1800
1998	11.79	9.52	2.27	1250	1.093	1370
1999	11.80	10.15	1.65	910	1.061	960
2000	11.80	10.78	1.02	560	1.030	580
2001	11.81	10.70	1.12	610	1.000	610
计算周期损失总量						9 540
年平均损失量						867

6.1　土地盐渍化及其改良方法

6.1.1　土地盐渍化及其防治

尽管不同的农作物对盐碱地有不同的反应，但其产量则直接受土地盐碱化的程度和类型的影响。要解释土地盐碱化和其产量间的关系，就需要确定农作物收获量对不同组合的自然因素的降低系数（胁迫应力），在此基础上才能够计算出由于盐碱地导致的实际损失。

通过综合中亚区域盐碱地的分类（表 6.3），我们得出了在盐碱化程度（0～100）（根据联合国粮食及农业组织的标准）不同的土地上的产能评估分类（表 6.4）。

由土地盐碱程度造成的粮食减产主要取决于作物本身的抗盐性，减产程度主要使用在盐碱地产量预测中（表 6.5）。

表 6.3　中亚区域盐碱地分类汇总

序号	土地盐渍化程度（占干燥土地质量的百分比）/%	无盐渍化土地	轻度盐渍化土地	中度盐渍化土地	重度盐渍化土地	盐土
1	氯离子	＜0.01	0.01～0.035	0.035～0.07	0.070～0.14	＞0.14
2	硫酸根离子	＜0.08	0.08～0.17	0.17～0.34	0.34～0.86	＞0.86
3	碳酸氢根离子	0.061	0.061～0.122**	0.122～0.244	0.244～0.488	＞0.488
4	X 盐类	＜0.15～0.14**	0.19～0.60	0.30～1.00	0.70～2.00	0.80～2.00
5	Z 型有毒盐类	＜0.03～0.14**	0.09～0.3	0.19～0.3	0.30～1.40	0.60～1.40
6	导电率***	＜0～2	2～4	4～8	8～16	＞16

注：*——干燥土壤质量；**——上述盐类浓度范围与盐渍土地类型有关；***——参考联合国粮食及农业组织数据。

表 6.4　不同盐渍化程度土壤生产潜力分类（联合国粮农组织）　　单位：%

作物	盐渍化程度/(cd/m)					
	2	4	6	8	12	15
与潜在收成对比/%						
冬大麦				100	80	63
棉花				98	78	57
制糖甜菜				94	71	47
冬小麦			100	86	57	23
水稻		88	63	38		
玉米（甜）		72	48	29		
甜菜		100	82	64	27	
番茄		86	67	48	10	
卷心菜		80	53	27		
马铃薯	96	72	48	24		
甜辣椒	93	65	37	8		
洋葱	87	55	23			
胡萝卜	86	58	30	1		
苜蓿	100	86	71	57	29	
杏	90	43				
葡萄	95	76	57	38	0	
李子	91	55	20			

表 6.5　主要农作物产量同土地盐碱程度的关系

序号	作物种类	不同盐碱程度下的作物收成/%				
		无盐渍化	轻度盐渍化土地	中度盐渍化土地	重度盐渍化土地	盐土
1	棉花	100	94	65	43	16
2	冬小麦	100	80	47	25	0
3	食用玉米	100	95	46	10	0
4	马铃薯	100	110	68	0	0
5	移栽番茄	100	98	74	54	34

据乌兹别克斯坦国土资源、地形测量、制图及国家地籍委员会专家们在 2009 年 1 月 1 日的观测结果，乌兹别克斯坦有 14.13 万 hm^2 重度盐碱化土地受到有毒盐类的影响。目前，重度盐碱化土地面积有缩小趋势（从 2007 年的 3.7%下降到 2009 年的 3.3%），同时非盐碱地面积（从 30.9%增加到 31.3%）（表 6.6）的增加使盐碱地总面积减少了 16.2%（从 2006 年的 65.9%下降到 2009 年的 49.7%）。重度盐碱化土地主要分布于卡拉卡尔帕克斯坦（2007 年为 11.8%，2009 年为 10.5%）。重度盐碱化土地在花剌子模州的比例在 2007 年和 2009 年分别为 14.1%和 13.1%，纳沃伊州分别为 5.7%和 4.3%，布哈拉州为 4.6%。安集延州和撒马尔罕州的灌溉地未受到水溶性有毒盐类的强烈影响。

表 6.6　乌兹别克斯坦灌溉地盐渍化状况

行政区	年份	灌溉地面积/10^4 hm^2	非盐渍化		盐渍化面积占比/%	盐渍化程度					
						弱		中		强	
			面积/10^4 hm^2	%		面积/10^4 hm^2	%	面积/10^4 hm^2	%	面积/10^4 hm^2	%
卡拉卡尔帕克斯坦	2007	90.40	10.33	21.3	78.8	15.48	30.7	18.27	36.3	9.94	11.1
	2008	90.45	10.33	21.3	79.7	15.03	31.6	17.77	35.2	9.99	11.4
	2009	90.28	11.24	22.4	77.8	16.39	32.5	17.4	34.6	9.28	10.5
安集延	2007	28.58	23.16	94.8	3.2	0.74	2.8	0.69	2.4	0	0
	2008	28.60	25.33	95.4	4.6	0.62	2.3	0.61	2.3	0	0
	2009	26.50	25.43	98.7	4.3	0.63	2.4	0.5	1.9	0	0
布哈拉	2007	27.40	2.89	10.5	39.5	15.76	97.3	7.57	27.9	3.27	4.6
	2008	27.40	3.06	11.1	38.9	15.44	36.1	7.62	37.7	3.38	3
	2009	27.49	3.45	12.6	32.2	15.43	56.1	7.35	26.7	1.26	4.6
吉扎克	2007	29.95	3.32	17.8	82.4	19.28	51	8.66	28.9	0.6	2.3
	2008	29.90	3.27	17.6	82.5	15.42	51.4	8.64	28.8	0.66	2.2
	2009	36.00	3.23	17.5	82.4	16	53.3	8.1	27	0.65	2.2

行政区	年份	灌溉地面积/10^4 hm^2	非盐渍化		盐渍化面积占比/%	盐渍化程度					
						弱		中		强	
			面积/10^4 hm^2	%		面积/10^4 hm^2	%	面积/10^4 hm^2	%	面积/10^4 hm^2	%
卡什卡达里亚	2007	50.58	26.44	52.3	43.3	17.55	34.7	3.17	10.2	3.43	2.8
	2008	50.78	26.47	52.1	47.9	17.92	35.3	5.03	9.9	3.36	2.3
	2009	51.49	37.13	52.8	47.2	17.92	34.8	5.03	9.8	3.36	2.6
纳沃伊	2007	12.73	1.41	11.3	38.7	8.48	66.6	2.08	16.3	0.73	3.2
	2008	13.18	1.68	12.7	37.3	8.95	67.9	1.92	14.6	0.63	4.8
	2009	13.17	1.68	12.7	37.3	8.95	67.9	1.98	15	0.57	4.3
纳曼干	2007	28.25	25.89	90.8	9.2	1.78	6.1	0.78	2.8	0.09	0.3
	2008	28.23	25.54	90.4	9.8	1.79	6.3	0.79	2.8	0.12	0.4
	2009	28.25	25.62	90.7	9.9	1.8	6.4	0.73	2.6	0.1	0.4
撒马尔罕	2007	37.81	26.82	97.4	2.6	0.95	2.5	0.04	0.1	0.003	0
	2008	37.81	26.85	97.5	2.8	0.92	2.4	0.04	0.1	0.003	0
	2009	37.81	37.09	98.1	2.9	0.69	1.8	0.03	0.1	0	0
苏尔汗达里亚	2007	32.87	21.04	64.6	35.4	6.57	20.2	4.81	14.8	0.16	0.5
	2008	32.53	21.17	65.7	34.9	7.24	22.3	3.98	12.2	0.14	0.4
	2009	32.54	21.61	66.4	33.8	7.29	22.4	3.53	10.8	0.11	0.3
锡尔河	2007	29.22	0.82	2.8	97.2	22.06	75.5	3.05	19.3	0.69	2.4
	2008	29.22	0.48	1.6	98.3	22.78	78	5.37	18.4	0.59	2
	2009	29.28	0.53	1.8	98.2	22.62	77.3	5.64	19.3	0.49	1.7
塔什干	2007	39.02	37.70	96.6	3.4	0.89	2.3	0.41	1.1	0.02	0.1
	2008	39.14	37.97	97	3	0.89	2.9	0.26	0.7	0.01	0
	2009	39.42	38.33	92.8	2.7	0.82	2.1	0.26	0.7	0.003	0
费尔干纳	2007	35.97	18.74	52.1	47	12.43	34.6	4.02	11.2	0.76	2.4
	2008	35.94	18.92	52.3	47.4	12.64	32.2	3.94	11	0.44	1
	2009	36.38	19.86	53	47	11.93	32.9	4.41	12.2	0.7	1.9
花剌子模	2007	27.65	0.00	0	100	14.92	52.3	9.17	33.2	1.9	14.1
	2008	27.66	0.00	0	100	14.39	52.7	9.32	33	3.7	13.4
	2009	27.65	0.00	0	100	14.33	51.8	9.71	35.1	3.63	13.1
全国合计	2007	428.19	212.72	49.7	54.3	132.51	30.9	67.29	15.7	15.67	3.2
	2008	429.01	213.55	49.8	54.2	135.12	31.5	65.34	15.2	15.03	3.5
	2009	430.15	216.52	50.3	49.2	134.76	31.3	64.69	15	14.13	3.3

花剌子模州几乎全为盐碱地，而锡尔河州的非盐碱地比例从 2007 年的 2.8%下降到 2009 年的 1.8%。纳沃伊州的非盐碱地面积有扩大趋势，从 2007 年的 11.3%增加到 2009 年的 12.7%。非盐碱地面积较大的州有撒马尔罕州（98.1%）、塔什干州（97.3%）、安集延州（95.7%）以及纳曼干州（90.7%）。根据盐碱化土地面积的动态数据分析，可以预测土地面积变化呈现出良性趋势：重度盐碱化土地面积的比例在下降，而轻度盐碱化土地面积在增加（表 6.7）。

表 6.7　灌溉地盐渍化与排水网发展动态变化

州	中度和强盐渍化/%			排水系统网单位长度/km				竖井数量/个			产量/（t/hm^2）			
	1970年	1990年	1999年	1960年	1970年	1990年	2000年	1970年	1990年	2001年	1970年	1990年	1996年	2000年
安集延	13.0	1.0	4.4	11.0	20.6	27.4	27.4	—	451	483	2.59	2.89	2.87	3.18
布哈拉	26.2	25.6	32.2	8.3	12.0	28.0	28.0	—	703	703	2.83	3.19	2.86	2.72
卡什卡达里亚	15.4	11.9	12.7	1.9	6.6	16.0	16.0	—	550	461	2.64	2.37	2.18	1.61
纳曼干	7.4	1.8	4.8	—	16.0	23.5	23.5	—	242	228	2.35	3.11	2.5	2.58
撒马尔罕	1.8	1.4	1.3	6.0	7.9	9.0	9.0	—	96	79	2.38	2.64	2.23	1.79
苏尔汗达里亚	18.8	13.8	19.0	6.7	20.3	25.5	25.5	—	37	28	3.23	3.25	3.06	2.17
锡尔河	25.7	25.5	35.7	8.6	40.6	46.7	46.7	207	1 672	472	2.07	2.39	1.33	1.29
塔什干	4.8	0.4	0.4	14.2	16.8	1.6	14.6	21.0	129	121	2.62	2.81	2.38	2.38
费尔干纳	22.1	11.9	27.4	23.6	29.3	32.5	32.5	100	1 052	1 264	2.37	2.99	2.36	2.99
花剌子模	38.4	40.0	59.2	19.5	24.0	38.3	38.3	—	—	—	3.90	3.15	2.87	2.07
卡拉卡尔帕克斯坦	38.5	36.6	43.4	1.9	14.5	33.0	33.0	—	—	—	2.79	2.28	1.38	0.96
全国合计	19.6	16.5	22.7	9.2	18.9	26.8	26.8	328	4 952	3 839	2.73	2.82	2.36	2.08

需要指出的是，除了自然原因导致的盐碱化，还存在农业耕作对土地造成的影响，包括无相应排水系统的农业灌溉、大量的水资源渗透流失、缺乏防水层的灌渠、超负荷灌溉、无节制的水源供给以及使用含有高矿化度矿化度灌溉水。土壤改良有助于消除上述不利后果。例如，在乌兹别克斯坦的干旱灌溉地区使用：水利改良包括土地排水、灌溉、供水、防涝，治理滑坡和泥石流、土壤侵蚀以及土壤盐碱化，河道、湖泊、沿海一带的土地改良，融雪土地改良，渔业与水质改良（提高水质）。

灌溉土壤优化应用于人工提高土壤中水分含量，这也提高了栽培作物的产量，农业对于干旱条件的可持续性。灌溉主要包括利用水利手段在农作物需水阶段为其提供足够量的灌溉水，并将其转化成农业可耕地的土壤水分。

灌溉用水是乌兹别克斯坦的农业中需水量最大的，但是干渠排水有可能造成河流污染。在许多国家和地区灌溉发展都遇到了水资源短缺的问题。

农田的灌溉需要设计并建造灌溉网络，灌溉网络的构成包括：①干渠；②支渠；③临时灌溉渠；④临时排水渠；⑤灌溉沟；⑥沿渠植树（图 6.3）。

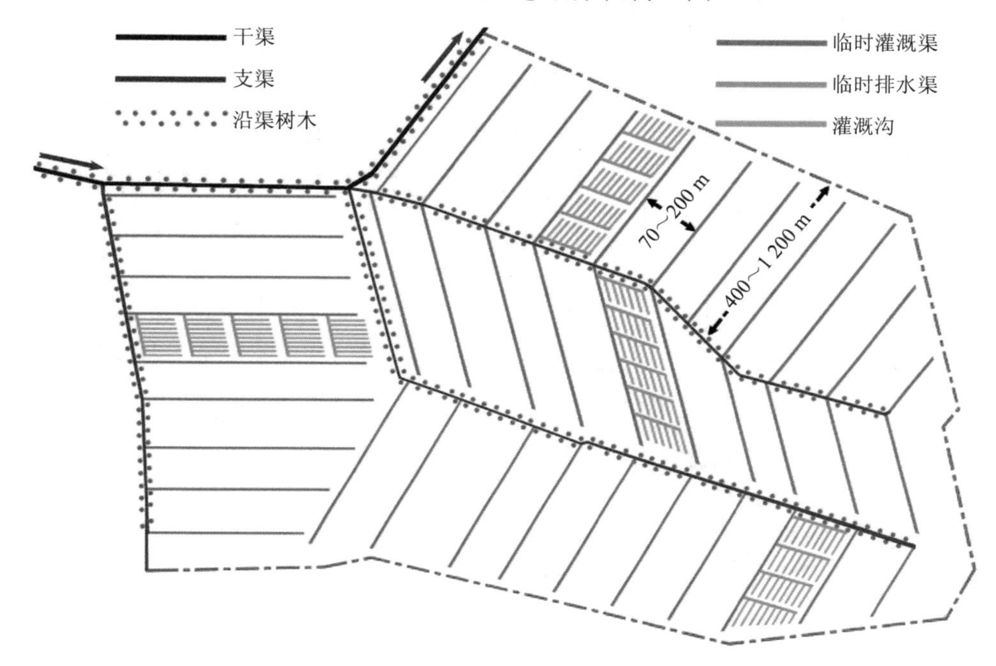

图 6.3　灌溉网络设计图

为防治灌溉土地的盐碱化和沼泽化，需要采用多种形式的防渗渠和防渗水库：露天的、封闭的、纵向的、横向的以及组合式的排水系统，还包括漫灌、化学土壤改良和生物灌溉系统。

灌溉网络的设计规模取决于自然耕作因素。例如，灌溉网络的排水量和灌溉设施，同时还与灌溉规范以及技术水平有关。灌溉规范即季度灌溉定额、水量、漫灌量、歇灌期和漫灌时间。以上数据均是在考虑灌溉土壤的水土条件、农作物及其培育技术以及灌溉方法的基础上得出的。必须对包括能源、金属、水泥、水以及其他资源在内的资源进行保护，并节约使用。总而言之，水是预防灌溉土壤二次盐碱化的重要资源。

土壤排水改良：指将土壤内部及其表面的多余水分排出。土壤排水改良法是农田土壤改良的主要方法。其主要目的是为作物生长的土壤系根层创造良好的水环境，同时改善土壤的热能、透气性、养分及微生物环境。这有助于提高土壤的肥力和产量。

排水土壤改良能够使可灌溉土壤摆脱沼泽、防止土壤被淹以及盐碱化、沼泽化。

土地排水需要建设排水系统，其中包括排水网，它主要汇集排水段的表层及地下水。并且将其引入蓄水池（河流、湖泊、地下水及其他）。排水时间及地下水位有利于农业耕作的深度（排水定额）由排水系统的规模确定（8、12），包括蓄水池 1（图 6.4）。现阶段的排水规范已被充分研究。

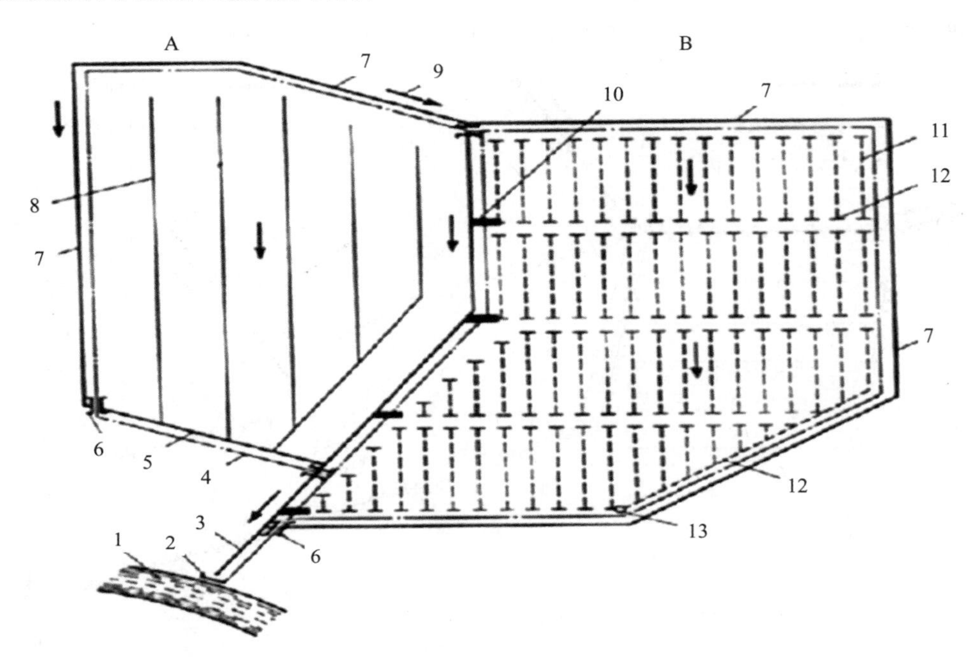

A 区——露天干渠排水网；B 区——排水系统封闭段

图 6.4　排水土壤改良计划图

土地排水为单向过程，因此有时（当经过湿润期时，会迎来干旱期）土壤排水系统会被双向调整的土壤水情系统或排灌系统所取代。

供水改良：供水改良主要通过水流调节、地面及地下水的供给、兴修水库、池塘以及河流径流的重新分配等方法来保证各种水资源的利用（包括饮用水供给、畜牧业、渔业、灌溉以及工业用水等）。其中，水库的综合用途具有很重要的意义，包括灭火、牲畜用水、灌溉、养殖鱼类和水禽、防治水土侵蚀和洪涝、发电、航运、水库修复等。

耕作改良：耕作改良（此词来自德语）是土地改良最早的一种方法，一般通过开垦森林和灌木丛旁的土地和草场进行。耕作土壤改良主要在可耕地土壤的表层进行，包括清除地表的灌木类植物、树桩、石块、苔藓植被和草皮、平整地表（坑沟填埋、铲平丘岗、清理旧渠道、水沟）、整改地形（清除小型土块）、翻耕土壤（增加腐殖质层肥力和养分含量）、施磷肥、降低土壤酸碱性（施石灰改良酸性土壤、施石膏等）。

以上方法都属于化学土壤改良法或农业技术。

防洪改良：防洪土壤改良可以防止河流洪水、海水和水库的水位增加淹没农田。水淹农田通常不会发生，除水泛草地（此种情况也为暂时性的）外，洪水一般会造成巨大损失，淹没居民点和农田，也会造成人员伤亡。

为防止河流湖泊在春汛和洪水期的险情、防止由于海洋和水库水位变化带来的危险，通常采用构筑堤坝、调整河床、疏导河流（建设集水区、水库、将部分水流引入其他河流等）。

非建筑防洪措施包括在水淹地之外种植农作物、及时报告汛期、建立灾区居民转移预警以及作物保险系统。主要方法是建造大坝和水库，以此拦截洪水，调节河流径流量（此方法长期有效）。

水利森林土壤改良：由水利土壤改良和森林土壤改良两部分组成。包括森林和园林排水。森林排水技术包括场地准备（路线准备工作，渠道周围树木的砍伐、运输，以及水库等）、土方工程、水利设施建筑工程和道路。森林排水系统也包括以上这些要素，在农田排水时同样是这些要素，但参数有变动（渠道间距通常要宽一些，深度小一些）。

水利森林土壤改良可在 1 型森林中实施；在 2 型森林和采伐树木的森林中不可用。

防滑坡改良法：滑坡指陡坡上的大量土体在重力作用下发生掉落、滑落以及沿斜坡发生滑移的现象。此外，抽取地下水通常会导致滑坡。防滑坡土壤改良法包括两组方法：主动法（策略法）和被动法。

为预防滑坡发生，通常采用保护拦截措施。例如，禁止在斜坡危险地带边缘建造非灌溉农田的池塘、水库、取水地、无引水设施的大型需水建筑；禁止在滑坡斜面切割开挖；垫高斜坡的农田地基，要使其高于危险带的边界；在滑坡地段进行开山爆破作业；对滑坡地段上的农田进行灌溉和翻耕；保持滑坡地段的树木和草本植物，并进行植树造林；限制从滑坡地段通过的火车车速等。

除此之外，还包括在滑坡面上植树造林、清除干旱滑坡面和滑坡段的水源。

防泥石流改良法：防止因山体条件发生泥石流（土石流、泥岩流）是改良的重要发展方向。因为泥石流会导致农田污染、道路和居民点毁坏以及人员伤亡。泥石流是在特定的地质、地貌和环境条件下形成的。必不可少的条件包括暴雨带来的流速快、流量大的降水和山体岩石毁坏的碎石泥岩（黏土和铝硅酸盐）。防泥石流改良法包括防滑坡法，旨在防止泥石流的形成（建造溢洪渠、整治山坡利用等）以及防治已形成的泥石流（泥石流排洪沟、泥石流泄流道、泥石流防护建筑、泥石流分流设备、狭缝坝、基坑和泥石流槽等）。防泥石流改良法——富集电解质盐（被溶解或被吸收的盐）的土壤被称为盐碱地，这些盐类会抑制并危害农作物的生长和产量。

6.1.2 土壤盐渍化及其改良

农田浸没时通常可以将盐分由盐碱地或耕地带入土壤根系层，而农田浸没时又常常伴有浇灌水或者由风沙带来的盐碱和海上风暴激起的海水。

盐碱化类型通常包括以下化学成分：硫酸盐、含氯化物—硫酸盐、含硫酸盐—氯化盐以及氯化盐。

为防治土壤盐碱化，通常采取专业的土壤改良方法，包括土地冲灌、电力改良、建造排水系统（纵向、横向和联合式）。为将坑凹地的水排出，使用积水排水网，需要严格遵守水资源利用计划。同时，还有农艺方法，包括：播种多年生草种；土壤应保持疏松（深度秋耕，播种前耙地、中耕，漫灌后耕松土壤表层硬层），这有利于降低水分蒸发、提高土壤水分、透气性以及盐度；施有机肥（圈肥、绿肥和堆肥）；土壤在植被遮挡的背阴状态；培育森林带，改善微环境，降低土壤表层水分蒸发，类似于生物排水系统。

化学土壤改良法：化学土壤改良法主要指施肥，调节土壤反应，即土壤的酸碱性和其结构。化学土壤改良法包括 4 个主要方法：施石灰改良土壤、酸化土壤、施石膏改良和使用化学土壤改良剂（改善土壤结构）。

施石灰改良土壤：酸性土壤指盐基高度不饱和，水解酸度较高并含有大量对植物生长有害的铁和铝的氧化化合物的土壤。因农田地区大气降水充沛，钙镁流失严重，所以土壤中钙和镁含量较少。土壤酸化也受长期使用酸性肥料和经生物体流入土壤的酸雨的影响。土壤酸性较高时，其矿物肥料对冬季作物的越冬稳定性就会降低，这就意味着会降低农作物的产量和质量。

施石灰土壤改良即用碳酸钙中和土壤中多余的酸性。在现代农耕中，人们一直在寻找新的替代方法，施石灰改良土壤酸性是必行的，但这过程中也要求石灰中不含有有毒重金属。同时，一些科研机构也在微生物和生物化学的基础上研究化学土壤改良的生物学解释。

土壤酸化—碱性盐土和高碱性碱土的土壤改良是通过施加酸性化学物质实现的，其中包括添加硫酸、硫黄、硫酸亚铁、硫酸铝、氯、钙、磷、磷石膏、废渣（糖厂排出的废物）和其他物质。酸化可以中和土壤的碱性，使吸收钠位移，加快亲水交凝结。这都可以提高土壤的渗水性，改善碱的吸收量，同时缓解土壤冲洗。

酸化可分为以下几个阶段：首先要在平整地面上建立干渠排水网和灌溉网，然后施加化学制剂，并漫灌土壤。第一步一般需要两年时间，最后，进行作物种植后的土壤脱盐（种植苜蓿和越冬小麦）。

碱土土壤改良：碱土、碱化土壤和碱化现象存在范围很广泛，尤其是在半干旱地区。它们都具有比较弱的水物理特征，例如，土壤变干过程中会形成坚硬的、不易粉碎的硬块；土壤湿润过程中易形成泥泞状态，并增加不透水性，分散性极高。

碱土形成的关键因素是钠含量较高。高度碱化的土壤和碱土需要用化学方法来进行改良。此方法通常是在土壤中施加硫酸钙——石膏，其作用是移除被钙吸收的钠。化学方法处理之后要对土壤进行漫灌清洗。

若要在碱土上种植草本植物，准备工作包括用犁对含有高浓度碳酸盐的土壤进行三层翻耕，然后用圆盘耙和滚木进行最后清整。采用化学土壤改良方法时使用浅入型石膏，溶解时使用雪水，为此需要积雪保墒。

化学土壤改良剂的使用是为了通过降低土壤密度和其中的盐分积累来提高土壤肥力；提高土壤透水性和出水率；稳定土壤结构；增加土壤腐殖质，降低土壤侵蚀。常用含氮化学土壤改良剂为液态氮、尿素甲醛凝结水，施加后同时进行松土，深度在 40～70 cm；还常用聚合物（高分子物质），施加待其之间相互结合后，将在土壤中形成耐水性结构。

常用聚合物是在纸浆造纸业排出的含木质素的废料基础上形成的。为提高土壤的透水性，通常采用聚丙烯酰胺和聚丙烯腈；为保持土壤腐殖质和结构，通常使用有机—无机聚合物，包括硫酸铁和碳酸钙等，还需寻找表面活性物质。

水土保持法：主要致力于防止水土流失，包括保护土壤不受水蚀和风蚀的破坏，防止破坏物的转移和再沉积。

防治片状侵蚀包括组织经济活动措施、农艺措施、森林土壤改良措施和水利措施，这些防治方法应同时开展。农艺措施主要是预防性的，通过减少地表水流增加土壤的吸水能力来降低水流侵蚀。可以通过对土壤的特殊处理和土壤轮作来实现。防治土壤侵蚀最简单有效的办法是斜坡耕作、增加秋季犁耕、带状种植、建立缓冲带、积雪保墒、控制融雪和其他利用降雪进行土壤改良的方法。

为加快在冲刷斜坡种植草皮，最主要的改良剂是多年生草种。在其作用下，可以防止土壤侵蚀的发生，沉积被水流带来的淤积物，同时还可以栽种林带，帮助巩固斜坡。

在有大型集水设施的陡坡上采用农业法和森林土壤改良法是不能满足要求的，这时便需要采用水利方法。主要是使斜坡阶地化，包括以下不同阶地：脊形阶地、分级阶地和沟壕阶地，但在倾斜面为 0.3～1 的陡坡上采用梯田。

冲沟和凹地的土壤改良：冲沟和凹地的土壤改良包括填平位于小型沟壑（深度达到 2 m）和斜坡上，沟壑附近干沟地段的冲蚀孔洞；铺设带有冲沟的水利设施，例如，水道、急流槽、跌水、竖井式泄水设施等。这些水利设施可以防止新侵蚀处的形成；在集水设施和防土壤侵蚀水利设施（防水及排水土堤、沟渠、围堰坝、底部拦河坝和丁坝等）处修建水流喷射装置；回填沟壑斜坡上的堤坡；在渠道回填的坡地种植沟壑树林，树林应种植在冲沟和凹地旁边；保持河岸和底部森林灌木类植被的覆盖，修建水库和休养地。

农林土壤改良：是一种采用一系列农艺措施，使用森林作物来防治干风、土壤干旱和侵蚀的土壤改良法。这种方法旨在提高土壤和农作物的产量。这是农业育林景观的重要组成部分，尤其是在草原地区。

农业育林改良法包括在可耕地、沟壑、凹地、再生土地上，在河流湖泊、池塘的岸边，在道路、土壤改良的渠道旁以及在居民区附近种植防护林。这和水土保持措施、具体的土壤改良法、排水土壤改良法、灌溉土壤改良法以及生态土壤改良法都有直接联系，同时也是以上这些土壤改良方法的实质性组成部分。农业育林改良法还包括林木栽培措施、农艺措施、水利组织经济活动措施。农林土壤改良法旨在提高农业用地和狩猎地区的产量，提高地区美观性以及生态保护的重要性。植物土壤改良法可从根本上通过植物改良土壤。植物土壤改良法通常包括水土保持和农业育林改良土壤。此法后期包括生态土壤改良，其主要目的是使用植被来提高恶化土地的产量。

生态土壤改良法是指开垦土壤变质的牧场、通过植物的作用和“生物排水系统”对土壤进行排水；借助耐盐植物、木本作物、草类植物和蛭石来防治土壤盐碱化；使用动植物有机体来净化水源和土壤、对工业、农业排出的废物进行再处理，这样可以为生产有机肥做准备，也可作为渔业土壤改良。生物土壤改良法有很广阔的前景，将来会有更加具体的措施和发展。

沙地的土壤改良：旨在固定移动沙地。流沙会给农业带来巨大损失，恶化当地气候，加剧气候的大陆性和干旱性，并使得农耕条件恶化。沙地土壤改良法包括一系列措施，其中包括引水灌溉、农业育林改良土壤、植物土壤改良。采用当地的树种和灌木类植物来进行固沙，通过种植树木形成森林区，建立不同种类的森林农田景观：农业育林景观、热带疏林、牧场森林和农牧场育林。人造牧场森林的植物通常能够在沙地上存活，并能快速生长，而且植物产量高。

若土壤变质，并且土壤地位级较低，通常采用当地的饲料植物（豆荚、滨藜、荞麦、麻黄等）来进行生物土壤改良，以及灌木和小灌木植物。通过种植上述植物来形成多层、多成分的群落和割草牧场。

沙地土壤改良的特殊种类：沙丘的土壤改良（在风作用下形成，并不断移动的小丘）是通过植被来将其固定。

防海蚀土壤改良法：海岸和水库的岸边容易遭受到海蚀的影响。海浪和洋流的冲刷会对基岩和疏松岩类造成机械损伤。这种影响尤其直接表现为岸边的拍岸浪或击岸浪。海浪不断作用于地址层，并破坏（腐蚀）石块和沙砾。若不防治海蚀，经常性的翻修岸堤会对农业设施和可耕地带来威胁。

通常通过修建护岸建筑物来对海岸进行加固。其中包括基座，它能够减缓海浪和洋流对海岸的打击，并且基座中间的空间也会渐渐积满淤泥。保护海岸同样也可修建由石坝、混凝土板、泥筐、汽车外胎等组成的桩，或者在河岸区域内修建用花岗岩碎石压制的混凝土河床。减弱海蚀影响最有效的方法是水底纵向设施［破浪堤、纵向丁坝（隔堤）和块石堆筑等］来削减拍岸浪的冲击。

人工措施对水库岸堤的翻修。为提高水库岸堤的稳定性，防止表面水和地下水对其的损害，需要修建地沟、泄水槽、破浪堤、反冲浪和支撑墙、丁坝。修建块石堆、沉排、坡面铺砌、人工浴场、桩墙、土质护堤；平整堤岸表面、种植草皮、种植树木和灌木植被。

热力土壤改良：每种农作物都有其能够承受的温度范围。当温度降至作物能够承受的最低温度时，会导致植物死亡或者延长植物生长期，但这也和温度降低的影响时间有关系；当温度超过了作物所能够承受的最高范围时，会导致植物机体内不可逆转的改变，也会导致作物产量下降。大多数农作物的最佳生长温度在 20～35℃。在此温度下，土壤中根系层的气体交换、地表水和养分的渗透作用很活跃；参与土壤肥力形成的微生物过程也在不断增强。但是现实条件下植物的生长很少达到此理想温度，因此必须干预农田温度平衡，也就是说在大气温度较高时，要降低植被覆盖物和土壤的温度，在大气温度较低时要增加植被覆盖物和土壤的温度。

热力土壤改良的主要方法有：限制或者重新分配阳光的直接照射；通过接近太阳光的彩色光照补充日照；调整反射率；通过调整阳光辐射对温度和湿度的影响来调节日光效率；通过控制风速和空气湿度来调节紊流交换，限制水分蒸发；改变土壤的热物理特性。采用热力土壤改良法时，有几十种提高或降低环境和植物温度的方法。其中包括农艺方法、农业育林土壤改良法、民族方法和温泉热力及废热。除其他热力土壤改良法外，还应提出气候土壤改良法，恢复地力和景观的配套建筑设施。

受农作物生产需求的影响，每年都有不同的土壤改良法产生，因此它们的运用也都和农业、科技的进步密切相连。同时也牵扯到资源保护、可靠性问题、生态问题和经济问题。

现代的土壤改良法不是简单的综合措施改良土壤，而是在所要改良的土地周围修建道路，修建国家机构、土壤改良专家住房，需要高水平的农耕技术。土壤改良的重要组成部分是爱护外部环境、保护自然、保护自然资源的合理使用。

为避免由土壤改良给土地带来的不利影响，通常会预测可能的改变和必要的措施。这些措施包括它们的特殊性，包括在有勘察材料数据、科学调查和成果的基础上的一些限制。

从合理利用自然资源的角度出发，土壤改良的方法分类还未达到一致。每一种土壤改良方法都会引出对自然环境元素的命名（水、土壤、动植物世界等），但在它们之间相互影响之前，这只对自然环境元素有影响。实际上土地都需要进行土壤改良，通常土地的每段都需要 2～3 种土壤改良法。如何选择最适合的土壤改良方法，或选择最合适的土壤改良方法组合，这是多方案的复杂的农业生态经济难题。

联合国强调“土壤革命”意义的专家们这样表述土壤改良的意义和作用：“科学的探究和实际的操作，应该首先帮助解决给水保障的调节问题。在“土壤革命”上浪费资源是毫无意义的。“土壤革命”意味着改良品种、种苗、肥料，提高农业操作人员水平，扩大储藏系统和产品运输系统，但是“土壤革命”很难在无雨条件时解决问题。

在全球气候变化的影响下，土地改良问题（灌溉改良、排水改良等）日益严峻。这也是为什么土壤改良已成为提高土壤肥力的现代体系中的一项重要举措，这种举措主要是通过防治不断向自然景观移动的不利自然条件（干旱、干热风和沼泽化等）来提高土壤肥力。同时，土壤改良也是向自调自然景观农业过度的重要手段，其主要研究高产、环保的自然景观，这能充分满足时间的需求。

综合土壤改良可以提高土壤产量，增加自然景观多样性，这两项指标也构成了人类和其他动物生存条件的生态学。正因如此，建立在土壤改良基础上的，用于改良农业景观的自然技术设施应该具有高效、稳定和环保的特点。

只有通过综合运用所有的土壤改良方法，通过控制土壤、水文过程、生化过程和其他过程来实现上述效果。这种控制可以通过调节在微循环（生物循环）范围内的物质和能量的流入。土壤改良中的首要任务是防止生物必要元素的流失，防止其流入大循环（地质循环）。

所有的土壤改良方法都旨在改变自然条件和其自然条件的一些独立因素。因此，必须使得自然和人类社会的相互影响达到最优组合，也就是说人类活动不应相悖于地球生物圈的功能，人类土壤改良的活动应作为一种全球物质能量生化循环的一种自然形式存在。可见，综合土壤改良法的主要原则就是使人类活动对自然的影响最小化，摒弃传统的，单一或几种高产农业植物群落。

需要指出的是，早在 1900 年，当土壤改良还未被人们所熟知的时候，在《俄罗斯农业百科全书》一书中这样解释道：“每种土壤改良法都是向农业集约化发展的。”时间验证了科学家的论断。同样需要指出的是，上述所有的土壤改良方法和措施都是在几百年的探索过程中总结出来的，其中很多方法的历史和发展都是和乌兹别克斯坦土壤改良密不可分。

6.2 水利改良——土壤改良的主要方法

土地盐碱化防治的世界经验告诉我们，土壤脱盐唯一的方法是利用良好的排水系统对土地进行漫灌（图 6.5），这也是水利土壤改良的要点。

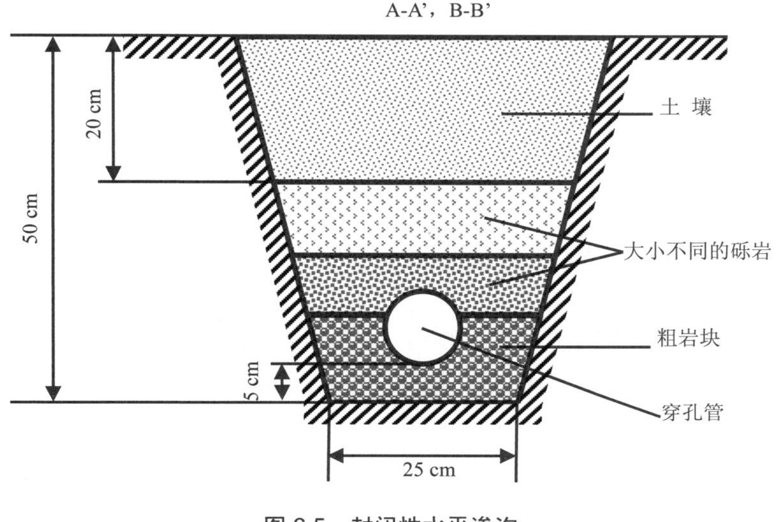

图 6.5 封闭性水平渗沟

其他土壤脱盐方法有：使用有机和化学改良剂，或者使用中耕机，但若不添加水和排水设备，中耕机也无法使土壤脱盐。以上方法也只能加快土壤中盐类的浸析。

实际上中亚的灌溉地多为盐渍地或受土壤底土盐渍影响的土地，借助其排水系统，可以通过漫灌的形式实现土壤脱盐改良。在乌兹别克斯坦、土库曼斯坦和南哈萨克斯坦正是通过漫灌的形式来对土壤进行脱盐。而在克孜勒奥尔达州和南、北哈萨克斯坦的一些地区，则是通过播种水稻来使土地脱盐。通过利用研究在自然条件下和灌溉条件下盐类的储量和化学组成，在中亚地区已经在理论和实际操作层面得出了漫灌计算和排水系统参数。同样，也详细研究了水体在不同地貌土壤和灌溉排水条件下的运动的物化流体动力学，制定出了在进行大型漫灌土壤脱盐作业时的技术和工艺。

中亚高度盐碱化土壤和盐沼地的大型土地漫灌是为了完成根系层（深度在 0.7～1 m）的一次性脱盐，深度要达到最低点。在此条件下进行农业生产不会降低农作物的产量。大型土地漫灌多数是在已开垦的田地，或者长期灌溉农田上进行的，与此同时，还对内部熟荒土地进行开垦。

此类土地的脱盐需要大量的水资源（超过 10 000 m^3/hm^2）和高效的排水系统，这也会增加这些基本建设的投资。因此，从 1990 年开始此项工艺基本上未得到利用，中亚地区土地脱盐还主要依靠漫灌和播种稻子来实现。

应用型，或者所谓每年的预防性漫灌，曾经（1965—1970 年）在无排水系统的条件下先在秋冬季进行，当时地下水水位相对较低，这也使总蒸发量降低。随着集水灌溉网的发展，应用型漫灌已在早春开始实施，防治季度盐类在根系层的积累，为春季播种积水保墒。

应用型漫灌包括保墒灌水型预防漫灌，旨在春季的时候进行盐碱土壤的预防恢复。正确的应用型漫灌和保墒灌水，尤其是它们持续周期的正确性，将在农作物播种前，使土壤根系层的湿度和土壤溶剂浓度达到最优化，这也有利于种苗的发芽。

漫灌规范的制定和土壤的盐碱程度、类型以及土壤底土的水物理特性有关。渗透性较好的轻度、中度盐渍地漫灌水一般采用 2 500～3 500 m^3/hm^2，重度盐渍并伴有大块的颗粒成分，漫灌水一般采用 5 000～7 500 m^3/hm^2。上述规范是在乌兹别克斯坦和南哈萨克斯坦进行的多次实验生产调查中制定的。这些实验生产调查是在不同农田条件下，不同种类灌溉系统的基础上进行的（1975 年制定）。

土壤改良期漫灌方式的必要条件为：V1（1.15～1.2）/（E+T）。V 代表灌溉农田总入水量；E+T 代表总蒸发量。在此条件下，漫灌方式可采用两种方式：通过加强浇灌规范（灌溉规范），利用农田给水在植物生长期补充水分；实行秋、冬、春季漫灌。

中亚地区使用的为第二种，建立在排水灌溉基础上的漫灌方式，它能和水资源管理制度有机结合。1985 年以前，漫灌标准和当年的气象条件以及水资源密切相关，并同时参考地州标准，确定给水限额。在旱年，由于水资源匮乏，漫灌标准有所下降。

鉴于此，为提高漫灌土壤脱盐的效果（尤其在旱年），防止土地在播种前恢复盐渍化，漫灌需要严格遵守后期进行的脱盐措施和农艺措施的操作工艺规程（平整格田、平土、使用凿形松土机松土以及耙地等）。此项工作需要进行深度翻耕，松土并施加有机肥料，使用化学改良剂（圈肥和木质素），其能够迅速提高土壤漫灌脱盐效果（图 6.6）。

图 6.6　对盐渍土地进行漫灌冲盐

这样，在排水灌溉系统和早春、晚春漫灌正常进行的年份里，大部分平整地区进行了灌溉土地的脱盐，其速度变化取决于排水水流和进水的相互关系。例如，在饥饿草原的老区进行综合排水漫灌，有可能在短期内平整要进行土壤改良的灌溉土地，可以提高农作物收成。

6.2.1　排水系统

如今，中亚所有国家都缺少关于可操作排水系统准确、客观的技术水平评价。也缺少有关工作排水设施和丧失功能的排水设施的规模的数据，尤其缺少封闭型排水设施的规模数据。

排水系统的技术水平应该保障灌溉土地的设计排水性，并可以保障提高土壤肥力的有利条件，但中亚地区所有国家现使用的排水系统都无法满足这些要求。

在乌兹别克斯坦境内，共计有 426.5 万 hm^2 灌溉土地，其中约有 316.0 万 hm^2 土地需要进行人工排水，而当前排水系统仅能覆盖 289.3 万 hm^2 的土地（表 6.8）。其中：水平渗沟 252.4 万 hm^2。其中约有 100 万 hm^2 的面积为封闭型排水渠；立式渗沟—排水土地总面积为 45 万 hm^2，到 2000 年，其面积已减少到 37 万 hm^2。

当前在此面积土地上已建立和在使用的有：

137 997 km 水平干渠排水网，其中 31 353 km 为田间排水干渠，1 064 000 km 为农场内部排水干渠，38.3 km 为封闭式排水渠。

1990 年前有 4 179 个立式排水井，最近几年内有 3 700～3 900 个立式排水井投入使用。

从 1970 年起，水平渗沟每隔 5 年的发展动态和其技术状态已给出。水平渗沟的数据见表 6.8。最近 30 年水平渗沟的长度增加了 3 倍（图 6.7 和图 6.8），比例长度增加了 1.5 倍。排水设备的修建热潮是在 1990 年前。

表 6.8　水平渗沟参数（Чен Ши и др.，2013）

序号	年份	灌溉面积/10^3 hm^2	排水面积/10^3 hm^2	排水系统长度/km				排水系统长度比率/（m/hm^2）
				总长	农场间排水管长度	农场内部开放式排水系长度	封闭型水平渗沟长度	
1	1970	2 808.7	1 459.0	44 702.0	15 351.0	28 094.6	1 256.6	30.6
2	1975	3 001.3	1 744.1	55 800.0	18 162.5	34 691.7	2 945.8	32.0
3	1980	3 388.5	2 032.2	69 543.9	21 923.4	40 358.0	7 252.5	34.2
4	1985	3 822.8	2 563.8	89 798.9	25 303.2	50 311.1	14 130.4	35.0
5	1990	4 164.2	2 782.9	130 005.5	29 101.3	62 698.6	38 205.6	46.7
6	1995	4 280.6	2 839.0	134 477.6	30 391.1	64 853.4	39 233.1	47.4
7	2000	4 298.0	2 847.6	138 520.0	31 116.9	68 442.0	38 991.1	48.7

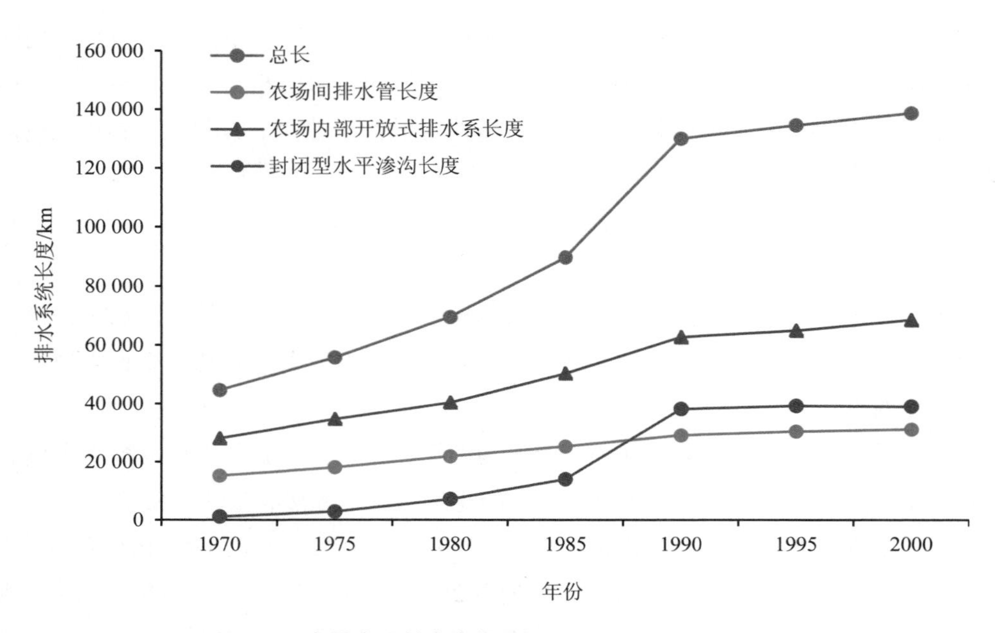

图 6.7　水平渗沟长度变化（Чен Ши и др.，2013）

对卡拉卡尔帕克斯坦和其他四个州——布哈拉州、卡什卡达里亚州、锡尔河州和费尔干纳州的水平渗沟技术水平进行了详细评定。在卡拉卡尔帕克斯坦和费尔干纳州建立了开放式排水管网，卡什卡达里亚州的封闭式排水管网和开放式水平渗沟的长度相同，锡尔河州封闭式水平渗沟的长度是开放式水平渗沟的 1.5 倍。除此之外，大部分地区的开放式排水设施网的长度比封闭式的长度长出几倍。但在布哈拉州农庄内部开放式排水设施网和农庄间渠道网的长度差别不大。

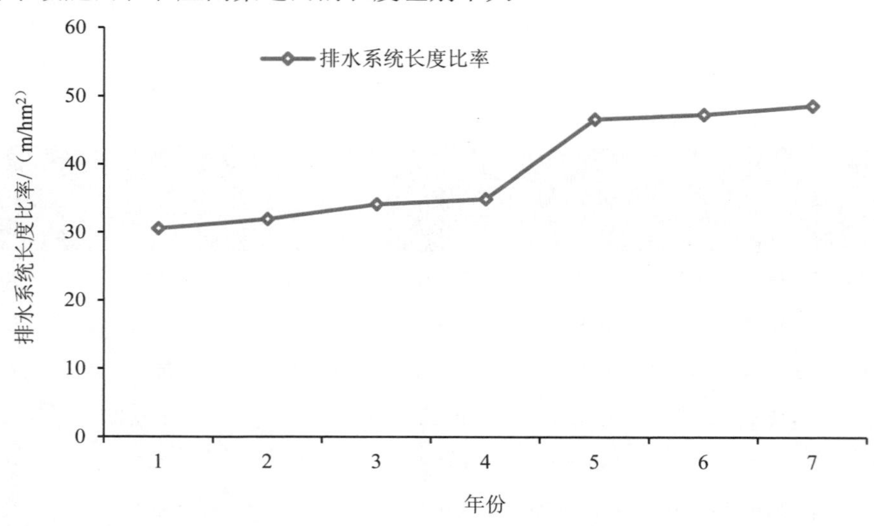

图 6.8　水平渗沟长度变化（Чен Ши и др.，2013）

对水平渗沟动态状态的分析得知，1990 年前，其工作能力的恢复保持稳定；1990 年后，维修工作量减少。因此，分析数据的结果分为 3 个阶段；1990 年前、1995 年和 2000 年（表 6.8）。

乌兹别克斯坦由国家定期进行排水设施维修，所进行的排水设施维修的工作量很大。农庄间干渠排水网长度变化为，从 1999 年的 10 550 km 到 1997 年的 13 200 km，从占总长 31 000 km 的 34%到 42.5%。

在灌溉系统和可灌溉土地充分作业期（公认在 1990 年前），中亚地区中度和中度以上盐渍化土地面积逐渐减少，从 1970 年陆续开垦了 $2×10^6$ hm^2 盐渍化或受盐碱影响的土地。

自 1990 年以后，各地的盐渍地面积开始增加。1990 年中度和重度盐渍地的面积达到了 $3×10^6$ hm^2。据中亚国家水资源与农业部的最新消息显示，盐渍化地面积扩大的趋势仍在继续，这和排水灌溉系统的技术水平降低是密不可分的，同时也受农艺措施的减弱影响，其中包括对土地漫灌的不重视。排水灌溉系统和可灌溉土地水位的下降，会给农业生产带来巨大的损失，土壤肥力和灌溉水也会遭受损失。

6.2.2　干渠排水

中亚地区灌溉农业的典型特征是在灌溉土地过程中出现了大量的灌溉回流。回归水的平均水量为 360 亿～380 亿 m^3，近些年减少引取水量达 320 亿～340 亿 m^3，这一方面与频繁的枯水年有关，另一方面与中亚国家严格地推行回归水分配制度有关。

干渠排水总量的近 51%（180 亿～200 亿 m^3）回流到了河流干流，并带去 $1.1×10^8$～$1.2×10^8$ t 盐，其中 4 600×10^4～4 700×10^4 t 进入锡尔河。大量干渠排水（超过 36%，即 160 亿～170 亿 m^3）排入天然洼地及或蒸发，小部分（13%，即 40 亿～50 亿 m^3）重新用于整个流域的灌溉。

按照之前的水资源综合管理规定，重复“滚动”使用流回干流的干渠排水资源，能够增加河流（可利用水资源）的灌溉能力，加上设计院批准使用的咸海水资源，预计将增加 15%～20%。

但是，近几十年来中亚地区灌溉农业的发展显示，通过干流重复使用干渠排水回流的水资源只在一定限度上“有益”，事实上这会导致河流水质恶化，不仅对饮用水造成巨大影响，还会给其他经济部门，尤其是农业综合体的发展带来损失。上游的水盐度增加了 0.2～0.3 g/L，中游 0.5～0.7 g/L，下游 1.0～1.5 g/L。这对作物总产值带来的损失为，每升水盐度增加 0.1 g，与基线相比，会使阿姆河中下游流域每公顷产值减少 134～147 美元，锡尔河中游流域每公顷产值减少 70～150 美元。该形势迫使我们寻求其他方法来解决干渠排水的管理和分配问题，一方面急剧减少灌溉地带和河流的水盐交换，另一方面保障灌溉农业的高效发展。

目前有以下几种解决方案：①利用干渠排水回流到干流的水资源；②利用各种方法和技术淡化干渠排水；③利用干渠排水形成的水灌溉作物或冲洗盐碱地，减少其排入河流；④利用河流以外的干渠排水，以防大片沙漠地区的灌溉土地荒漠化，促进耐盐作物的生长，在可能荒漠化的地区种植人工林；⑤在天然和人工水库合理分配条件下、使用干渠排水，兼顾渔业需求，即湿地的发展。

第一个方案主要是自发的，必须严格限制。在现阶段采用脱盐装置很难实现，因为脱盐水成本很高（20～50 美分/m^2），且装置的产量很低（按 L/s 计算），这使得该装置不能广泛运用于干流（的水流）。将来降低成本，显然可以使用该方法。

在现阶段解决干渠排水的分配和使用问题可以采用③、④、⑤方案，在使用中测算生态土壤的改良过程。在这些备选方案中，由于自然和经济条件的不同，锡尔河流域和阿姆河流域的选择差别很大。按照阿姆河流域的自然条件来说，该地有很多洼地，可以使用所有的方案，而锡尔河流域只能选用第三个方案，即在干渠排水形成地将其利用，因为在上游和中游缺少蓄水池，只有阿尔纳赛低地（吉扎克州的排水和锡尔河地区 40%的干渠排水都流向此），锡尔河下游 40%的干渠排水也进入干流。为了合理地分配干渠排水，不影响干流的灌溉能力，必须在科学实践得出的方法的基础上，分析水质和土地情况，根据所使用水的矿物化情况和经济可行性，分配好用来灌溉和冲洗、排入干流、排入天然洼地发展湿地的份额，定向于耐盐性植物、冲洗和引流的需求。土壤的质地和采用的工艺对使用干渠排水具有重大意义。

如上所述，在降水量适中的年份，咸海流域的回归水总量，为 360 亿～380 亿 m^3/a，其中 320 亿～350 亿 m^3 为干渠排水，33 亿 m^3 为工业和生活用水。干渠排水的 51%（160 亿～180 亿 m^3）流入天然洼地及蒸发了。

乌兹别克斯坦是干渠排水总量最多的地方，在降水量少的年份每年达 280 亿～240 亿 m^3。根据供水量情况，在干渠排水的形成地直接使用的有 14 亿～21 亿 m^3。总体上，对地表水水盐量和通风带水盐量的分析有利于发现以下河流流域的特点。

锡尔河流域：锡尔河上游的地质、地貌、环境以及水文地理情况使得锡尔河的作用相当于地区排水管。在次区域中，事实上没有内流盆地和低地可以用来作为废水回收。因此，干管排出的污水主要注入了大型河流的干流。在有些年份中，随之而来的盐分可达到 1 500 万 t，这也使得河水的无机盐饱和度在上流入口处就达到 0.9～1.2 g/L。就此问题，要解决调节河水水体质量，同时减少灌溉费水的首要任务是让大型企业减少废水排放，循环使用在干渠排水地形成的干渠排水。

在锡尔河中游，此问题可以通过将所形成的约 60%的干渠排水污水引入阿尔纳赛伊低地。在锡尔河下游，可以将废水利用在人工湖泊（蓄水量为 12 亿～13 亿 m^3，

60%的废水）中，增加生物多样性。这样只有 40%干渠排水产生的污水被排入河流干流。

阿姆河流域：由阿姆河流域在土库曼斯坦和乌兹别克斯坦境内的中下游段排入其中的干渠排水废水量和盐分，增加了它们所带来的损失。而这也加剧了河水中水盐的不平衡，使得灌溉农田的作物产量进一步降低。只有通过加快实施咸海主要引水路线上中下游干渠排水废水的泄水道和管道的建设，才有可能解决此问题。但此条主要引水路线经过阿姆河，这样必将减少阿姆河的水量。

若比较由于污染水的使用而给农业和土地状况改良带来的影响，那么提高河水水质、改善改良土壤状况、提高农作物收成、避免每年土地漫灌以及改善下游生态状况以及解决这个问题的效益将是显而易见的。这样，通过分析灌溉土地的水土壤改良和水经济指数，以及与之相关的河水水盐动态，灌溉土地的水盐平衡得知，农业生产和破坏稳定因素有很密切的关系，而破坏稳定因素就是河流干流高矿化度废水的排入。

在中亚排水系统未充分发展以前，解决如何选择灌溉田地废水积蓄的蓄水池问题没有显得十分迫切。20 世纪 50 年代前，干渠排水系统引入后，当地的小型低地都被用来作为废水积蓄和蒸发。20 世纪 90 年代初期，干渠排水径流的回归水开始排入河流，回归水被间接使用于水利经济区的灌溉，被认为是补充水源，它们也可以有效地使用于农田灌溉。这种情况在水利经济的土壤改良实践中存在，在编写水利经济发展的一些主要文献的纲要里也出现过。但是问题在于，干渠排水废水在其形成地的二次利用被称为节约水资源。这也意味着缩小了水利经济系统的范围和其操作费用的投资。河流干流的补偿也论证了河流径流（可用水资源）灌溉能力的增加。由设计研究院绘制的咸海流域可用水资源汇总图显示，河水径流的灌溉能力可以提高 15%～20%。

20 世纪 80 年代初，人们开始关注干渠排水污染水库的问题，当时锡尔河和阿姆河中游河水的矿化度已超过 0.9～1.3 g/L（早年甚至达到 1.5 g/L）和 0.6～1.0 g/L，1960—1965 年锡尔河平均矿化度达到 0.5～0.7 g/L，阿姆河平均矿化度达到 0.35～0.6 g/L。水库建设的选择要考虑水库、河流的地力分布带和其水文地貌特征。阿姆河和锡尔河的解决方法则截然不同。

锡尔河从源头至河口河岸海拔较低，是干渠排水排出的废水和渗透作用水的水库。除此之外，锡尔河流域上游没有自然低洼地段可用于排废水，而在中游地段有唯一的大型盆地——阿尔纳赛伊低地，水坝将其和恰尔达拉水库连接在一起。此低地为干管排出的废水积蓄水库，位于南哈萨克斯坦州区域内。1969 年以前，阿尔纳赛湖区由阿尔纳赛、图兹坎和阿依达尔库里组成。

阿尔纳赛湖位于阿尔纳赛湖区的西北部，和位于上述湖泊中的阿依达尔联系紧密。1969 年，受严重的春夏汛期的影响，河水流量增加到 4 500 m^3/s。有约 200 亿 m^3 的水从恰尔达拉水库注入阿尔纳赛湖区，使其水位升高，容量和面积也都有所增加。

阿尔纳赛湖是封闭型盆地，其内部注入了大量的干管排出的废水、大气降雨和河流泄水。其积累的水资源只存在蒸发。因此，湖泊中水盐平衡变化较频繁，旱年和恰尔达里低地无注入水的年份，湖水表面积会减少，而其矿化度会升高。

1969—1972 年，阿尔纳赛湖的平均矿化度为 4～5 g/L，在图兹坎地区升至 6～7 g/L，而在阿尔纳赛地区矿化度为 3.0～4.0 g/L，1975—1977 年，其矿化度达到 14 g/L。目前，阿尔纳赛湖的平均矿化度在 4.5～6.0 g/L，符合在其中的动植物生存标准。

从恰尔达里水库至克孜洛奥尔达州边界处，除位于阿雷斯—突厥斯坦运河指挥部区域的乔奇卡库里湖，它是南哈萨克斯坦州布古和沙乌尔德尔地区干渠排水的废水排放水库，除此之外，同样有自然低地存在。湖泊形成于自然盆地中，为封闭蒸发系统。在克兹勒奥尔达州边界坐落有超过 100 个大小湖泊，其中有些部分也是干渠排水系统的组成部分。

这样在锡尔河流域上、中和下游，由于缺乏自然低地（除阿尔纳赛低地），锡尔河也就成了干管排废水的主要水库，其航道水位较低。锡尔河作为水库，吸收约 70%在其流域形成的干管排废水，其吸收量在 1990 年达到了 110.5 亿 m^3，1999 年为 99 亿 m^3。注入河流干流的盐份比例分别是：1990 年为 55.5%，1999 年为 29%。1990 年和 1999 年注入自然低地的干管排废水总量分别为 28.53 亿 m^3/a 和 25.50 亿 m^3/a，注入的盐分分别为 11 545.4 t/a 和 1 006 万 t/a。

乌兹别克斯坦是干渠排水系统和注入河流干流含盐水体最大的产地，其恢复主要在费尔干纳谷地和塔什干州。这些区域所有的含盐水都注入河流干流，而在锡尔河区，约 40%的干管排废水注入河流，其余约 60%注入阿尔纳赛低地。在塔吉克斯坦索格特区的河流断面，有 70%～83%的干管排出的废水和盐分注入河流干流。在哈萨克斯坦南部地区，有 20 亿～22 亿 m^3 的干渠排水系统，其矿化度为 2.0～2.5 g/L，含盐径流量为 450 万～550 万 t/a，其中 60%回流至河流干流，其他当地低地则被用作水库。所有低地水库都是封闭蒸发型，也就是说其中的盐分保持正平衡。

锡尔河流域只有在乌兹别克斯坦平原地区有 15 个排水能力为 10～50 m^3/s 的大型排水管，其注入河流的矿化度为 2～2.5 g/L。在塔吉克斯坦和哈萨克斯坦平地区域形成的干渠排水系统矿化度未超过 2～2.5 g/L。受此影响，锡尔河流域控制排水径流量和河水水质的主要措施是使用回水灌溉田地，进行漫灌，运用节水方法和集约化农艺技术。现代干管排出的废水资源用于民用的比例不超过其总量的 15%～17%（表 6.9）。目前，除一些蒸发性活水低地外（苏尔坦达克湖和索廖诺耶湖），有很多低地事实上已达到饱和水位。其中一些部分已开始有渗漏出现，提高这些蓄水设施的使用效率，可以将它们作为河流干流的调节器。

表 6.9　主要排水（干渠）特点（1995 年）

州	排水系统	径流/10^6 m^3	矿化度	排水方向
苏尔汗达里亚		649	7	阿姆河
卡什卡达里亚	卡什卡达里亚河	550～600	1.0～4.0	达乌哈纳，西羌库里，重复利用
	K3 和 K4	20～25	5～7	阿特奇
	南，西羌库里	1 200～1 300	5～7	苏勒坦达戈，西羌库里
布哈拉	登戈什库里（湖）	429.8	5.3	ПК（现有）
	南部	26.4	8.0	田吉慈库里（湖）
	卡拉库里主道	75.5	7.1	ПК（现有），阿姆河
	中布哈拉	286.1	3.5	索列诺耶湖，阿姆河
	西拉米坦	80.2	3.9	索列诺耶湖，阿姆河
	北部	343.5	3.4	卡拉基尔湖
	阿亚吉特马	120.8	2.5	阿亚吉特马凹陷
	卡拉乌勒巴扎尔	109.4	9.01	哈吉恰凹陷
卡拉卡尔帕克斯坦（南）	别鲁尼	268.9	4.75	阿姆河
	克孜勒库姆	263.0	3.21	湖泊和阿亚兹卡拉排水管
	东部 1、2	16.1	2.34	阿亚兹卡拉排水管
卡拉卡尔帕克斯坦（北）	KC-1	276.1	3.23	吉勒贴巴斯，咸海
	KC-3	141.9	3.95	咸海
	KC-4	75.1	2.85	咸海
	科克苏	11.8	3.28	卡拉杰连湖
	日合万	45.7	3.34	咸海

对西恰库里和杰吉兹库里湖来说，可以通过修建相关水道，从杰吉兹库里湖泊到杰吉兹库里泄洪道的水道，这样可以保障湖泊的稳定状态。在湖泊间（约 60 m）修建连接跌水水道，并保证经常性水流，就有可能修建水电站。在需要的时候，可以增加西恰库里湖泊的容积，从湖泊南方增高大坝，长度为 2.6 km。

建立西恰库里和杰吉兹库里湖泊湖泊蓄水量调节机制，继续向杰吉兹库里泄水建筑物的道路建设，这都将提高南部排水管道径流量调节的随机性，可以减少由于干渠排水排入土库曼斯坦境内苏尔坦达克湖泊的废水量。

达乌罕低地被用来蓄积卡什卡达里亚河流尾部部分径流，河段尾部含有大量的干渠排水污水。仔细研究了沿卡什卡达里亚河修建截流排水管，以及将其引入西恰库里排水管的设备建设问题，以及向低地只能供给河流淡水的问题。

哈吉恰低地最重要的问题是将哈吉恰低地的排水管道转移至库姆苏尔坦和杰吉兹库里泄水道。这可以排除哈吉恰低地的工作量，因为此地盐渍地环境十分复杂，还有地表水土侵蚀问题。

美达米和图兹库尔低地的运用，作为当前的排水容纳区，能够使干渠排水排出的废水径流量和蒸发量达到约 900 万 m^3。年蒸发量可以保证在 300 万 m^3 左右，这已是目前所有低地蒸发总能力的 15%。为若要将其蓄满，现需要在其右岸修建从索廖诺耶湖到美达米的排水线路。

可以将索廖诺耶湖西部的马罕库里低地作为蒸发容器。目前，马罕库里低地已布满帕尔桑库里排水干渠，但仍处于干涸状态。沿帕尔桑库里排水设施修建的大坝，能够让此低地（面积约为 120 km^2）拥有约 200 万 m^3/a 的蒸发能力。照此目的，美达米下游右岸通道的、远方水路旁的波状低地间都可以发挥此作用。

上述所有措施都可以减少排入河流中的污水，调节径流可以有效降低阿姆河的污染情况。但是，目前没有足够的数据来完成具体计划，因此我们认为有必要组织进行有关工作，通过地形测量来获得低地的相关数据，确定其蒸发动态和不同地区水库渗漏损失的增加量。

在阿姆河流域，除已指出的，位于阿姆河右岸的沙漠低地外，其左岸还有一系列自然低地。其中最大的是从 1960—1965 年作为干渠排水系统蓄水池投入使用的萨雷卡梅什湖，该蓄水区是由花剌子模（乌兹别克斯坦）和达绍古兹（土库曼斯坦）的规划地区建立的。

众所周知，由于水库的发展，其蓄水量和面积的增加要与湖泊形态测量特征相互统一。目前，萨雷卡梅什水库轮廓的主要变化出现在其南岸地带，南岸地带主要为沙质岸堤，经常发生河床变形。

湖水水位动态反映了水库蓄水量变化的倾向和特征。近 35 年来，萨雷卡梅什地区从小型盐沼地变为咸海流域的大型灌溉废水湖。其水位由此增加了 35 m。根据分析计算得知，水位的迅猛增长期在最初 10～15 年，当时干渠排水的流入并不能完全补偿蒸发的损失量。

6.3 灌溉用水矿化度与土壤盐渍化

中亚国家土地灌溉和排水设施的快速发展，以及工业和公众生活用水的增长，都使淡水需求量增加，也导致了水源地污染物和回归水的大量排放。水的主要污染源是农业化学药品残留物，主要存在于排水系统中，同时也掺杂在河流水中。其次，对水源水质影响严重的是由市政和工业下水道系统排出的废水。在乌兹别克斯坦国家报告中指出，由于采矿产物，以及生活垃圾和工业废物的随意堆放，致使地下水污染日益严重。

近 40 年来，对河水质量指标的监测数据显示，土壤改良无论是在作业时间上，还是在沿河床长度上都有不良趋势。例如，20 世纪 60 年代末，在阿姆河的三角洲地带中度矿化水就超过了 0.1 g/L。目前此项指标（表 6.10），上游矿化水指数在 0.3～0.5 g/L，下游在 1.7～2.0 g/L。若想将水资源用于土地灌溉，不仅要参考其矿化度，同时也要注意其化学成分的特殊性。需要指出的是，目前的趋势是水中盐类离子的构成成分在发生变化，其碱性在增加。由于土壤中石膏含量和水中硫酸钙成分含量较高，碱性指数暂时位于允许范围的边界，但是将来预测土壤中石膏含量会减少，这也就不可避免地导致盐渍化水的浸出。

河流水中矿化度的增加和排水灌溉系统的集约化严重影响了灌溉地区土壤中盐类的状态，影响了土壤改良状况。例如，根据阿姆河中水盐对比，每年有超过 5 000 万 t 盐类被排入河流，其中约一半盐分是由河水自然引入，其他部分则是由干渠排水系统所致。河流和灌溉土地中盐分的平衡，能够明显地使盐类聚集地区的灌溉地的条件改善，使其从肥力下降或者盐分含量处于允许范围边界的状态，变为适合进行灌溉地土壤改良。

表 6.10　阿姆河流域土壤改良动态　　单位：g/L

阶段	典型基准线								
	铁尔梅兹	克尔基	伊尔奇克	达尔干纳塔	土雅姆尤	基普恰克	恰特雷	撒马巴伊	克孜勒让
1960—1970 年	0.51～0.57	0.56	0.61～0.62				0.60～0.65	0.50～0.51	0.54～0.57
1971—1980 年	0.60～0.65	0.67～0.73	0.70～0.73	0.88	0.68～0.89	1.1	0.72～0.93	0.69～0.84	0.75～0.85
1981—1990 年	0.57～0.62	0.73～0.78	0.91	1.05～1.15	0.91～1.07	1.08～1.118	1.1～1.15	1.09～1.41	1.17～1.34
1990—1995 年	0.65	0.70			0.81			1.02	0.97

在锡尔河流域中，也有类似的水质成分变化趋势。水的矿化度在锡尔河上游已超过 0.3～0.5 g/L，而从流入费尔干纳河谷流入时，其矿化度可以达到 1.2～1.4 g/L，卡扎林斯克流域超过 1.7～2.3 g/L。

与1960—1970年相比，所有流域的水的矿化度都有所升高。在河水矿化度升高的同时，与此相关的化学成分含量也在增加。如镁、铜、铁、硫酸盐以及氯化物等的含量也都在增加。受这一结果的影响，锡尔河中下游的地表水已不能作为饮用水使用。作为饮用水源头的河流被严重污染，经常会导致当地居民的病变，其中也包括肝炎、伤寒及肠道疾病（表6.11）。

表6.11　锡尔河水源年均矿化度状态变化　单位：g/L

阶段	典型基准线			
	别卡巴德	沙尔达尔	克孜勒奥尔达	卡扎林斯克
1960—1970年	0.64～0.97	0.68～0.94	0.70～0.98	0.95～1.01
1971—1980年	0.97～1.38	0.94～1.55	0.98～1.74	1.01～1.72
1981—1990年	1.38～1.48	1.55～1.46	1.74～1.69	1.72～1.87（2.26）
1991—1999年	1.48～1.35	1.46～1.24	1.69～1.33	1.87～1.57

1995—2001年的数据表明，平均8%～15%的水样不符合细菌指标，20%～40%的水样不符合物理化学指标。

6.3.1　灌溉水和河流水的矿化度

河流的水化学情况的形成会受自然和人文要素的影响，如某一区域径流形成的矿化度状况受年水量、汛期、枯水期以及其他水源周围的自然特征影响，同时，河流地表径流的变化受人为因素的巨大影响（Мухаммадиев М.М. и др.，2017）。

灌溉渠道的引水和河床的损失会导致径流的大规模减少，而干渠排水的泄水会降低河水质量。分析以往数据可知，1932—1999年，阿姆河和锡尔河下游流域的矿化度急剧攀升，平均值达到1.2～1.9 g/L（图6.9和6.10）。

1996年，阿姆河铁尔梅兹流域是一级水源（纯净水）（根据水体污染系数确定），而在其他流域的径流则是3级水源（轻度污染水）。到2000年，河流所有流域仅剩3级水源。苏尔汉河径流，从源头至河口，均为轻度污染。卡什卡达里亚河流水源的矿化度从0.19 g/L（上游）增加到1.22 g/L（下游），石油产品污染最高允许浓度为0.4～8.2 g/L。

锡尔河所有流域的水体质量都趋于3级水源。别卡巴德市上游的有些流域的径流水体质量较好，根据水体污染指数判断其水体质量为2级（图6.11）。

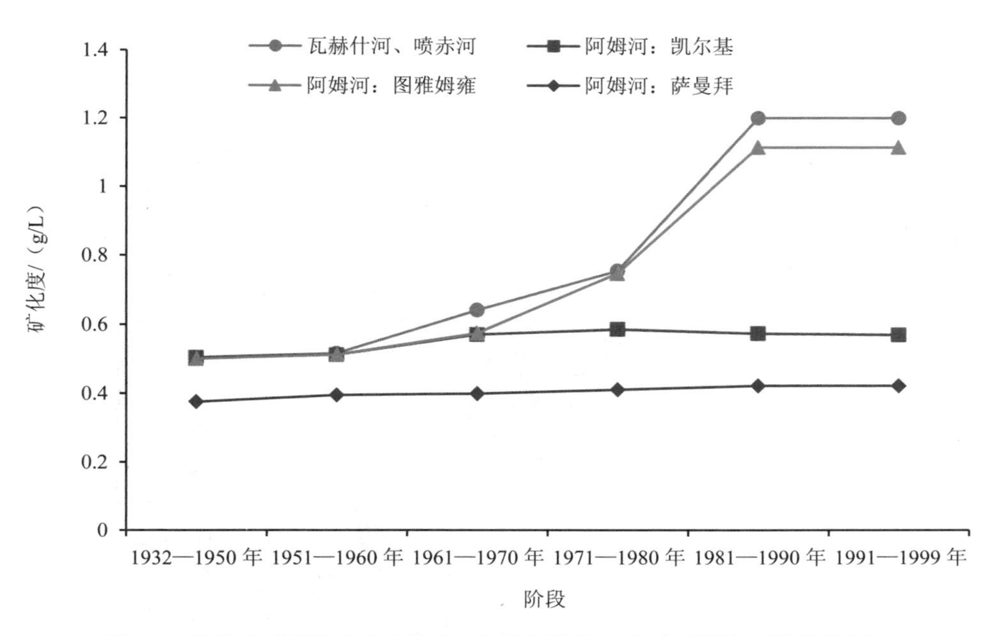

图 6.9　河流流域径流水体矿化度多年发展趋势（全球环境基金/世界银行）

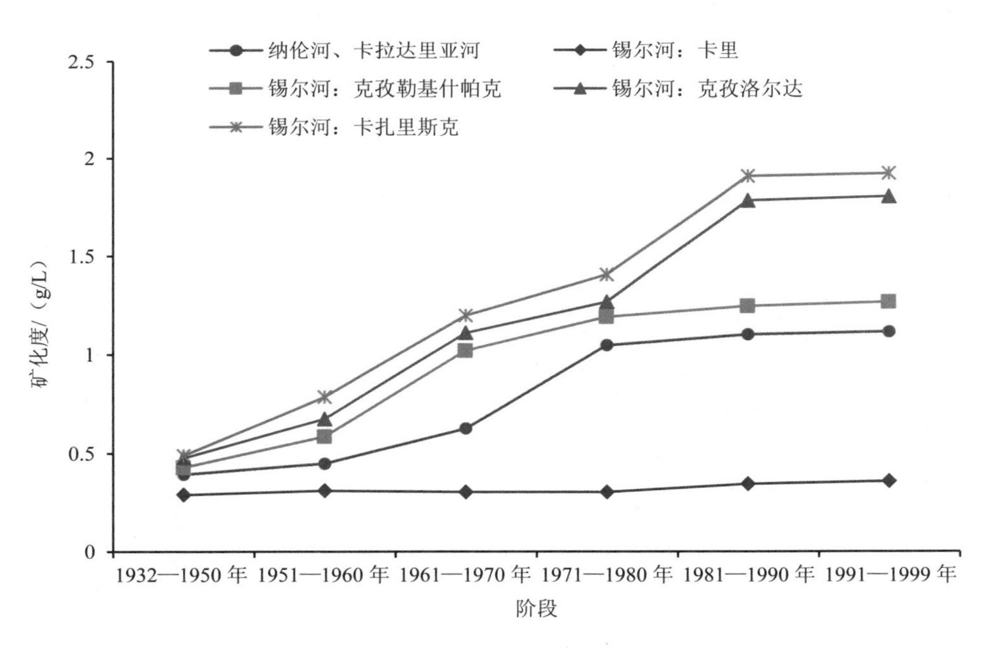

图 6.10　河流流域径流水体矿化度多年发展趋势（全球环境基金/世界银行）

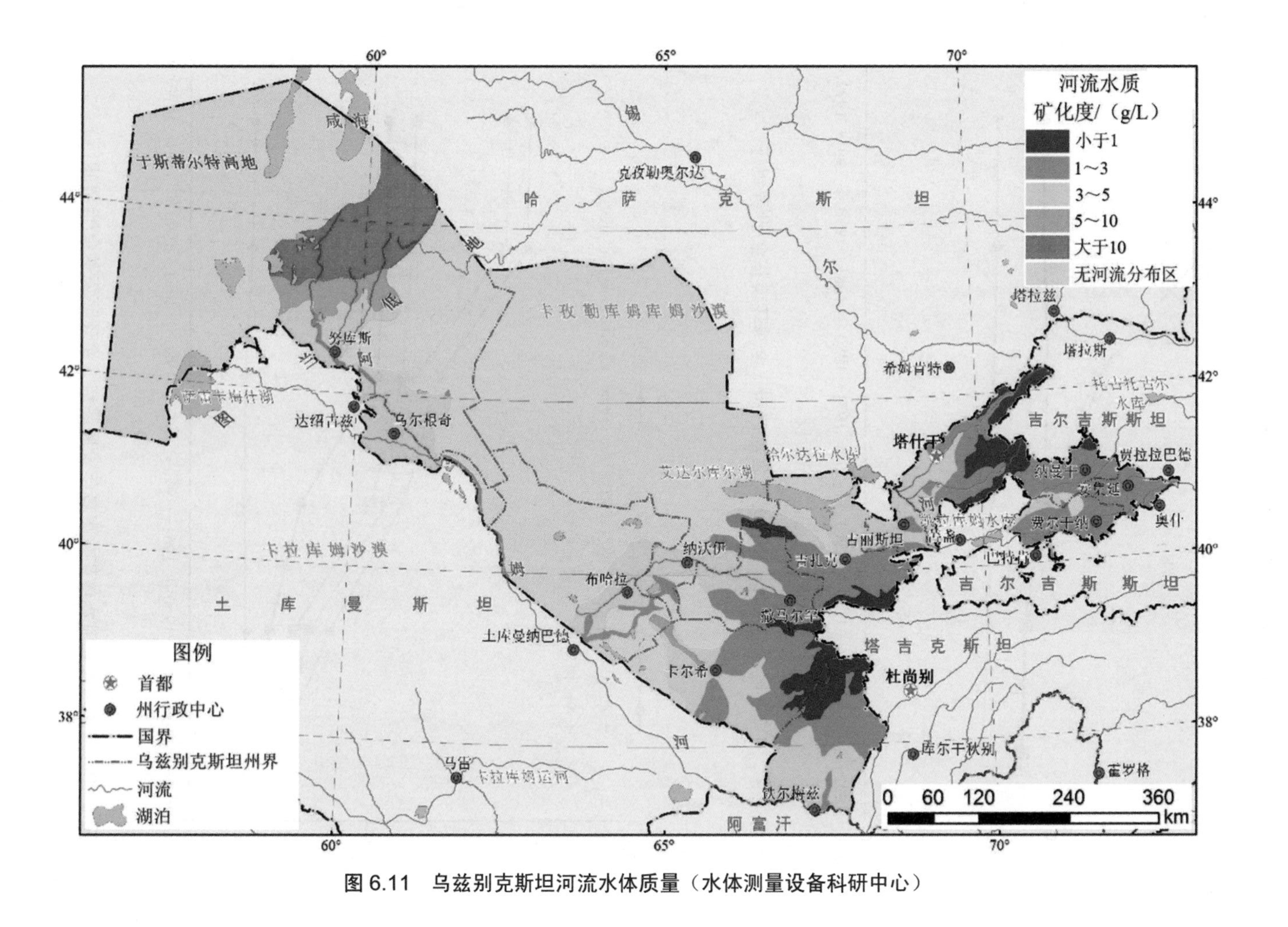

图 6.11　乌兹别克斯坦河流水体质量（水体测量设备科研中心）

泽拉夫尚河、卡什卡达里亚河和奇尔奇克等河流的化学成分的构成和排入其中的工业污水和企业公众生活服务废水有紧密联系。水体污染指数阿汉加兰河的水体质量已降至 3 级。所采取的自然保护措施对奇尔奇克河流的水体状况有所缓解，奇纳兹市下游流域的水体质量为 2 级。阿姆河流域的主要河流水体化学成分的构成，主要受土库曼斯坦和乌兹别克斯坦境内农业径流水的污染。

由于水体污染指数的扩大，阿姆河铁尔梅兹流域的水体质量保持在（1996 年的水平）2 级，为纯净水，而其他流域都为 3 级轻度污染水（2001 年）。位于图雅姆雍峡谷的阿姆河段（流域在乌兹别克斯坦和土库曼斯坦两国边界处受到污染），这一区域石油产品聚集，氮、铵、饱和矿化、铜、α六氯化苯和γ六氯化苯都有聚集。

苏尔汉河的径流经常是在塔吉克斯坦境内形成，其河水化学成分受迭纳乌市、铁尔梅兹市、舒尔奇市工业废水和公共事业用水影响（图 6.12），同时也受农业径流影响。由于水体污染指数的提高，苏尔汉河流的水体质量，从源头至河口，由原来的 2 级水降至 3 级轻度污染水。苏尔汉河经乌兹别克斯坦境内，注入阿姆河。由于缺乏国界处的观测点，因此无法评估其对阿姆河水体的影响。

泽拉夫尚河受国界外的影响较大，其径流形成区域有塔吉克斯坦采矿选矿企业，这些企业排出的有毒金属锑、汞、镉和锶等，2002 年对这些特殊成分进行了组织监测。

根据水体污染指数纳沃伊市下游河流的水体质量在 2000 年为 4 级，在 2001 年、2002 年、2003 年和 2005 年分别为 3 级轻度污染水，在 2004 年甚至达到了 2 级轻度污染水。泽拉夫尚河注入阿姆河，其径流也都用来灌溉农田。

分析证实，从源头至河口的地表水矿化度在稳定增长，河水主要受工业废水的污染，尤其是在大型工业区。

6.3.2　地下水体质量

乌兹别克斯坦东部集中了地下水资源总量的 60%，其中已抽取 70%。其水体质量（除个别地段外）符合饮用水国家标准。

乌兹别克斯坦西部地区（泽拉夫尚河下游、卡什卡达里河、锡尔河、阿姆河流域西部地区，以及中克孜勒库姆流域的西部地区）地下水矿化度较高，水体较硬。沿着强大水流（阿姆河和灌溉渠道）所形成的地下淡水曾用于花剌子模州和卡拉卡尔帕克斯坦的饮用水供给。由于矿化度和水体硬度的增加，现在的地下水已不能满足饮用水供给标准。这也引起了公众的忧虑，因为下游居民使用水源已受到限制，呼吁采取必要的紧急措施。

在乌兹别克斯坦废弃的地下水总量中，费尔干纳谷地约占 50%。如同其他地区，由于水资源利用不平衡，周边自然环境恶化，水源储量和质量都在下降。这也破坏了撒赫斯三角洲下游段的产地结构。受农业作业和与其相关的水源污染的影响，地下淡水最大流量为 20 m^3/s，但即时流量（只在中心部分）可以达到 10～12 m^3/s。为国家内 11 个地区提高现役和潜在的饮用水水源的保护，国家已将此列为国家级自然保护区。

6.3.3 干渠排水水质

每年通过南部和西恰库里排水总管将卡尔希草原的灌溉水排向阿姆河，排水量平均为 12 000 m^3，水体的矿化度为 8 g/L，从布哈尔土壤灌溉排出 15 000 m^3，其矿化度为 4 g/L（表 6.12）。干渠排水水体的营养成分（氮、磷）和杀虫剂含量与地表水相比较高，其微量元素浓度也处于边缘值。

表 6.12 阿姆河右岸地区主要干渠排水水流的矿化度（Кенесарин Н. А.，1959）

序号	排水总管	径流量/10^6 m^3	无机盐饱和度/（g/L）	蓄水池
1	杰吉兹库里	429.8	5.3	现代化地段
2	南部	26.4	8.0	杰吉兹库里
3	卡拉库里	75.5	7.1	现代化地段，阿姆河
4	布哈拉中部	286.1	3.5	索廖诺耶湖，阿姆河
5	西拉米坦	80.2	3.9	索廖诺耶湖，阿姆河
6	北部	343.5	3.4	卡拉科尔湖
7	阿雅卡吉特马	120.8	2.3	阿雅卡吉特马低地
8	卡拉乌尔巴扎尔	109.4	9.0	哈吉恰低地
9	帕尔撒库里	367.9	5.1	阿姆河
10	阿尔—图尔	117	2.5	阿雅卡吉特马低地
11	中部	50	1.8	泽拉夫尚河（灌溉使用）

6.4 干渠排水的二次利用

对咸海水土资源的二次利用进行的研究显示，1960—2006 年，此区域人口增加了 3 倍多，已达到 4 500 万人。同时，灌溉土地面积也增长了近两倍（850 万 hm^2）。取水总量已达到 1 060 亿 m^3，其中 960 亿 m^3 用于灌溉，但同时每公顷的灌溉用水量也在逐渐减少（2006 年为 11 350 m^3/hm^2）。

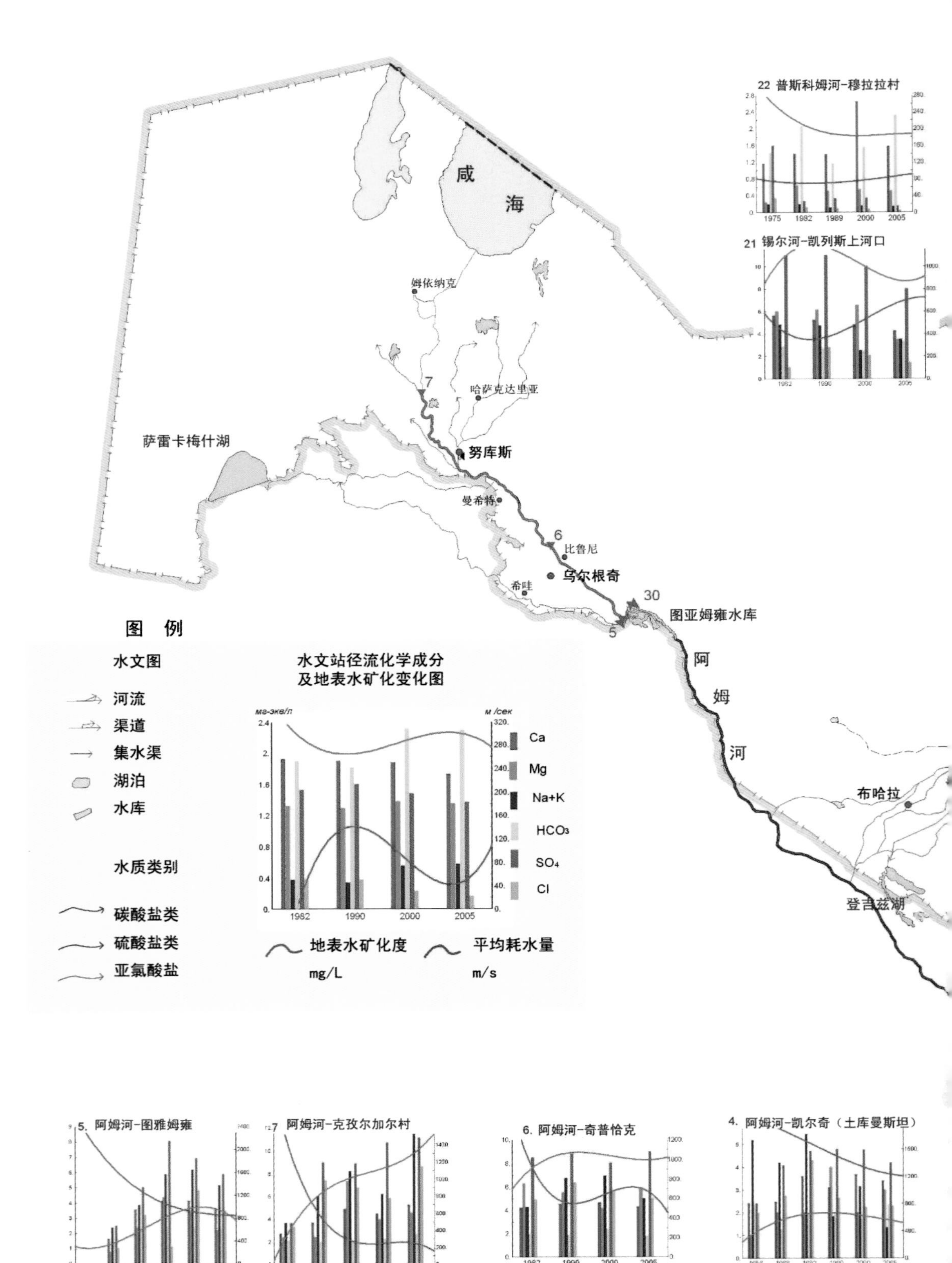

图 6.12　乌兹别克斯坦水利生态图及乌兹别克斯坦各水文站地

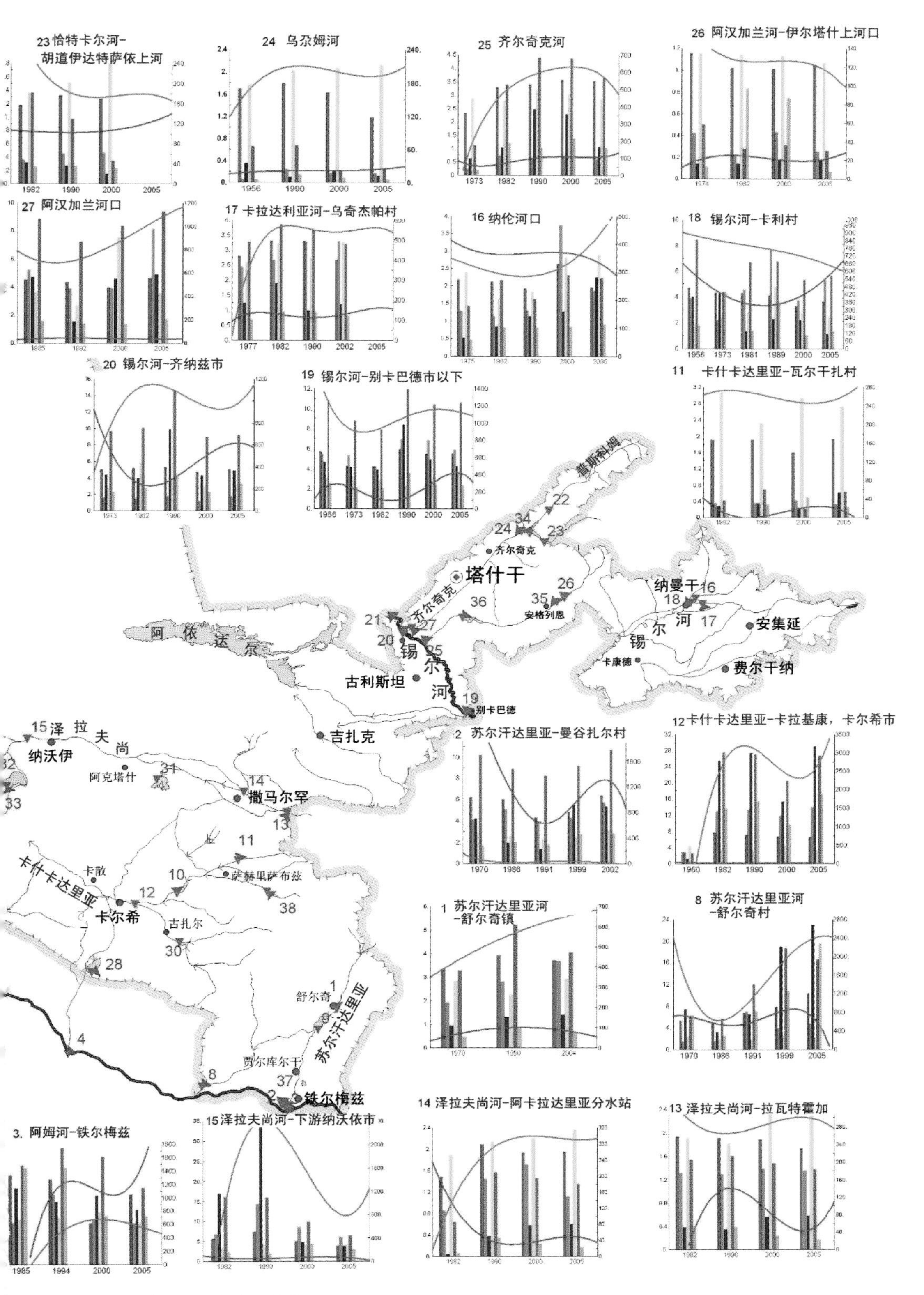

水径流、水体化学成分和矿化度的变化（Чен Ши и др.,2013）

干渠排水总量的 51%（180 亿～200 亿 m^3）排入河流，并带入河流超过 1.1 亿～1.2 亿 t 盐类。超过 36%的干渠排水，或 160 亿～170 亿 m^3，排入自然低地，然后被蒸发或渗透。只有约 13%，或 40 亿～50 亿 m^3 的干渠排水被二次利用来灌溉（表 6.13 和表 6.14）。

表 6.13　干渠排水水体的形成和导流　　单位：$10^8 m^3$

咸海沿岸国家	集流排水废水	工业和公共服务废水	回水量	排水及利用		
				排入河流	排入自然低地	灌溉二次利用
哈萨克斯坦	16	1.9	17.9	8.4	7	2.5
吉尔吉斯斯坦	17	2.2	19.2	18.5	0	0.7
塔吉克斯坦	40.5	5.5	46	42.5	0	3.5
土库曼斯坦	38	2.5	40.5	9.1	31	0.4
乌兹别克斯坦	184	16.9	200.9	89.2	70.7	41
咸海流域总量	295.5	290	324.5	167.7	108.7	48.1
锡尔河流域总量	119.5	14.4	133.9	91.6	15.4	26.9
阿姆河流域总量	176	14.6	190.6	76.1	93.3	21.2

表 6.14　干管排出的废水的利用（Биндеман Н.Н.，1963）

咸海沿岸国家	农田灌溉用水总量/$10^8 m^3$	灌溉形成的集流排水废水量/$10^8 m^3$	集流排水废水占灌溉用水的比例/%
哈萨克斯坦	79.59	16.00	20.1
吉尔吉斯斯坦	31.00	17.00	54.8
塔吉克斯坦	101.50	40.50	39.9
土库曼斯坦	167.88	38.00	22.6
乌兹别克斯坦	566.60	184.00	32.5
咸海流域总量	946.57	295.50	31.2
锡尔河流域总量	350.89	119.50	34.1
阿姆河流域总量	595.63	176.00	29.5

在循环水排水总量中，通常使用排水沟排放工业和公共生活废水。特别是将其排入自然低地的河流流域时使用排水沟。因此，研究废水的利用问题时，同样也要合理考虑大企业水污染严重的问题。

干管排出的废水，作为农业灌溉的副产物，原则上是可以作为耐盐植物灌溉的水资源。这也是为保持生物多样性，保护渔业和狩猎业，为保障人们的休养生息以及其他目的。但其中肥料矿物残渣的污染和有毒化学试剂的使用，严重阻碍了干管排出的废水循环利用的可能性。

污水的收集、运输和排泄都浪费了很大的物质资本。但是，目前大量灌溉废水的形成主要受两个因素的影响：低效率的灌溉技术运用和农作物的灌溉废水。根据科学建议，高技术水平的农田灌溉废水量不应该超过灌溉总水量的 10%。但是，在灌溉用水的非生产损耗中，灌溉废水总量就已经占灌溉总水量的 20%～55%。

考虑到并非全部地区所有的灌溉土地都有排水干网的保障，尤其是在山区，又都是利用所谓的“干旱排水管”，因此，每公顷灌溉土地的灌溉耗水量很大，并且灌溉废水所占比重也很大。需要指出的是，这是地区水资源的不合理利用，而且也出现了从优质水源向一系列人为污染转变。因此，在研究废水管理措施的同时，首先要下大力气研究节水和减少灌溉耗水的非生产，然后要减少灌溉废水和灌溉面积的比例，从整体上减少灌溉废水。

我们重申：在扩大集约化灌溉面积，兴修干渠排水系统的初期，二次利用的废水入河得到了很好的发展。类似的水资源二次利用在以往的纲要和水资源的整体利用计划中都有所预见，这样论证了提高河流（有可利用水资源的河流）灌溉能力的必要性。在由设计院提供的咸海水资源综合利用纲要中提出，循环水的二次利用，可以将河流的灌溉能力提高 15%～20%。

近几十年，中亚农田灌溉的发展和多年的监测显示，通过河流干流的水资源二次利用，已达到干管排出废水水量入河的临界点。这将会给饮用水的供给和其他农用行业带来巨大损失，尤其对农业综合发展造成影响，并会降低河流水体水质。

在河流上游中，矿化浓度已达到 0.2～0.3 g/L，中游矿化度达到 0.5～0.7 g/L，而在下游地区则可达到 1.0～1.5 g/L。水体饱和矿化浓度的继续增高，将导致农作物产量的明显下降，会出现以下影响：饱和矿化浓度同原始数据相比增加 0.1 g/L，导致阿姆河的中下游流域的生产损失在 134～147 美元/hm^2。而在锡尔河中游流域损失则可达到 70～150 美元/hm^2。

乌兹别克斯坦灌溉土地最主要的问题是：

- 由于干旱气候和农田灌溉时高矿化灌溉水的不合理利用，使水在蒸发过程中有毒盐类大量聚集，这就导致了土壤盐渍化。

- 土地的改良状态直接影响着水文地质特征，影响自然排水过程，干渠排水网的技术水平和参数，也影响理想灌溉计划的实施。
- 灌溉土地的产量，作为灌溉土地的整体指数，可以通过提高作物水量保证率、土壤矿化水平，遵守灌溉制度以及农艺方法来提高。
- 由于不合理的灌溉体系和土地漫灌方法，乌兹别克斯坦已完全耗尽了自己的水资源。其灌溉面积保持在 $4.2\times10^6 \sim 4.3\times10^6\ hm^2$，但这已影响了农作物的大面积种植，因为，乌兹别克斯坦拥有足够的土地资源和优越的气候条件。

第 7 章　阿姆河流域中、下游耕地开发与用水变化

7.1　中、下游土地利用变化过程

近几十年来，随着人口的增长和社会经济的快速发展，导致了工业、农业、生活和生态用水量的急剧增加，水资源供需矛盾日益突出。人类一些不合理的活动，造成了全球变暖问题。人类围垦水域、毁草开垦等一些破坏合理土地利用的活动，造成了水土流失严重、植被覆盖度减少，从而降低了流域的调节能力，最终导致干旱、洪水等自然灾害的出现。中亚干旱半干旱区是全球变化较敏感的区域。专家认为，不合理的土地利用，森林采伐，过度放牧和水资源利用的协调性差是中亚正在面临的最大风险（Tynybekov et al.，2008）。例如，阿姆河和锡尔河下游流量减小，咸海面积退缩，导致该区域气候干旱化，地表温度上升（Small et al.，2001）。阿姆河与锡尔河三角洲湿地面积减小，大面积土壤盐渍化，冰川退缩，荒漠化等（Tynybekov et al.，2008；Krysanova et al.，2010）。这种土地利用/覆被变化作为人类改造自然活动的一种表现，通过改变下垫面因素，影响水文过程。

从 1970—2010 年的土地利用/覆被变化情况（表 7.1 和图 7.1）可以得知，阿姆河中、下游的灌区面积在不断增加，2010 年的灌区面积几乎等于 1970 年的两倍。灌区主要从阔叶林（FRSD）、草地（PAST）、灌木林和稀疏植被（RNGB 和 FESC）等土地覆被类型转化而来。从图 7.2 可以看出，阿姆河流域的 3 个国家的灌区面积从 1970 年开始迅速增长，1991 年苏联解体以后缓慢增长，乌兹别克斯坦灌区有所减少。阿姆河的中、下游包括乌兹别克斯坦的 3 个州（占乌兹别克斯坦灌区面积的 23.5%）和土库曼斯坦的两个州（占土库曼斯坦总灌区面积的 40%）。乌兹别克斯坦的灌区面积在 1960—1970 年没有显著增长，1970 年以后开始增长，1970—1990 年迅速增长，1990—2000 年缓慢增长，2000 年以后缓慢减少。土库曼斯坦的灌区面积 1960—1970

年缓慢增长，1970—1996年迅速增长，1996—2013年缓慢增长。阿姆河中、下游的阔叶林，草地和稀疏植被都在减少。

这种变化，一方面与土地资源开发有关，另一方面与水资源的分布情况及近年来的水资源短缺等问题相关。中游的灌木等稀疏植被分布区从1970—1990年增加，到1990—2010年减少，主要与大型水利设施的修建有关。例如，1970年以后修建了卡喀拉库木运河（第三期工程完成并开始引水，从1976—1981年完成了第四期工程并开始引水），阿姆—布哈拉运河（从1975年开始引水）和卡尔希运河（从1974年开始引水）等大型的引水工程。从1970—1990年这些运河的周边地区植被覆盖度增加，阿姆河中游的水域面积和湿地面积增加也与上述水利设施的修建有关，除了这些运河，还有大型的排水渠的修建及排到荒地的工农业排水增加了水域面积和湿地面积。阿姆河下游的水域和湿地面积的变化主要与咸海退缩和2000年以后为了抗旱修建的人工湖和水库相关。城市面积和裸地的面积都在增加。裸地（包括沙漠、弃耕后的盐碱地和绿洲里面的未利用土地）面积增加在一定程度上与水资源短缺和不合理的水资源管理造成的荒漠化和土壤盐渍化相关。

表7.1　1970年、1990年和2010年的土地覆被类型及各自的比例

土地利用类型	1970年		1990年		2010年	
	面积/km^2	比例/%	面积/km^2	比例/%	面积/km^2	比例/%
中游						
耕地	3 132.65	3.82	4 972.71	6.06	5 978.27	7.28
稀疏植被	38 774.78	47.23	25 253.49	30.76	17 918.75	21.83
阔叶林	46.45	0.06	0.00	0.00	5.59	0.01
草地	402.26	0.49	417.99	0.51	364.99	0.44
灌木林	2 877.50	3.51	6 951.24	8.47	4 884.59	5.95
水域	1 269.68	1.55	1 617.28	1.97	1 822.27	2.22
湿地	295.35	0.36	998.03	1.22	1 145.14	1.39
城镇用地	674.13	0.82	1 234.15	1.50	2 022.09	2.46
裸地	34 617.28	42.17	40 645.19	49.51	47 948.39	58.41

土地利用类型	1970 年		1990 年		2010 年	
	面积/km²	比例/%	面积/km²	比例/%	面积/km²	比例/%
下游						
耕地	6 533.66	6.17	10 564.69	9.98	12 790.53	12.08
稀疏植被	36 363.09	34.35	30 774.95	29.07	29 034.28	27.42
阔叶林	235.65	0.22	3.02	0.00	1.33	0.00
草地	1 170.17	1.11	1 102.51	1.04	1 631.81	1.54
灌木林	4 308.07	4.07	4 378.14	4.14	4 514.79	4.26
水域	5 251.33	4.96	2 422.51	2.29	2 957.68	2.79
湿地	1 980.95	1.87	1 605.99	1.52	1 804.83	1.70
城镇用地	1 609.99	1.52	2 174.93	2.05	2 196.56	2.07
裸地	48 421.81	45.74	52 847.97	49.92	50 942.91	48.12

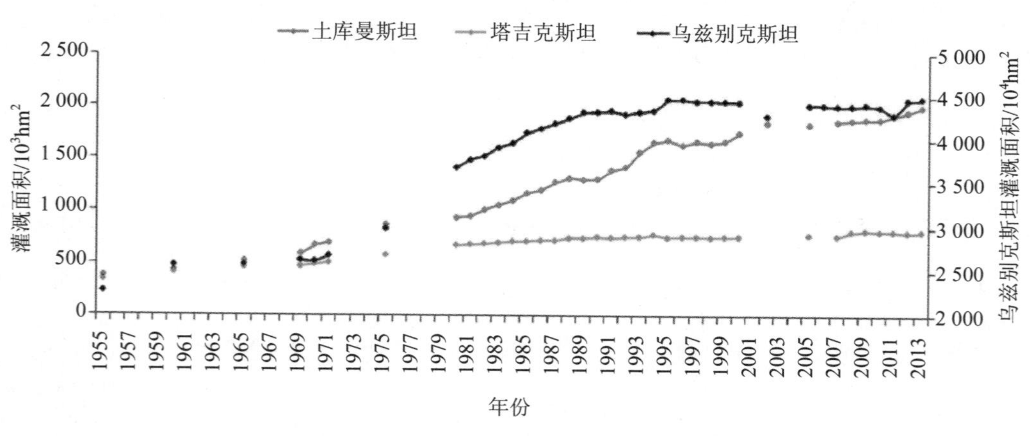

图 7.1　阿姆河流域三个国家的灌溉面积变化趋势图

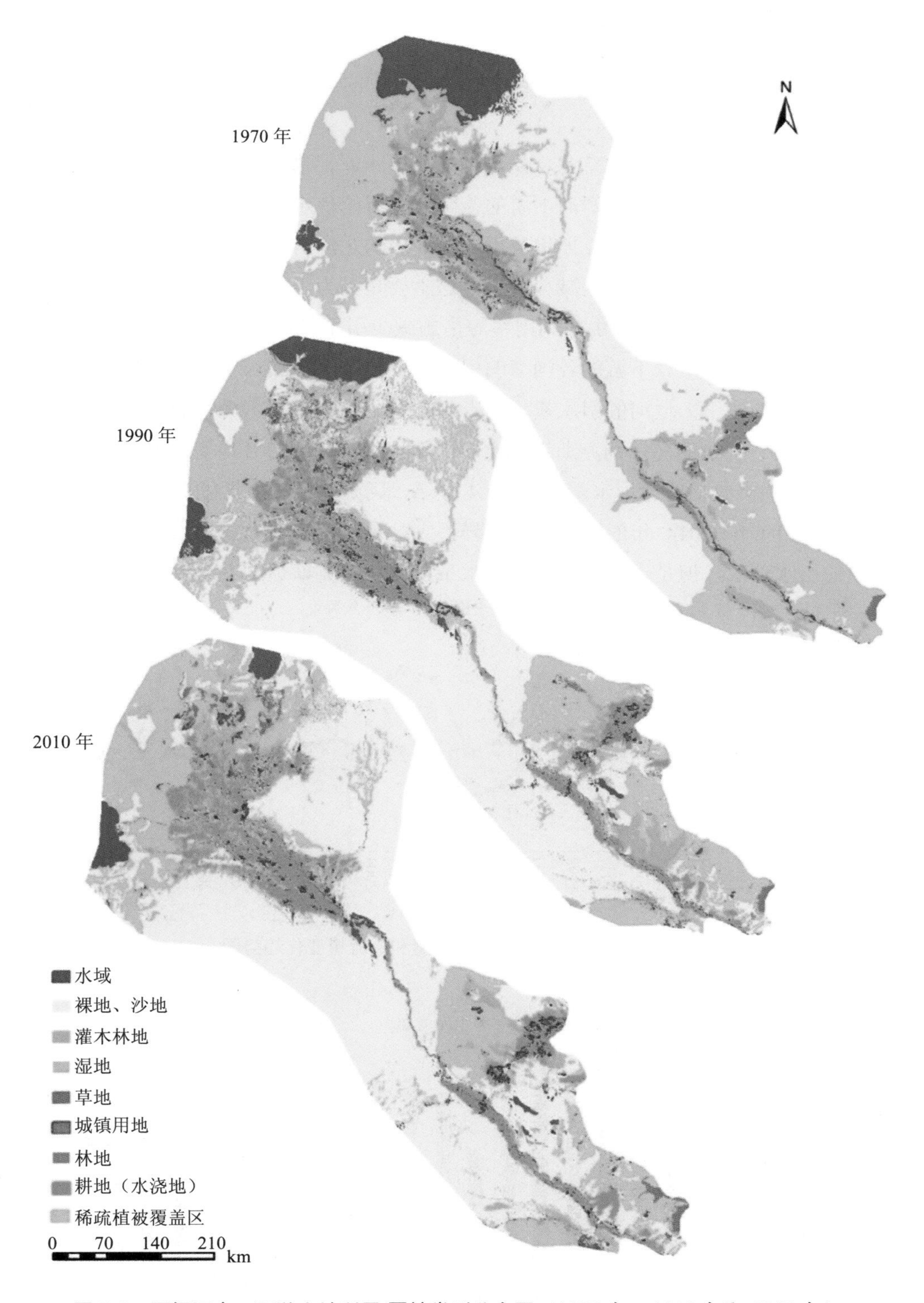

图 7.2　阿姆河中、下游土地利用/覆被类型分布图（1970 年、1990 年和 2010 年）

7.2 中、下游引水量变化过程

阿姆河中游的范围从凯尔基水文站到图亚姆雍水库，包括乌兹别克斯坦的布哈拉州和土库曼斯坦的列巴普州。阿姆河下游的范围从图亚姆雍水库到咸海，包括乌兹别克斯坦的花剌子模州和卡拉卡尔帕克斯坦及土库曼斯坦的达沙古兹州。从图 7.3 可知，阿姆河中、下游的引水量具有微弱的减少趋势。这主要是因为当地政府通过提高灌溉效率，提高引水渠的传输效率，回归水再利用率等措施减少引水量，而不是因为灌溉面积减少。为了便于分析阿姆河中、下游的各国家的引水量变化情况，加入了对凯尔基水文站的来水量影响较大的两个大运河的引水量，即卡尔希运河和喀拉库木运河的引水量。

阿姆河中、下游的乌兹别克斯坦和土库曼斯坦从 1991—2014 年的引水量变化如图 7.5 所示（其他类包括应急用水量）。图 7.4 显示，阿姆河中、下游的乌兹别克斯坦和土库曼斯坦从 1991—2014 年的引水总量差异不大，乌兹别克斯坦的引水总量略高于土库曼斯坦的引水总量，但是土库曼斯坦毛灌水量比乌兹别克斯坦的毛灌水量大得多。

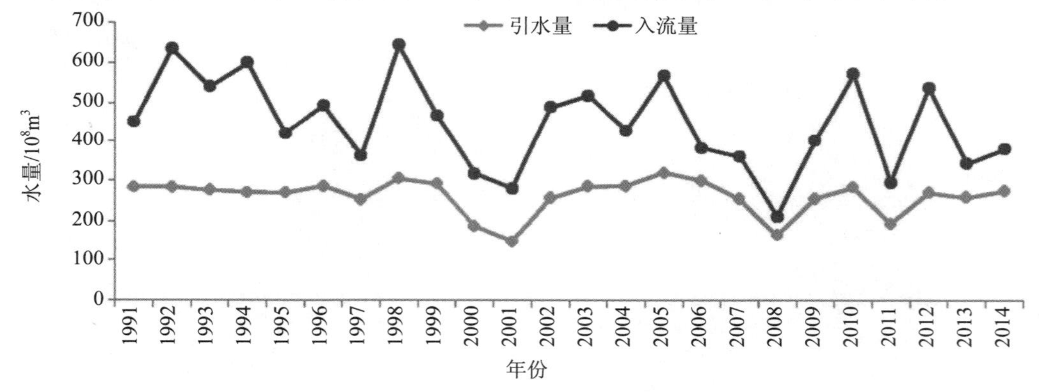

图 7.3　阿姆河中、下游引水量和入流量变化趋势图

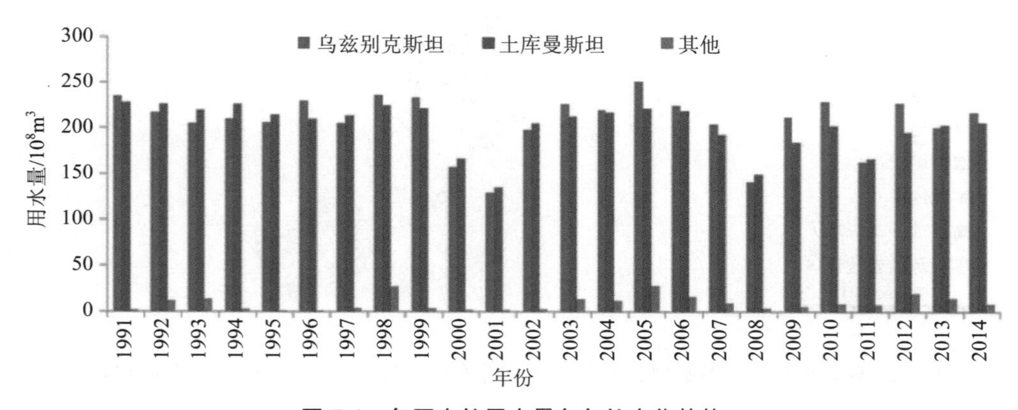

图 7.4　各国家的用水量多年的变化趋势

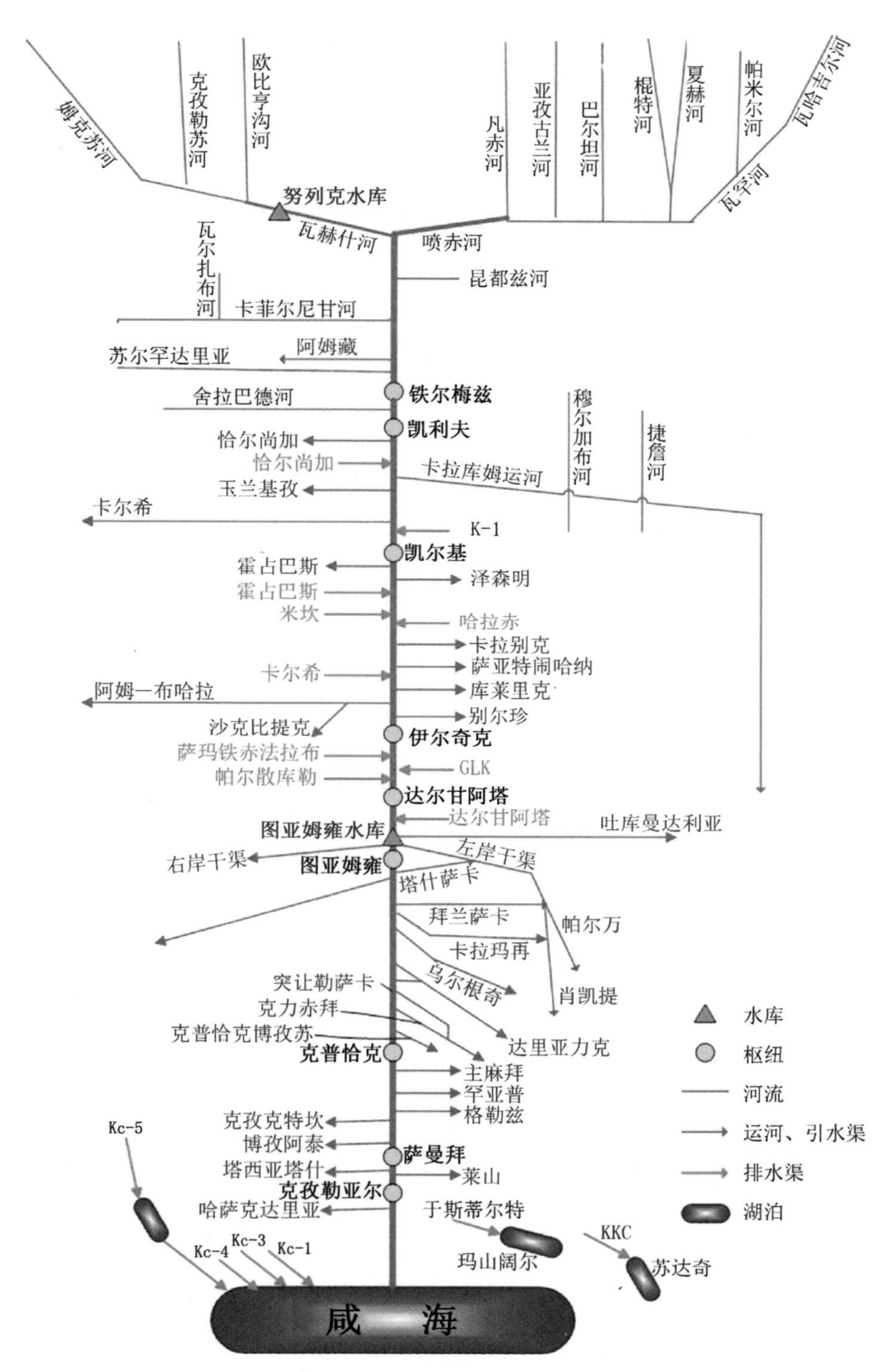

图 7.5　阿姆河主要支流中、下游的主要引水渠、排水渠、水文站点及湖泊的示意图

如表 7.2 所示，阿姆河中、下游（为了便于分析和说明凯尔基站水量在 1969 年以后迅速减少的原因，此处增加了对阿姆河水量影响较大的两个运河，即卡尔希运河和喀拉库木运河的引水量）的乌兹别克斯坦和土库曼斯坦每 5 年平均的引水量，两个国家的用水量都有减少趋势，虽然乌兹别克斯坦的用水量略高于土库曼斯坦的用水量，但是土库曼斯坦单位面积的灌溉用水量大于乌兹别克斯坦单位面积的灌溉用水量。如图 7.4 所示，1991—1999 年、2000—2008 年和 2009—2014 年三个时间段两个国家的引水量不断地减少。这种减少趋势归因于河流水量的减少和节水措施，并不是因为灌溉面积减少。乌兹别克斯坦和土库曼斯坦的主要引水渠每 5 年平均引水量如表 7.3 所示。

对阿姆河水量影响较大的引水渠为卡拉库姆引水渠、卡尔希干渠、阿姆布哈拉引水渠、塔什萨卡引水渠，各自的年平均引水量分别为 102.7 亿 m^3、41.6 亿 m^3、45.9 亿 m^3、31.2 亿 m^3，总引水量将近阿姆河上游来水量的 1/3。大部分引水渠的引水量都在减少。这主要是因为阿姆河上游来水量的减少和政府采取的节水措施和禁止超额灌溉等措施。2001 年之前，土库曼斯坦从穿过乌兹别克斯坦的克力赤拜、加扎瓦提、沙瓦提和克普恰克博孜苏等引水渠引水。2000 年和 2001 年的旱灾以后几乎很少从这些引水渠引水，改成从土库曼达利亚引水。这在一定程度能体现两个国家之间水资源分配方面的矛盾。阿姆河中、下游的主要河流、水库、水文站、湖泊和灌区从阿姆河引水和向阿姆河排水情况以及阿姆河主要支流，中、下游的主要引水渠、排水渠、水文站点及湖泊如图 7.5 所示。

表 7.2　苏联解体后的各国用水量　　单位：$10^8 m^3$

	1991—1995 年	1996—2000 年	2001—2005 年	2006—2010 年	2011—2014 年
乌兹别克斯坦	214.60	212.27	205.06	201.87	202.01
土库曼斯坦	222.72	206.10	198.14	189.38	192.54
其他	6.28	7.79	12.06	8.64	12.63

注：其他包括应急用水量。

表 7.3　苏联解体主要运河的年平均引水情况　　单位：$10^8 m^3$

	运河、引水渠	1991—1995 年	1996—2000 年	2001—2005 年	2006—2010 年	2011—2014 年
乌兹别克斯坦境内引水渠	卡尔希	43.93	45.31	41.33	39.16	38.06
	阿姆—布哈拉	41.58	46.81	44.16	48.03	48.81
	塔什萨卡	34.78	32.91	30.56	30.33	27.76
	克力赤拜	6.31	4.67	5.07	5.19	5.46
	乌尔根奇	1.33	0.93	0.17	0	0
	十月干渠	3.26	2.71	1.51	0.72	0

	运河、引水渠	1991—1995 年	1996—2000 年	2001—2005 年	2006—2010 年	2011—2014 年
乌兹别克斯坦境内引水渠	那索斯 1 号渠	1.95	2.61	3.07	2.9	2.5
	皮尼亚克	0.8	0.88	0.73	0.61	0.7
	克力赤拜	3.66	3.5	3.08	3.56	3.81
	克普恰克博孜苏	1.23	0.94	0.76	0.68	0.55
	帕赫塔	10.61	10.3	11.16	8.9	7.45
	那索斯 2 号渠	6.69	7.31	7.06	6.67	7.85
	克孜克特坎	24.99	20.93	22	24.4	22.18
	博孜阿泰	9.49	7.85	6.21	5.95	5.3
	绥利	8.1	7.42	6.93	6.87	6.6
	帕拉雷利	12.34	10.9	9.7	9.58	11.81
	格雷兹	2.27	2.89	2.14	2.79	3.11
	那索斯 3 号渠	1.26	1.27	1.06	1.18	1.21
	乌兹别克斯坦合计	214.59	210.18	196.70	197.50	193.14
土库曼斯坦境内引水渠	卡拉库姆运河	111.64	105.92	98.37	96.66	100.93
	KMK	1.21	1.40	1.65	2.42	3.36
	那索斯 4 号渠	5.62	4.79	4.24	4.07	5.14
	恰尔尚加	5.11	3.50	3.12	2.60	2.51
	沙克比提克	2.60	2.84	2.78	2.31	2.15
	霍占巴斯	2.83	2.70	2.27	2.10	1.76
	泽森明	2.75	1.96	2.00	1.71	1.58
	卡拉别克	3.26	2.99	2.96	2.56	2.48
	萨亚特闹哈纳	6.13	6.29	5.93	5.84	4.87
	库莱里克	7.82	7.60	7.89	7.46	7.01
	别尔珍	6.30	6.43	6.60	5.83	5.21
	克力赤拜	6.95	7.37	7.28	7.11	5.71
	加扎瓦提	6.50	6.05	0.04	0.00	0.00
	沙瓦提	16.97	14.84	2.24	0.76	0.74
	克普恰克博孜苏	0.35	0.23	0.31	0.28	0.28
	土库曼达利亚	4.96	6.87	23.68	23.01	24.65
	罕亚普	29.79	23.50	25.63	23.57	23.05
	主麻拜	1.92	1.73	1.16	1.12	1.11
	土库曼斯坦合计	222.72	207.00	198.14	189.38	192.55

灌溉农业是阿姆河流域耗水量最大的部门（图 7.6）。1980 年，农业用水量为总量的 92.7%。其中，灌溉用水量占 88.6%；1990 年，农业用水量占总用水量的 89.9%。其中，灌溉用水量占总水量的 85.2%；2000 年，农业用水量占总水量的 87.1%。其中，灌溉用水量占 81.9%。从图 7.7 可以看出，阿姆河中游的灌溉引水量随季节变化的趋势没有下游明显。夏季引水量最多，春季其次，冬季最少，夏季的引水主要用来灌溉，春季主要用来洗盐，10 月和 11 月的引水量主要用来灌溉冬小麦。下游的引水量随季节变化很明显（图 7.8），7—8 月灌溉引水量最多，冬季引水量最少，春季的引水量仅次于夏季。夏季的引水量主要是用来灌溉棉花和水稻，春季的引水量主要用来洗盐，少部分用来灌溉冬小麦。中、下游的引水量过程中，最大的区别是中游的毛灌溉水量远大于下游的毛灌溉水量。中游的引水量受阿姆河水量丰枯变化的影响不大，下游受到阿姆河水量丰枯变化的影响很大。平水年和丰水年的引水量差异不大，但是枯水年夏季的引水量减少了将近一半（Шерматов Е. и др.，2016）。

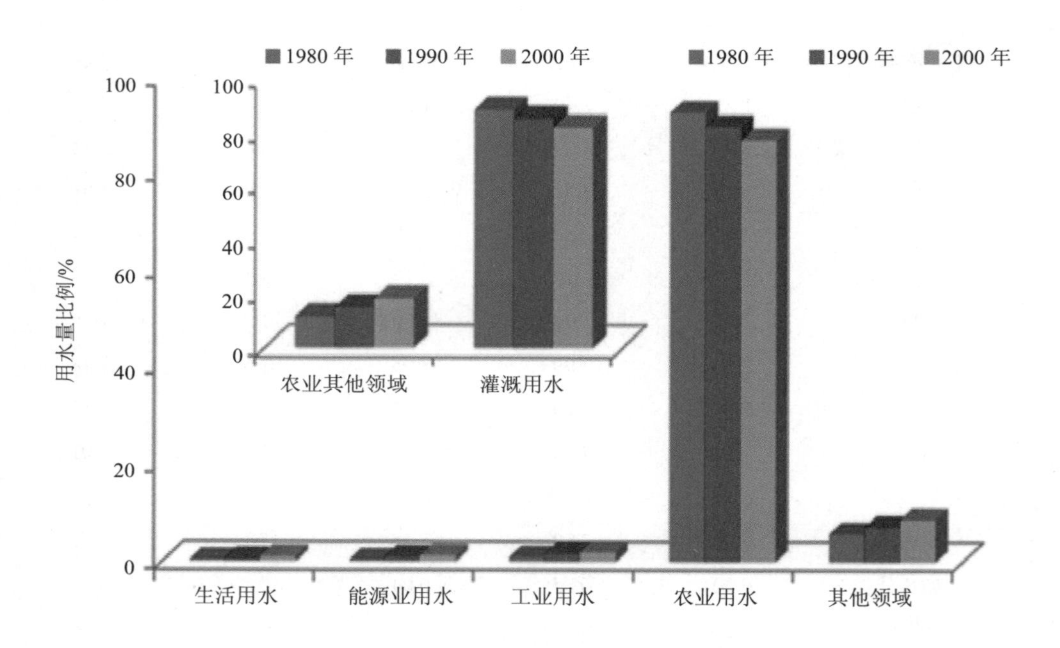

图 7.6　阿姆河中、下游不同部门的用水情况

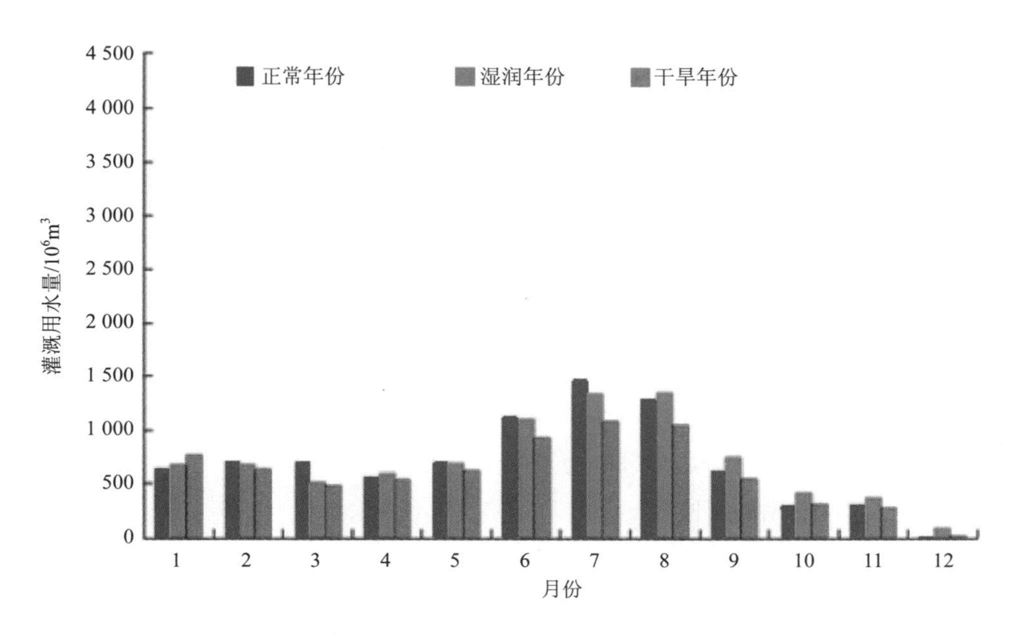

图 7.7　阿姆河中游每月灌溉用水量

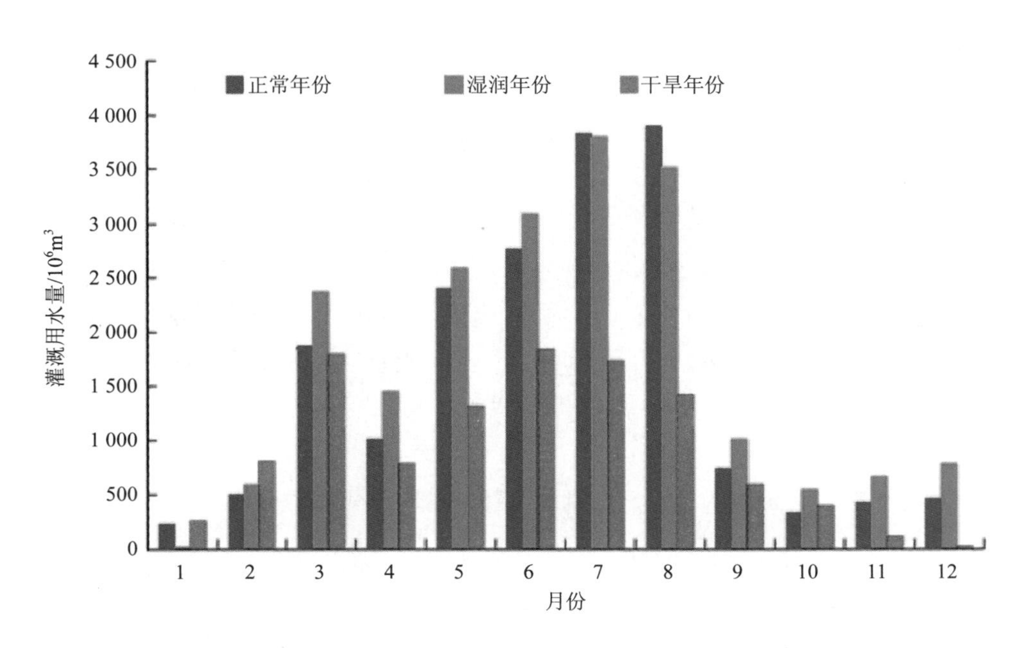

图 7.8　阿姆河下游每月灌溉用水量

7.3 中、下游耗水量变化过程

阿姆河的产水区主要在塔吉克斯坦和阿富汗，耗水区主要是乌兹别克斯坦和土库曼斯坦。乌兹别克斯坦和土库曼斯坦位于阿姆河的中、下游。作为中亚的两个农业大国，乌兹别克斯坦和土库曼斯坦在阿姆河中、下游的耗水量占总耗水量（此处的耗水量等于从河道引水量减去向河道排出的水量，不包括主河道的损失）的 90%以上，其中下游的耗水量占 60%以上（表 7.4）。根据阿姆河的重要水文节点可将阿姆河流域分成上游（凯尔基站点以上部分）、中游（从凯尔基到图亚姆雍水库的河段为中游）和下游（从图亚姆雍水库到咸海，本书中为了便于分析，下游的范围定义为从图亚姆雍水库到克孜勒亚尔水文站的河段）。

表 7.4 阿姆河上游、中游及下游的耗水量（Stulina 等，2013） 单位：亿 m^3

年份	上游	中游	下游
1956—1960	1.9（1）	38.2（22）	134.7（77）
1961—1965	1.9（1）	64.3（26）	179.7（73）
1966—1970	—	93.4（28）	237.2（72）
1971—1975	3.5（1）	128.0（29）	308.7（70）
1976—1980	4.5（1）	184.5（33）	375.7（67）
1981—1985	7.5（1）	227.4（34）	434.3（65）
1986—1990	11.2（2）	243.8（37）	411.5（62）
1991—1999	13.0（2）	229.9（34）	439.4（64）
2000—2005	15.1（2）	221.0（36）	378.4（62）
2006—2010	12.6（2）	222.7（35）	399.1（63）

注：①不包括主河道的传输损失；②括号内数字为耗水量占比。

7.3.1 阿姆河中、下游的入流量、出流量及耗水量的变化趋势分析

表 7.5 和图 7.9 显示了阿姆河中、下游入水量，出水量和耗水量（入水量和出水量之差）的多年变化。中、下游的入水量从 1970 年开始减少，1983—1998 年有增长趋势，2000 年和 2001 年的干旱以后又开始增长，2006 年以后开始减少，2008 年旱灾之后又开始增长，总的趋势是减少。出水量从 1974 年开始迅速减少，1982 年、1986 年、2000 年、2001 年和 2008 年的出水量几近于 0，说明上游的来水量几乎被耗尽。这种变化主要与大规模土地开发有关，极少部分最小值与河流本身的丰枯变化相关（2001 年和 2008 年为枯水年）。

表 7.5　阿姆河中、下游入水量，出水量和耗水量的多年变化　　单位：亿 m^3

年份	入流量	出流量	耗水量	年份	入流量	出流量	耗水量
1950	585.44	408.8	176.64	1983	410.78	23.14	387.63
1951	512.31	331.97	180.34	1984	471.87	79.63	392.25
1952	765.16	551.76	213.4	1985	446.62	23.57	423.06
1953	785.2	550.61	234.59	1986	311.83	4.34	307.49
1954	769.98	551.66	218.32	1987	447.12	82.06	365.07
1955	558.23	428.85	129.38	1988	540.92	164.27	376.64
1956	667.35	480.37	186.98	1989	299.23	10.43	288.8
1957	578	307.82	270.18	1990	421.41	61.1	360.31
1958	844	539.98	304.02	1991	451.09	94	357.09
1959	666.25	469.2	197.05	1992	634.06	213.4	420.67
1960	588.76	431.98	156.77	1993	540.52	152.43	388.09
1961	511.43	309.94	201.5	1994	599.69	183.93	415.77
1962	481.63	276.81	204.82	1995	421.01	28.25	392.76
1963	463.92	328.07	135.86	1996	492.95	47.88	445.07
1964	580.06	384.61	195.45	1997	361.31	7.26	354.04
1965	458.87	256	202.87	1998	642.78	226.29	416.5
1966	635.71	336.15	299.56	1999	466.62	35.57	431.05
1967	551.15	274.01	277.14	2000	315.75	9.82	305.93
1968	553.64	285.65	268	2001	278.81	0.73	278.08
1969	927.73	557.05	370.68	2002	488.06	24.92	463.14
1970	530.69	300.07	230.62	2003	517.33	84.61	432.73
1971	416.12	176.71	239.4	2004	427.35	42.26	385.09
1972	435.94	133.32	302.62	2005	567.34	127.59	439.76
1973	672.81	313.31	359.5	2006	381.77	18.71	363.06
1974	323.76	89.4	234.36	2007	359.07	5.12	353.95
1975	436.94	106.71	330.23	2008	211.42	1.41	210.01
1976	451.24	111.58	339.66	2009	401.52	19.9	381.62
1977	426.05	89.85	336.2	2010	571.06	150.51	420.55
1978	546.91	214.86	332.05	2011	293.94	2.56	291.38
1979	472.1	112.25	359.85	2012	536.5	55.39	481.11
1980	467.41	81.65	385.76	2013	341.59	5.29	336.3
1981	403.95	55.1	348.85	2014	377.85	2.56	375.29
1982	339.05	5.39	333.65	2015	490.26	43.17	447.09

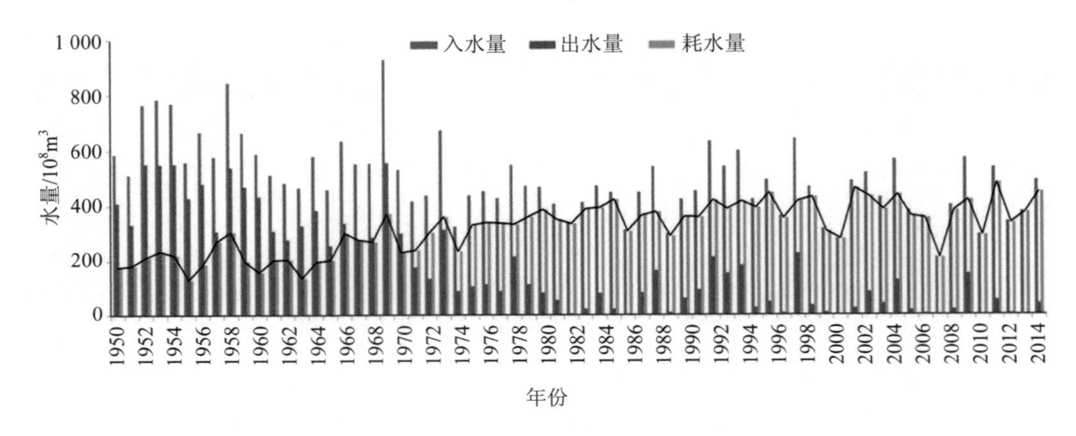

图 7.9　近 65 年来阿姆河中、下游入水量，出水量及耗水量的变化

阿姆河中、下游的耗水量从 1962 开始增长，从 1985 年以后比较平稳的增长，2000 年以后开始减少。这主要是因为 1960 年以后的土地开发，1970—1990 年灌区面积迅速增长，1990 年以后缓慢增长。1985—2014 年的耗水量还受河流水量丰枯变化的影响。例如，1986 年和 1989 年为枯水年，相应的耗水量也低。

表 7.6 显示，阿姆河中、下游的入水量、出水量及耗水量的每 10 年平均值的变化。入流量和出流量的变化趋势基本一致，即 1950—1990 年减少，1990—2000 年小幅度增长，2000 年以后开始减少，20 世纪 70—90 年代减少趋势最显著。耗水量的 10 年平均值从 1950—2000 年一直增长，2000 年以后开始减少。2000 年以后的耗水量减少不是因为灌区面积缩小，而是因为政府部门采取了一系列节水措施，一定程度上减少了灌溉农业的耗水量。所采取的节水措施，包括调整农作物结构，减少耗水量大的农作物面积，扩大耗水量小的农作物面积，即减少棉花、水稻和饲料等耗水量大的农作物面积，增加小麦等耗水量小的农作物面积；修建有衬砌的引水渠，提高传输效率；采取用水效率较高的滴灌和喷灌技术（未能大面积使用）；采取收取灌溉用水费，用来控制超额用水等。

表 7.6　阿姆河中、下游入水量，出水量及耗水量的每 10 年的变化　　单位：亿 m^3

年份	入流量	出流量	耗水量
1950—1960	665.5	459.4	206.2
1961—1970	578.2	342.5	235.7
1971—1980	475.2	161.1	314.1
1981—1990	415.3	60.9	354.4
1991—2000	485.6	96.3	389.2
2001—2010	426.3	52.0	374.3

7.3.2　阿姆河不同河段的径流量、耗水量的年际变化和年内变化

从图 7.10 可以得知，阿姆河中、下游的入水量、出水量和耗水量的变化趋势。阿姆河下游的耗水量大于中游的耗水量，下游的河流流量受到农业用水量及上游来水量丰枯变化的影响大于中游。中、下游的出流量于 1970 年以后开始迅速减少。表 7.7 显示，阿姆河中、下游入流量、出流量和耗水量的每 10 年平均值的变化趋势。中、下游的入流量和出流量从 1950—1990 年减少，1990—2000 年有所增长，2000 年以后开始减少，这与河流上游来水量的丰枯变化相关。中游的耗水量从 1970—2000 年增长，2000 年以后开始减少。下游的耗量从 1970—1980 年增加，1980 年以后开始减少。这主要是因为中游的耗水量增长及图亚姆雍水库的影响。

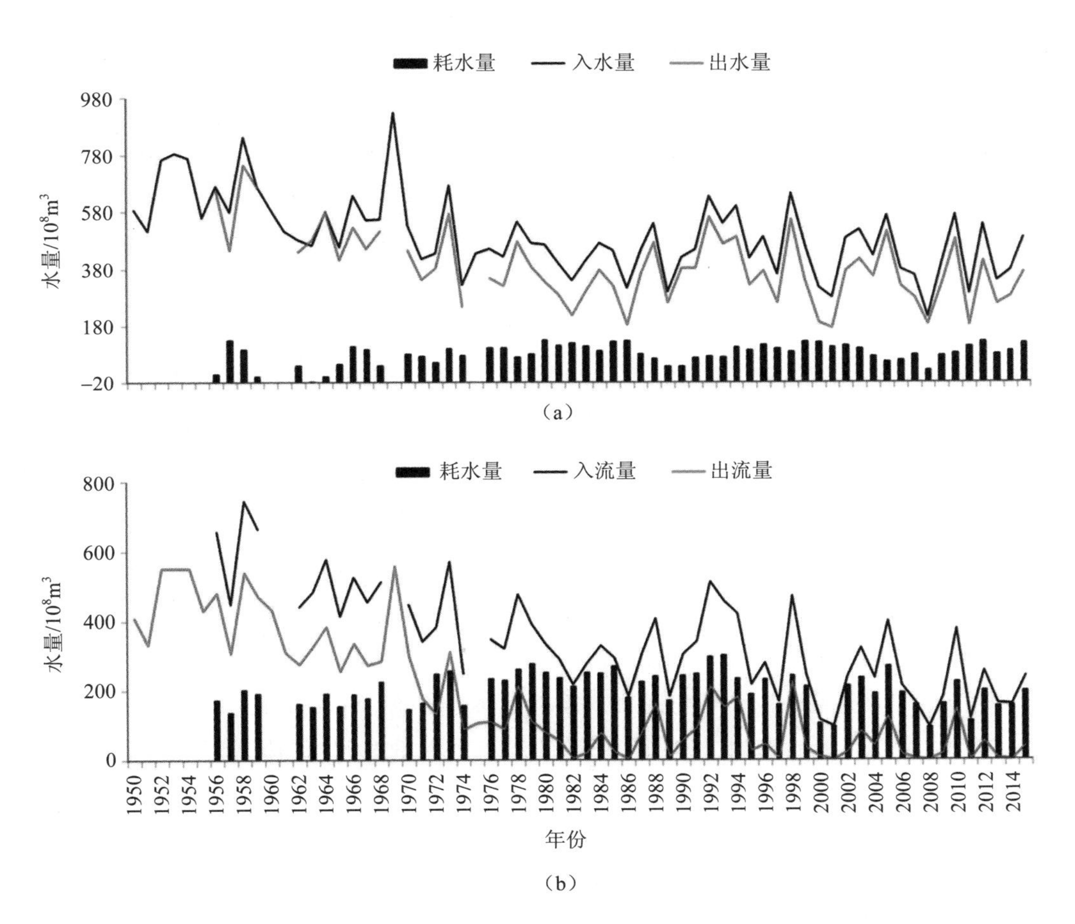

图 7.10　阿姆河中游（a）和下游（b）的入流量、出流量和耗水量变化趋势图

表 7.7　阿姆河中、下游的入流量、出流量及耗水量每 10 年平均变化　单位：亿 m^3

年份	入流量	出流量	耗水量
中游			
1950—1960	665.52	648.98	61.19
1961—1970	569.48	482.22	49.74
1971—1980	464.93	383.60	88.28
1981—1990	409.28	328.49	91.05
1991—2000	492.58	404.29	96.72
2001—2010	420.38	367.01	76.92
下游			
1950—1960	648.98	462.10	178.34
1961—1970	500.75	330.83	177.05
1971—1980	391.86	142.96	232.76
1981—1990	290.49	50.90	229.45
1991—2000	320.56	99.88	223.69
2001—2010	241.56	47.58	186.09

阿姆河中、下游的入流量和出流量的每 10 年月平均变化如图 7.11 所示。阿姆河中游的入流量，即上游的来水量 1991—2000 年和 2001—2010 年的曲线与前面几十年的相比偏向左边一点，说明 1990 年以后的气候变暖趋势使春季的冰川融雪径流量增大，冰川融雪季提前（图 7.11a）。径流量从 1991—2000 年显著增长，是因为春季和冬季降水量的增加及 1990 年以后的气候变暖使春季和夏季的冰川积雪融水量增大。2000 年以后，径流量减少主要是因为山区降水量减少，伴随着冰川面积缩小。图 7.11 的 a 和 b 中同一年的曲线的差异显示，阿姆河中游的耗水量和排入阿姆河的农业排水量对径流量的影响。其中，耗水量包括灌溉引水量和河道本身的传输损失。

图 7.11 的 c 和 d 中同一年份的曲线差异显示，阿姆河下游的耗水量（主要是灌溉用水量）对河流流量的影响。阿姆河下游的灌溉用水量对河流的影响大于中游的灌溉用水量对河流的影响。图 7.11 中的 b 为图亚姆雍水库的入流量，c 为图亚姆雍水库的出流量，从图中看差异不明显，但是从每 10 年平均生长期和非生长期的入流量和出流量变化来看（表 7.8），水库的调蓄作用比较显著。

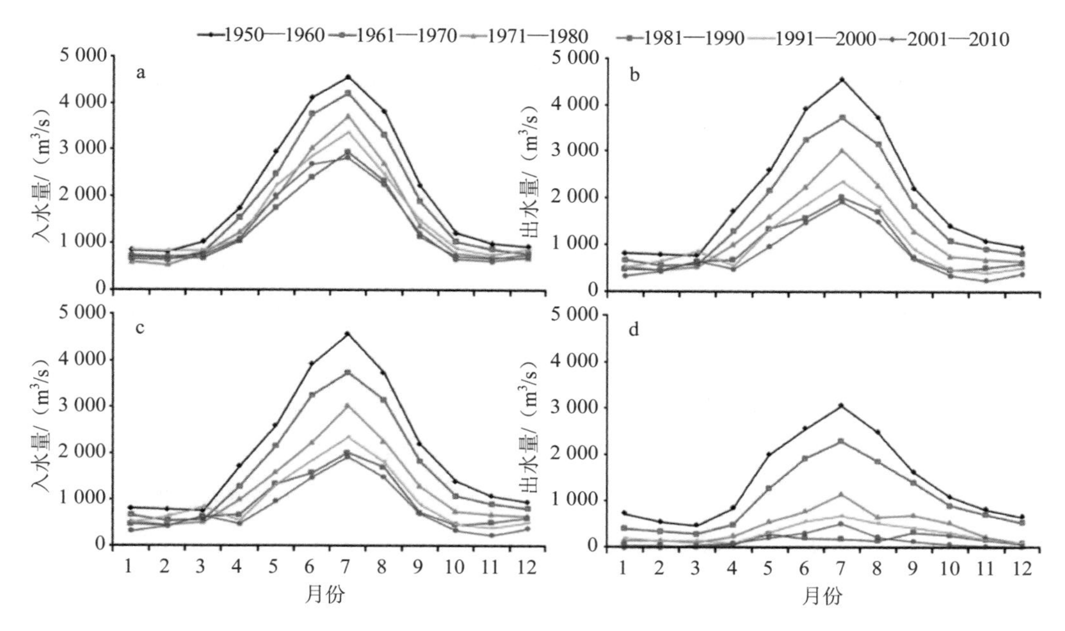

图 7.11　阿姆河中、下游的入流量和出流量的每 10 年月平均变化

（a 和 b 分别为中游的入水量和出水量，c 和 d 分别为下游的入水量和出水量）

表 7.8　阿姆河中、下游入水量和出水量在生长期和非生长期的变化　　单位：亿 m^3

年份	非生长期	生长期	非生长期	生长期
中游	凯尔基		图亚姆雍	
1950—1960	153.08（23）	520.44（77）	147.65（23）	501.33（77）
1961—1970	121.74（21）	447.75（79）	110.56（23）	371.66（77）
1971—1980	103.59（22）	361.34（78）	87.66（24）	292.10（76）
1981—1990	109.57（27）	299.71（73）	76.70（18）	344.13（82）
1991—2000	132.41（27）	360.17（73）	103.49（28）	268.77（72）
2001—2010	106.37（25）	314.00（75）	74.05（24）	228.82（76）
下游	图亚姆雍		克孜勒亚尔	
1950—1960	147.66（23）	501.33（77）	106.37（24）	333.50（76）
1961—1970	110.55（23）	371.66（77）	85.37（26）	245.46（74）
1971—1980	87.66（23）	292.10（77）	34.37（24）	108.60（76）
1981—1990	79.58（28）	200.77（72）	17.37（34）	33.54（66）
1991—2000	85.20（26）	238.37（74）	29.65（30）	70.23（70）
2001—2010	55.42（24）	178.24（76）	6.05.35（13）	41.52（87）

注：括号（）内数据为所占比例。

1981 年以后，水库的入流量和出流量有明显的差异。从生长期和非生长期的径流量变化来看，从 1981 年开始上游的生长期来水量增长了 5%，2000 年以后减少了 2%，这体现了上游努列克水库对河流流量的影响。这主要是因为塔吉克斯坦在生长期用该水库蓄水，用来非生长期的发电。

7.3.3 苏联解体后各国的耗水量及排水量分析

如表 7.9 所示，阿姆河中、下游（为了便于分析和说明凯尔基站水量在 1969 年以后迅速减少的原因，此处增加了对阿姆河水量影响较大的两个运河，即卡尔希运河和喀拉库木运河的引水量）的乌兹别克斯坦和土库曼斯坦每 5 年平均的引水量，两个国家的用水量都有减少趋势，虽然乌兹别克斯坦的用水量略高于土库曼斯坦的用水量，但是土库曼斯坦单位面积的灌溉用水量大于乌兹别克斯坦单位面积的灌溉用水量。图 7.5 显示，1991—1999 年、2000—2008 年和 2009—2014 年 3 个时间段内，两个国家的引水量不断地减少。这种减少趋势归因于河流水量的减少和节水措施，并不是因为灌溉面积减少。乌兹别克斯坦和土库曼斯坦的主要引水渠每 5 年平均引水量如表 7.3 所示。对阿姆河水量影响较大的引水渠为卡拉库姆引水渠、卡尔希干渠、阿姆布哈拉引水渠、塔什萨卡引水渠，各自的年平均引水量分别为 10.27 亿 m^3、4.16 亿 m^3、4.59 亿 m^3、3.12 亿 m^3，总引水量将近阿姆河上游来水量的 1/3，大部分引水渠的引水量都在减少。这主要是因为阿姆河上游来水量的减少和政府采取的节水措施和禁止超额灌溉等措施。2001 年之前，土库曼斯坦从穿过乌兹别克斯坦的克力赤拜、加扎瓦提、沙瓦提和克普恰克博孜苏等引水渠引水。2000 年和 2001 年的旱灾以后几乎很少从这些引水渠引水，改成从土库曼达利亚引水。这在一定程度上能体现两个国家之间水资源分配方面的矛盾。

表 7.9 苏联解体后至今的各国用水量 单位：亿 m^3

年份	1991—1995	1996—2000	2001—2005	2006—2010	2011—2014
乌兹别克斯坦	214.60	212.27	205.06	201.87	202.01
土库曼斯坦	222.72	206.10	198.14	189.38	192.54
其他	6.28	7.79	12.06	8.64	12.63

注：其他包括应急用水量。

阿姆河中游部分，包括土库曼斯坦的列巴普州和乌兹别克斯坦的布哈拉州。该地区的主要的排水渠都向阿姆河排水。下游只有卡拉卡尔帕克斯坦的比鲁内排水渠和花剌子模州的一个排水渠排到阿姆河，其余排水渠一般排水到中间的湖泊和荒地。图 7.12

显示，阿姆河中、下游排水量的年际变化，其中排到阿姆河的水量最多。排到中间湖泊的水量中缺乏土库曼斯坦的达沙古兹州和乌兹别克斯坦的花剌子模州的排水量（缺少此部分数据）。排到阿姆河的水量和排到中间湖泊的水量比较稳定，排到荒地的水量不断增加。图 7.13 显示，阿姆河中、下游乌兹别克斯坦和土库曼斯坦的引水量和排水量的年际变化。乌兹别克斯坦的引水量略高于土库曼斯坦的引水量，土库曼斯坦的排水量多于乌兹别克斯坦的排水量（土库曼斯坦的排水量只有 1991—2000 年的数据）。引水量的大小受到阿姆河水量丰枯变化的影响较大。这说明 20 世纪 90 年代以后，灌溉水量没有根据需水量分配而是根据上游来水量分配。这主要是因为，如果根据需水量分配，某些年份的阿姆河水量远远不能满足需要，特别是在阿姆河下游。

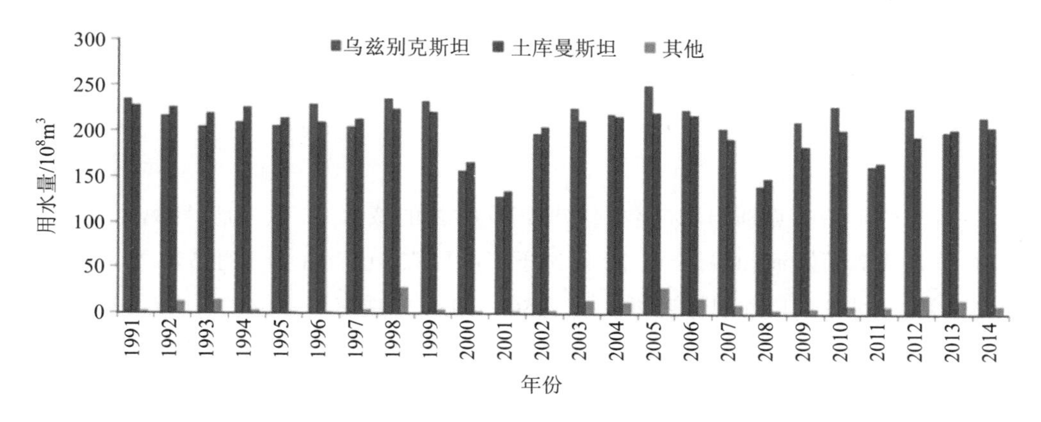

图 7.12 阿姆河中、下游的排水情况

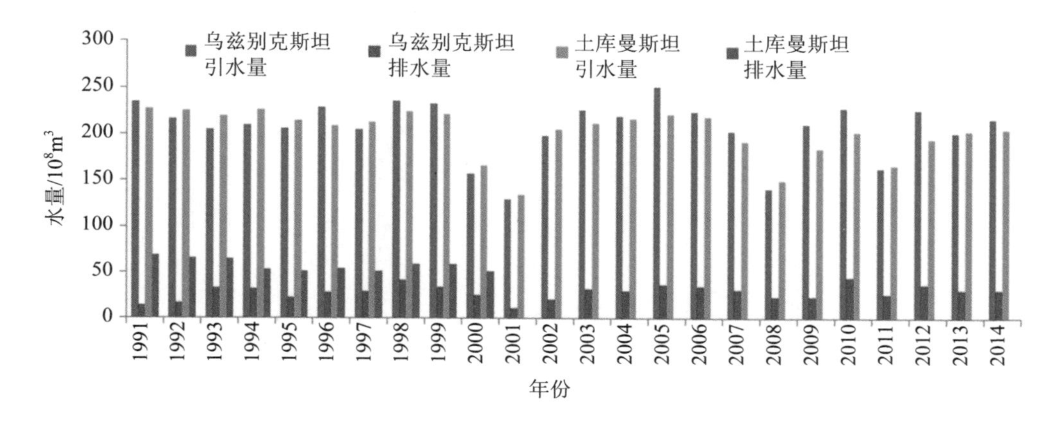

图 7.13 阿姆河中、下游各国家引水量与排水量变化

第 8 章　阿姆河流域中、下游水资源利用与咸海关系

8.1　咸海的变化过程

咸海，位于哈萨克斯坦和乌兹别克斯坦交界处的咸水湖，原为世界第四大湖，水源补充主要依赖阿姆河和锡尔河。20 世纪下半叶以来，已存在于地球 550 万年的咸海，因人类不科学过度利用而迅速萎缩。从 1950—1960 年咸海的水位、水域面积和水量都具有增长趋势，1960 年达到最大值（最高水位 53.40 m，最大面积为 6.8 万 km^2，最大蓄水量为 10 830 亿 m^3）。1960 年以后迅速减少（图 8.1 和图 8.2）。

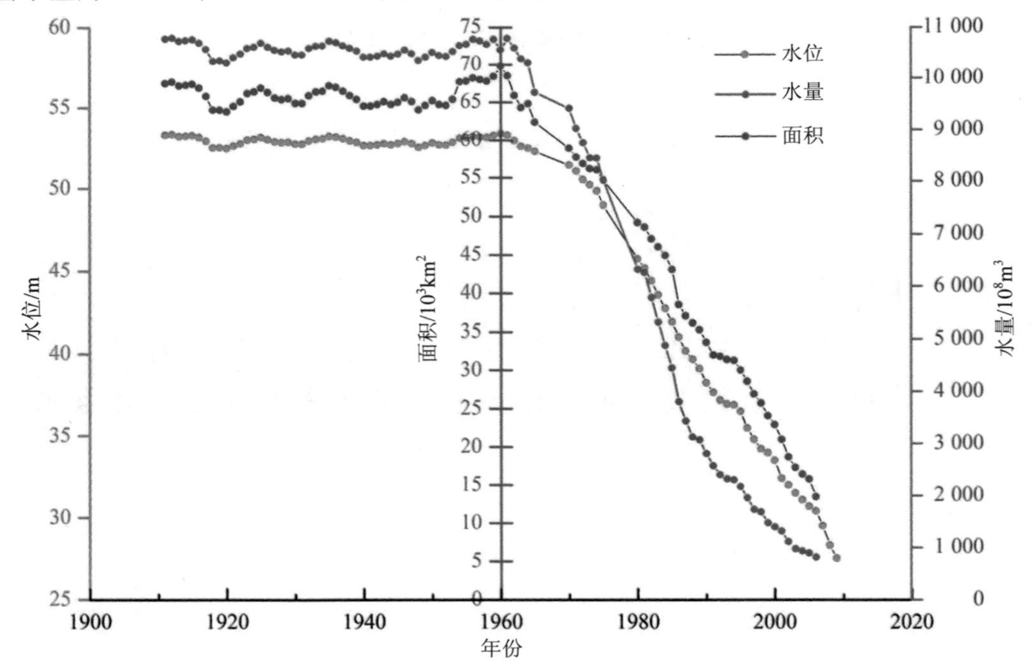

图 8.1　1911—2014 年咸海水位、面积及水量变化

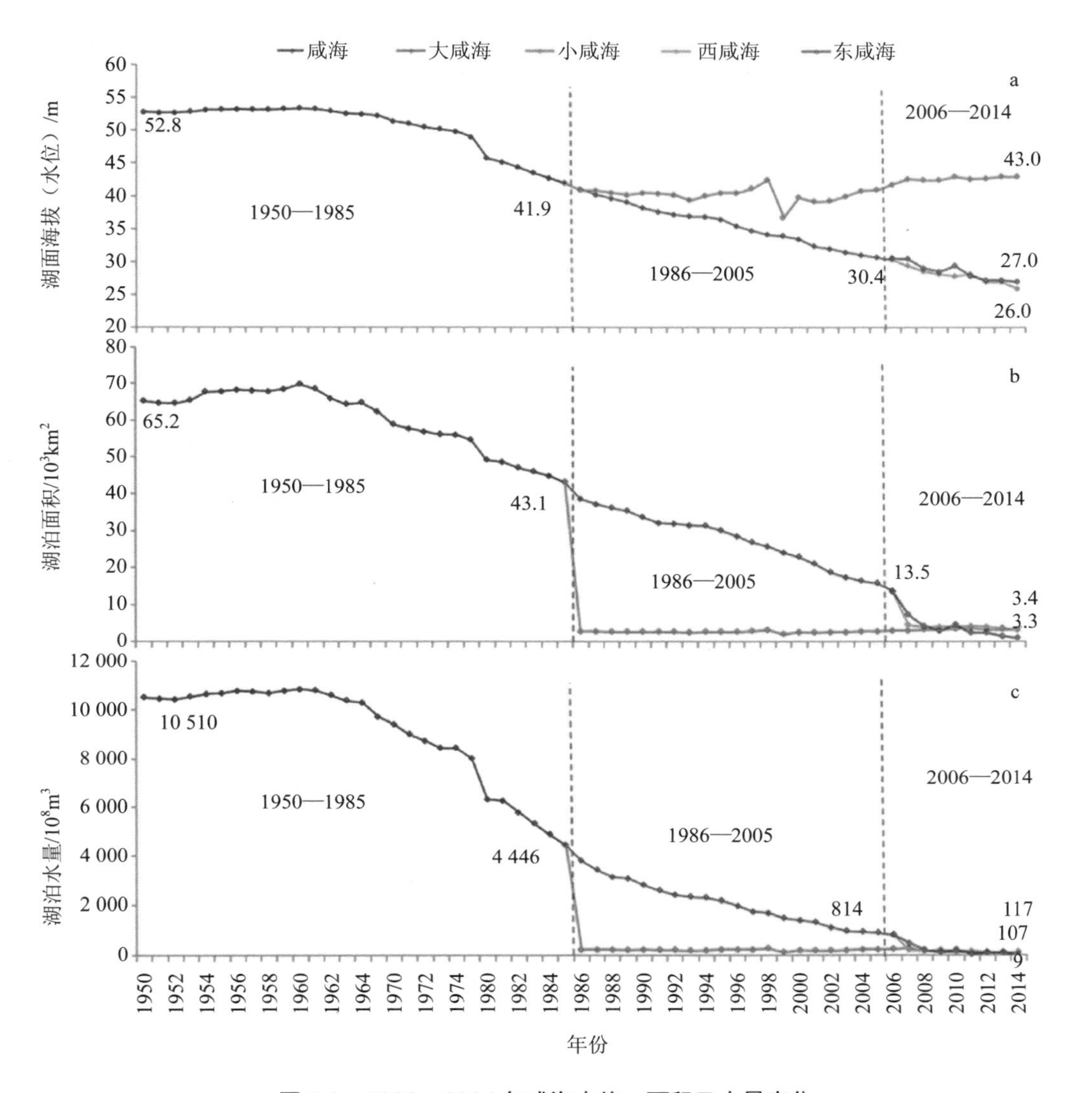

图 8.2　1950—2014 年咸海水位、面积及水量变化

1986 年，威海分成了大咸海和小咸海两个部分，从此阿姆河的水补给大咸海，锡尔河的水补给小咸海。此时水位从原来的 53.40 m 降低到 41.94 m，水域面积从 6.9 万 km^2 减少到 4.3 万 km^2，蓄水量从 10 830 亿 m^3 减少到 4 446 亿 m^3，水量大约减少了 60%。1986—2006 年，小咸海的水位、水域面积和水量基本保持不变，而大咸海的水位、面积和水量都在迅速减少，水位从 41.02 m 降低至 30.4 m，水域面积从 3.8 万 km^2 减少到 1.3 万 km^2，水量从 3 806.3 亿 m^3 减少到 814 亿 m^3，咸海的总面积从 4.1 万 km^2 减少到 1.6 万 km^2，总水量从 4 031.0 亿 m^3 减少到 1 054.1 亿 m^3，2006 年的水量大约为 1960 年水量的 10%。2006 年以后大咸海分成了西咸海和东咸海两个部分。

小咸海的水域和水位在 2007—2014 年均处于增加趋势，2007—2014 年小咸海的水位抬升了 0.4 m，水域面积于 2011 年达最大值 3.83 km^2。南咸海（包括东咸海和西咸海）的水位、水域面积和水量则处于持续减少的趋势，其中东咸海的减少速度明显快于西咸海。整个咸海从 1960—2014 年减少了 88.97%的水量（阿布都米吉提、阿布力克木等，2019）。

从阿姆河与锡尔河对咸海的贡献来看，1992 年之前，阿姆河对咸海水量的贡献率在 80%左右（枯水年除外）。1992 年以后，阿姆河的贡献率一直减少，到 2001 年阿姆河的水不再汇入咸海。目前，只有几个排水渠的水和地下水补给东咸海和西咸海，锡尔河一直汇入小咸海。

从 1981—2015 年咸海水域面积变化过程图（图 8.3，利用遥感影像获得的水域面积图）显示，于 1986 年咸海分成小咸海和大咸海两部分后到 2013 年小咸海的面积变化很小，大咸海的面积逐渐减少。1995 年以后，咸海面积缩小的速度较快，从 2009—2013 年咸海的面积变化有些波动，但是总体上还是处于减少趋势。

上述变化的主要原因是 1960 年以后的大面积土地资源开发及水资源不合理利用所导致。阿姆河流域，特别是中、下游地区，由于光照充足，热量充沛，适宜发展水浇地。据苏联专家统计，从中亚的每公顷旱地上仅能获取价值为 5～10 卢布的产品，而从每公顷水浇地上，则有可能收获高达 509～2 909 卢布的产品。水浇地不仅产量高，价值大，而且生产稳定。所有这些都激励人们开发水浇地，水浇地大量开发是导致咸海退缩的主要原因。

在大面积开发水浇地时修建的大型水利设施，也是导致汇入咸海的水量减少的另外一个因素。阿姆河中、下游的大型引水渠在 1954—1975 年修建，阿姆河中、下游的主要引水渠的修建时间及相关参数如表 8.1～表 8.3 所示。对阿姆河中、下游水量影响较大的引水渠为多年平均引水量分别为 40 亿 m^3、45 亿 m^3 和 100 亿 m^3 的卡尔希运河、阿姆布哈拉运河和喀拉库木运河。

灌溉农业中的水量流失主要集中在农业内部灌溉网，或直接从地表流失，损失占总供应量的 37%。主要引水渠的传输损失为 15%，农场间渠道的传输损失为 22%，田内渠道的传输损失为 34%，田间的损失为 42%，总的灌溉效率为 33%。另外，大型水库的修建对汇入咸海的水量也产生一定的影响。水库的调蓄作用，影响汇入咸海水量的季节变化，水库的下渗和水面蒸发减少汇入阿姆河的水量。除此之外，水资源的不合理利用导致阿姆河中、下游地区的土壤盐渍化越来越严重，农业用水量加大，因为每年春季需要利用大量的水进行洗盐。

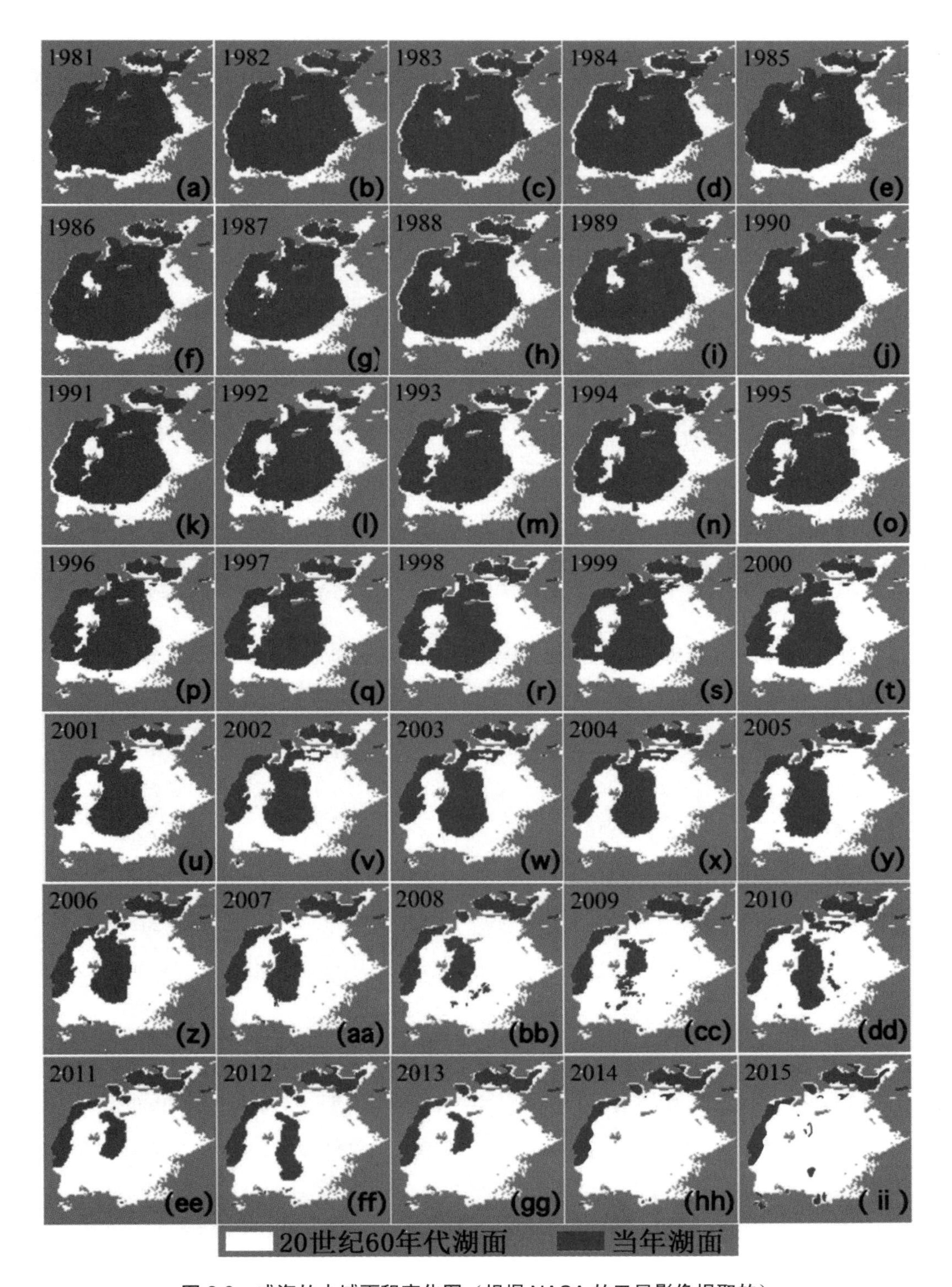

图 8.3　咸海的水域面积变化图（根据 NASA 的卫星影像提取的）

表 8.1 阿姆河中游主要的引水渠及其相关参数

	引水渠、运河	竣工时间	最大/实际输水量/（m^3/s）
凯利夫至凯尔基	恰尔尚加	1938 年	
	卡拉库姆运河	1954 年	
	喀尔希运河	1974 年	160/152
凯尔基至图亚姆雍	霍占巴斯	1938 年	
	泽森明	1938 年	
	卡拉别克	1938 年	
	萨亚特闹哈纳	1938 年	
	库莱里克		
	阿姆—布哈拉运河	1975 年	350/60
	沙克比提克	1975 年	
	别尔珍	1938 年	39/102

表 8.2 阿姆河下游主要的引水渠及其相关参数（www.cawater-info.net 和 Schluter 等，2005）

	引水渠、运河	竣工时间/扩建时间	最大/实际输水量/（m^3/s）
从图亚姆雍水库引水	图亚姆雍左岸渠	1969 年	/512
	图亚姆雍右岸渠	1983 年	/200
	土库曼达利亚	1992 年	300/250
	皮尼亚克	1938 年/1976 年	/45
图亚姆雍至克孜勒亚尔	塔什萨卡（帕尔万）	1925 年/1979 年	/202
	帕赫塔	1929 年/1931 年	460/440
	拜兰萨卡	1925 年/1962 年	
	卡拉玛再	1925 年/1962 年	/50
	乌尔根奇	1937 年/1969 年	/100
	达里亚力克	1937 年/1969 年	/100
	十月干渠	1933 年/1979 年	
	图让勒萨卡	1971 年	/100
	克力赤拜	1925 年/1976 年	250/240
	克普恰克博孜苏	1925 年/1940 年	45/40

	引水渠、运河	竣工时间/扩建时间	最大/实际输水量/（m^3/s）
图亚姆雍至克孜勒亚尔	主麻拜	1938 年/1951 年	12/10
	罕亚普		300/250
	格雷兹		
	帕拉雷利		/180
	绥利	1977 年	394/225
	克孜克特坎	1929 年/1938 年	900/370
	博孜阿泰	1929 年/1938 年	/52
	额尔肯达利亚		
	莱山	1963 年/1966 年	

表 8.3　喀拉库木运河的四期工程及相关参数

工程	渠首渠尾	长度/km	运河量/10^8 m^3	渠首最大摄入量/（m^3/s）	施工时间
1 期工程	阿姆河至穆尔加布河	400	35	130	1954—1962 年
2 期工程	阿姆河至捷詹河	540	47	198	1959—1960 年
3 期工程	阿姆河至盖奥克泰佩	840	83	295	1962—1969 年
4 期工程	阿姆河至巴列克特	1 100	—	510	1976—1981 年

8.2　咸海的变化与中、下游灌溉用水的关系

阿姆河上、中游（包括卡尔什运河和喀拉库木运河的灌区）和下游在 1990 年、2000 年和 2010 年用水量的季节变化和年际变化表（表 8.4）显示，阿姆河上游的用水量占整个流域的用水量的比例在 15%左右。

2000 年阿姆河上游用水量在生长期和非生长期的用水量和年总量在阿姆河流域用水量中的比例增加。这不是因为上游的用水量增加了，而是因为 2000 年是枯水年，上游的用水量几乎没变，中、下游的用水量比平水年少。因此从整个阿姆河流域来看，阿姆河中、下游用水量的增长对咸海退缩的贡献率大约占 85%。而且阿姆河中、下游的用水量中农业用水量占 90%以上，因此导致 1990 年前咸海退缩的主要原因是阿姆河中、下游耕地面积的增长（Хужамкулова Х.И.，2017）。

表 8.4　阿姆河上游、中游和下游及三个国家的生长期和非生长期的用水量及各自在总量中所占的比例

单位：$10^8\ m^3$

时间	土库曼斯坦	乌兹别克斯坦	塔吉克斯坦	总计	阿姆河流域总计	中游	下游	上游
1990 年								
非生长期	69.94	64.80	19.24	153.98	155.62	87.66	53.71	14.24
	45%	42%	12%	100%	100%	56%	35%	09%
生长期	156.31	170.98	59.71	387.00	402.66	171.15	156.14	75.37
	40%	44%	15%	100%	100%	43%	39%	19%
年总量	226.24	235.78	78.95	540.98	558.28	258.81	209.85	89.61
	42%	44%	15%	100%	100%	46%	38%	16%
2000 年								
非生长期	49.55	48.24	18.01	115.80	120.97	69.70	33.38	17.88
	43%	42%	16%	100%	100%	58%	28%	15%
生长期	87.80	84.01	57.09	228.90	242.90	118.91	52.89	71.09
	38%	37%	25%	100%	100%	49%	22%	29%
年总量	137.35	132.24	75.10	344.70	363.87	188.62	86.28	88.98
	40%	38%	22%	100%	100%	52%	24%	24%
2010 年								
非生长期	34.63	38.04	22.38	95.05	92.25	52.36	25.93	13.96
	36%	40%	24%	100%	100%	57%	28%	15%
生长期	135.21	151.98	52.00	339.19	349.05	145.50	141.69	61.85
	40%	45%	15%	100%	100%	42%	41%	18%
年总量	169.84	190.03	74.38	434.24	441.29	197.86	167.62	75.81
	39%	44%	17%	100%	100%	45%	38%	17%

从图 7.1 得知，阿姆河流域的三个国家的灌区面积从 1970 年开始迅速增长，1991 年苏联解体以后缓慢增长，乌兹别克斯坦灌区有所减少。乌兹别克斯坦的灌区面积在 1960—1970 年没有显著增长，20 世纪 70 年代以后开始迅速增长，1970—1990 年迅速增长，1990—2000 年缓慢增长，2000 年以后缓慢减少。土库曼斯坦的灌区面积 1960—1970 年缓慢增长，1970—1996 年迅速增长，1996—2013 年缓慢增长。

从图 8.4 可以看出，1970 年开始凯尔基站和克孜勒亚尔站的水量都开始减少，凯尔基的水量减少主要是因为喀拉库木运河和卡尔什运河的修建，土库曼斯坦的阿哈尔和马雷两个州以及乌兹别克斯坦的卡什卡尔达里亚州的土地资源开发。克孜勒亚尔站

的水量减少主要是因为阿姆河下游地区的土地资源开发，即乌兹别克斯坦的花剌子模州和卡拉卡尔帕克斯坦和土库曼斯坦的达沙古兹州的大面积土地资源开发。1982 年整个阿姆河的水量几乎被灌溉农业耗尽，汇入咸海的水量很少，到 1986 年咸海分成小咸海和大咸海两个湖。虽然 1990—1999 年阿姆河的上游来水量显著增加了，但是由于阿姆河中、下游的灌区不合理的水资源分配与管理，汇入咸海的水量仍不断地减少。2000 年的干旱使下游的缺水情况更加严重，导致卡拉卡尔帕克斯坦的一部分耕地弃耕。为了应对水资源危机，卡拉卡尔帕克斯坦在 2001 年和 2002 年拦截了到咸海的水，在阿姆河三角洲修建了人工湖和水库。从此到今，阿姆河的水不再汇入咸海，只有几个排水渠的水和地下水补给咸海。

图 8.4（a）显示，1986 年之前阿姆河中、下游的灌溉定额几乎都在 20 000 m^3/（hm^2·a）以上，1986 年以后灌溉定额开始减少，平水年一般在 16 000 m^3/（hm^2·a）左右。这与同样干旱缺水条件下的以色列和中国新疆相比，1995 年的灌溉定额[5 700 m^3/（hm^2·a）]相比，超过近 3 倍。上述情况说明，导致咸海退缩的原因除了大面积土地开发，还有当地的技术发展水平低，灌溉效率和传输效率低等原因。1986—2014 年，虽然耕地面积有所增加，但是由于灌溉效率提高，灌溉农业用水量有所减少。图 8.4 中 2001 年和 2008 年的灌溉用水量不能代表灌溉效率提高。2000 年、2001 年和 2008 年是旱年，上游来水量不能满足中、下游灌溉农业的要求，这两年的引水量都是根据中亚洲际协调水委员会的分配的水量引水的（Айдаров О.Т. и др.，2016；Сидорова Л.，2016）。

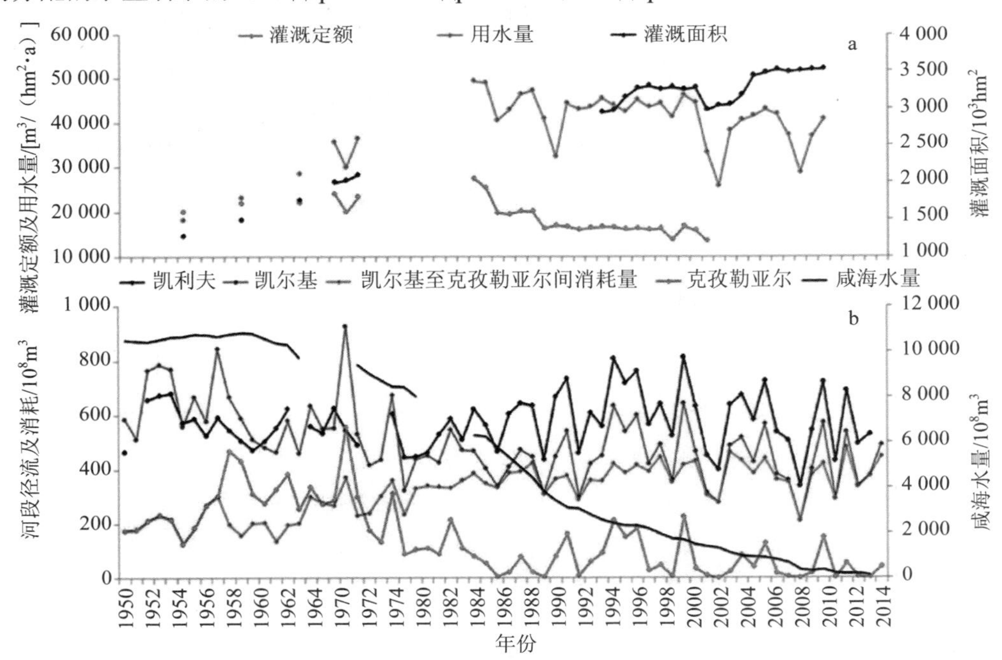

图 8.4　阿姆河水量变化、灌溉面积变化、灌溉用水量变化和咸海变化的关系图

研究证明，咸海退缩主要的驱动因子包括气候变化和人类活动，人类活动包括土地利用/土地覆被变化，农业灌溉（灌溉用水量及灌溉网的传输损失等），工业用水，大型水利设施的修建和水资源管理等。阿姆河上游地区主要起作用的是气候变化，人类活动的影响较少。然而阿姆河中、下游地区，年平均降水量在 100 mm 左右，蒸发量约为 2 000 mm，降水对地表水和地下水量的影响很少，因此主要起作用的是人类活动的影响。如图 7.6 所示，农业用水量占总水量的比例超过 87%，因此农业用水量，特别是灌溉农业用水量的增加是导致咸海退缩的主要因素。图 8.5 是阿姆河中、下游用于农业灌溉的引水量和咸海水量变化趋势图。从 1955 年开始阿姆河中、下游的灌溉用水量在迅速增长，1980—2010 年灌溉用水量具有微弱的减少趋势，中间的三个局部极小值，即 1986 年、2000 年和 2007 年的引水量减少主要是因为上游来水量少。1960 年以后，灌溉农业用水量迅速增加，1986 年中、下游的灌溉农业几乎耗尽了上游来水量，咸海分成了小咸海和大咸海两个部分。1986—2014 年，虽然灌溉用水量具有微弱的减少趋势，但是汇入咸海的水量逐渐减少，导致咸海的水量逐渐减少，到 2006 年大咸海分成西咸海和东咸海两个部分，到 2014 年咸海的水量为 233 亿 m^3，相当于 1960 年水量的 2%。

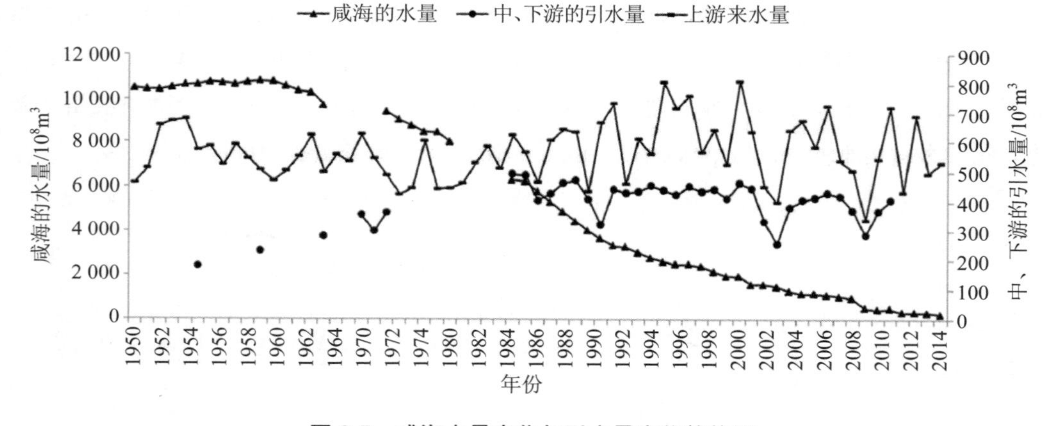

图 8.5 咸海水量变化与引水量变化趋势图

8.3 未来咸海治理的方向

咸海曾经是世界第四大内陆湖，1960 年的水域面积和水量分别为 6.9 万 km^3 和 10 830 亿 m^3，到 2014 年咸海的总面积为 7 700 km^2，总水量为 9 亿 m^3。早在 20 世纪 30 年代，苏联就在中亚地区开始兴建全长 220 km 的大费加拉运河，利用锡尔河河水浇灌棉花田。随后，卡拉库姆沙漠东南部的卡拉库姆调水工程于 1954 年正式开工。这一工程通过修建一条长 1 400 km、穿越卡拉库姆沙漠的大运河，把阿姆河的水从上游截出，使运河沿线成为一个以棉花为主的农业基地。随着农业用地的扩张，阿姆河和锡尔河汇入咸海的水量逐渐减少，导致目前的咸海危机。联合国环境规划署曾经在一份报告中称“除了切尔诺贝利核电站事故受害区外，地球上恐怕再也找不到像咸海周边这样生态灾害覆盖面如此之广，涉及人数如此之多的地区了”。咸海大面积干涸，一方面引起湖水含盐浓度增加，另一方面导致湖底裸露。咸海萎缩后约 3.5 万 km^2 的干涸湖床完全盐漠化，成为中亚地区盐碱尘暴的策源地。每年春季，大风把裸露湖床上的大量盐碱尘吹起，形成巨大的盐尘暴，直接导致周边数百万人口的健康问题，同时波及数百甚至上千千米以外的地方。据专家估测，每年被大风卷起的盐尘超过 1 亿 t，盐尘随风长时间远距离扩散，加速了帕米尔高原冰川退缩速度，甚至还殃及位于欧洲的阿尔卑斯山脉的冰雪消融（丹晨，2005；Мамаева Г.Г.，2001；Хасанов А.Х.，2017）。因此，如何应对咸海生态危机是一个急需专家关注的问题。

咸海因深居亚欧大陆的中部，西距大西洋约 4 300 km，北距北冰洋 2 500 km，东、南分别距太平洋和印度洋 1 800 km，加之有山地和高原阻挡，使得太平洋、印度洋和大西洋的暖湿气流难以抵达，因而气候十分干旱。年降水量不足 100 mm，但湖面平均年蒸发量却高达 940 mm。湖北有大巴尔苏基和滨咸海卡拉库姆沙漠，东与东南岸和西南部分分别同克孜勒库姆沙漠及卡拉库姆沙漠毗连。20 世纪 60 年代初，咸海湖面年蒸发量 607 亿 m^3，湖面年降水量 59 亿 m^3，河流净流量 548 亿 m^3，水文收支基本平衡。注入咸海的大陆径流中 95%来自阿姆河及锡尔河。因此咸海退缩的主要原因是阿姆河和锡尔河汇入咸海水量的减少。原因有以下几个方面。

（1）灌溉农业面积扩张。咸海流域光热资源充足，是苏联少数能种植喜温作物棉花、葡萄及水稻等的地区。20 世纪 50 年代以来，苏联政府决定在中亚及哈萨克南部地区 大力发展灌溉农业，将这一地区建设成为全苏联最大的棉花生产和出口基地以及重要的瓜果、葡萄和蔬菜基地。灌溉农业面积增加，灌溉用水量增大，导致汇入咸海的水量持续减少。1990 年阿姆河流域可利用水资源总量为 725 亿 m^3，河流总水资源量为 544 亿 m^3，灌溉农业引水量为 502 亿 m^3，占可利用水资源量的 69.24%，占河流水资源量的 92.28%。1990 年锡尔河流域的可利用水资源量为 481 亿 m^3，河流的水资源量为 276 亿 m^3，灌溉农业引水量为 366 亿 m^3，超过了河流的总水资源量（Makhmudov, et al.，2008）。

（2）灌溉网络的传输效率低。为了发展灌溉农业，从 20 世纪 50 年代中期起，在咸海地区进行了大规模的水利建设，先后在阿姆河及锡尔河干支流上兴建了一系列大中型水库和灌渠。其中著名的有：阿姆河支流瓦赫什河上的 Nuruk 水库（有效库容为 45 亿 m^3）、中游和下游之间的 Tuyamuyun 水库（有效库容为 52.7 亿 m^3）、卡拉库姆运河、卡尔什运河和阿姆布哈拉运河等。由于技术水平低，没有做好防渗措施，加之阿姆河和锡尔河的中、下游穿过沙漠，传输途中的蒸发量很大。1990 年在阿姆河流域河道上和水库中损失的水资源总量为 87 亿 m^3。农业用水量中大约 37%的水量消耗在灌溉网络系统中。1990 年锡尔河流域水库和河道上损失的总水量为 38 亿 m^3（Makhmudov，et al.，2008）。

（3）灌溉效率低。咸海流域大部分地区利用沟灌的方法，技术发展水平低，灌溉效率只有 33%。

（4）水资源不合理利用导致土壤盐渍化。由于灌溉技术发展水平低，采用大水漫灌和沟灌等方法导致地下水位不断地上升，加之蒸发量大，导致土壤盐渍化严重（每年春季或秋季进行洗盐，消耗大量的水资源）。

（5）水利问题。苏联时期，多年调节水库的正常运行保证了经济部门的用水，并维护了咸海沿地区生态系统的平衡。位于上游的这些水库曾用作两河流域水利系统的灌溉发电工程，苏联解体后，该系统的稳定性遭到了破坏，下游的自然景观因此发生了退化。水资源预报和评估的可信度很低，缺乏河流实际径流量和流域实时却水量的完整信息。

（6）中亚各国家在流域水资源的分配、能源补偿以及灌溉发电等方面管理矛盾：①在水资源分配方面，要求增加本国的水分配额；②在水资源与能源补偿方面，就水资源属性开展利益斗争：上游国家要求下游国家在建设和维护国际河流的水利设施方面给予补偿。下游国家认为水资源是自然资源，不是商品，应由各国分享，不需要付费；③在灌溉与发电方面，上游国家追求能源独立，下游国家追求灌溉水利独立，上游国家为保证枯水期和冬季发电，需要夏季蓄水，冬季排水，而这恰恰与下游国家的农业生产期相矛盾，使其夏季灌溉用水不足，冬季洪水频发。

除上述因素外，人口迅速增长、工业化及城市化也是导致该区域蓄水量增大，导致咸海退缩的原因之一。例如，1959—1987 年，中亚地区的人口增长了 1.3 倍，1987—1995 年增长了 21.53%。随着人口的增长，工业化和城市化的发展，人们对粮食、副食品、土地资源和水资源的需求随之增长（毛汉英，1991）。

针对上述导致咸海退缩的原因，提出以下咸海治理的建议：

（1）减少农业灌溉用水量。这方面主要是通过提高灌溉网络的传输效率（例如，引水渠做好防渗措施，经济条件允许的情况下也可以采取地下设输水管道等措施减少传输损失）和采用滴灌、喷灌等节水灌溉措施提高灌溉效率。除此之外，通过调整农作物结构，减少耗水量多的农作物面积，增加耗水量少的农作物面积，增加耐盐性作物面积等方法减少灌溉引水量。

（2）提高回归水利用率。对各排水渠的水质进行检测，根据检测结果有效利用回归水，尽量减少从河道引水灌溉的水资源量。

（3）建立统一的税资源监测与管理信息平台。通过国际水资源协调组织，严格控制用水量，严格按照各国家各地州的实际需水量分配水资源来解决不合理用水问题。对于水资源不合理利用导致的土壤盐渍化问题，地下水水质满足灌溉的条件下，采取地表水灌溉和地下水灌溉相结合的方法避免地下水位持续上升。对于地下水位高且水质差的地区，采取垂直排水的方法进行排水，降低地下水位尽量减少地下水蒸发，盐分在地表积聚。另外，可以引进耐盐性较强的农作物改善土质。

（4）提高流域内人们保护水资源的意识，倡导节约用水。

（5）建立咸海国际援助基金，按照绿色和可持续管理的原则，统一协调建设引水、排水工程，使咸海每年增加 150 亿 m^3 水量入海。

在咸海干涸河床实施生态修复工程，将盐尘最严重的 1 万 km^2 裸露盐床利用生物方法得到治理，防止盐尘大面积传输。

参考文献

[1] 陈曦，等. 亚洲中部干旱区蒸散发研究[M]. 北京：气象出版社，2012.

[2] 陈曦，等. 吉尔吉斯斯坦自然地理[M]. 北京：中国环境出版社，2016.

[3] 陈曦，等. 中亚干旱区土地利用与土地覆盖变化[M]. 北京：科学出版社，2015.

[4] 加帕尔・买和皮尔，A. A 图尔苏诺夫，等. 亚洲中部湖泊水生态学概论[M]. 乌鲁木齐：新疆科技卫生出版社，1996.

[5] 胡汝骥，姜逢清，王亚俊，等. 中亚（五国）干旱生态地理环境特征[J]. 干旱区研究，2014，31（1）：1-12.

[6] 李均力，等. 气候变化背景下的中亚资源与环境[M]. 北京：气象出版社，2017.

[7] 吉力力・阿不都外力，等. 中亚环境概论[M]. 北京：气象出版社，2015.

[8] 吉力力・阿不都外力，等. 干旱区湖泊与盐尘暴[M]. 北京：中国环境出版社，2012.

[9] 丹晨. 拯救咸海 十万火急[J]. 生态经济，2005（9）：14-19.

[10] 毛汉英. 咸海面积为什么会急剧缩小，国土整治实例（第一集）[M]. 北京：海洋出版社，1985.

[11] 毛汉英. 咸海危机的起因与解决途径[J]. 地理研究，1991，10（2）：76-84.

[12] 杨立信. 阿姆河和锡尔河下游水资源一体化管理项目[J]. 水利水电快报，2009，30（4）：6-9.

[13] 姚海娇，周宏飞. 中亚五国咸海流域水资源策略的博弈分析[J]. 干旱区地理，2013，36（4）：764-771.

[14] 张新花，何伦志. 中亚水资源纠纷及通过水资源市场化的解决途径[J]. 新疆社会科学（汉文版），2008（1）：59-63.

[15] 邓铭江，龙爱华. 中亚各国在咸海流域水资源问题上的冲突与合作[J]. 冰川冻土，2011，33（6）：1376-1390.

[16] 阿布都米吉提・阿布力克木，葛拥晓，王亚俊，胡汝骥. 咸海的过去、现在与未来[J]. 干旱区研究，2019，36.

[17] 包安明，李小玉，白洁，等. “一带一路”中亚区生态环境遥感监测[M]. 北京：科学出版社，2018.

[18] Айдаров О. Т.，Сауытбаева Г. З.，Токтаганова Г. Б. Влияние увеличения роли орошаемых земель в центральной азии в высыхании Аральского моря[J]. Наука и Мир，2014. Т. 2. № 12（16）：

152-154.

[19] Аладин Н. В.，Ермаханов З. К.，Плотников И. С. Каким может быть будущее Аральского Моря？[J]. Природа，2017. № 9（1225）：26-39.

[20] Алимов М. С. Опыт и методика оценки элементов баланса грунтовых вод орошаемых территорий Узбекистана. -Ташкент：Фан УзССР，1979. 134с.

[21] Биндеман Н. Н. Оценка эксплуатационных запасов подземных вод.-Москва，Госгеолтехиздат，1963. 245с.

[22] Борисов В. А. Современное состояние подземных вод.-проблемы и их решения // Материалы междунар. науч. практич. конфер.-Ташкент ГИДРОИНГЕО，2008，8с.

[23] Бугаев，В. А. Джорджио В. А. Козик Е. М. и др. «Синоптические процессы Средней Азии» -Ташкент，1957. 477 с.

[24] Духовный В. А.，Соколов В. И. Интегрированное управление водными ресурсами. Опыт и уроки Центральной Азии навстречу четвертому Водному форуму. Ташкент，2005. 95с.

[25] Кенесарин Н. А. Формирование режима грунтовых вод орошаемых районов на примере Голодной степи.-Ташкент：ГИДРОИНГЕО，1959.

[26] Крылов М. М. Основы мелиоративной гидрогеологии Узбекистана Ташкент，Изд-во «ФАН»，1977，стр. 6-29.

[27] Кулмедов Б. Проблемы сельскохозяйственного водопользования в бассейне реки Амударья[J]. Успехи современной науки и образования，2016. Т. 9. № 12：158-160.

[28] Мамаева Г. Г. Экологические последствия развития орошения в бассейнах рек Амударья и Сырдарья [J]. Экологическая безопасность в АПК. Реферативный журнал，2001. № 3：645.

[29] Мухаммадиев М. М.，Насрулин А. Б. Использование методики гидроэкологического мониторинга при анализе гидроэнергетических и ирригационных сооружений Узбекистана[J]. Экология и строительство，2017. № 3：10-16.

[30] Нагевич П. П. Формирование и распределение фильтрационных свойств аллювиальных горизонтов: основные факторы，процессы и признаки. Т，ГП «Институт ГИДРОИНГЕО»，2013. 136 с

[31] Озера и водохранилиша Средней Азии. Под редакцией кандидатов географических наук Ю. Н. Иванова и А. М. Никитина//Труды Среднеазиатского регионального научно-исследовательского института В. А. Бугаева. Москва. ГидрометеоиздатЮ，1979. 80 с.

[32] Рамазанов А.，Файзуллаева М. Н. Агроэкологические аспекты использования минерализованных вод в орошаемой зоне Узбекистана[J]. Irrigatsiya va Melioratsiya，2016. № 2（4）：23-25.

[33] Сидорова Л. Государства Центральной азии：проблемы совместного использования трансграничных водных ресурсов[J]. Центральная Азия и Кавказ，2008. № 1（55）：92-103.

[34] Турсунов А. А. От Арала до Лобнора（Гидроэкология бессточных бассейнов Центральной Азии）-Алматы：ТОО «Верена»，2002.

[35] Хасанов А. С. Развитие гидрогеологии и инженерной геологии в Узбекистане. -Ташкент：Гидроингео，2005. 345с.

[36] Хасанов А. Х. Причины и эколого-климатические последствия усыхания Аральского Моря в Центрально-азиатском регионе[J]. Наука и инновация，2017，№ 1：26-31.

[37] Хужамкулова Х. И. Влияние изменений климата на сельское и водное хозяйство Узбекистана[C]// В сборнике：перспективы развития науки и образования в современных экологических условиях Материалы VI Международной научно-практической конференции молодых учёных，посвящённой году экологии в России. Н. А. Щербакова，2017：851-856.

[38] Чембарисов Э. И.，Лесник Т. Ю.，Хожамуратова Р. Т. Гидрологический и гидрохимический режим реки Амударьи в пределах узбекистана[J]. Пути повышения эффективности орошаемого земледелия，2016. № 4（64）：87-94.

[39] Чен Ши，Цзилили Абудувайли，Рахимов Ш. Х，Махмудов Э. Ж.，Водные ресурсы и водопользование у Узбекистане. Издательство «Pliograf Groop» - Ташкент，2013.

[40] Чуб В. Е. Изменение климата и его влияние на природно-ресурсный потенциал Республики Узбекистан. Ташкент，2000.

[41] Шерматов Е.，Палуанов Д. Т.，Якубова Х. М. Прогноз объема стока реки Амударья в зависимости от изменчивости солнечной активности[J]. Вестник Прикаспия，2016. № 2（13）：49-54.

[42] Khamrayev N. R.，. Sherfedinov L. Z. Central Asia Water Resources：assessments，scale of development，variability，significance in respect to ecological security and social and economic development of Uzbekistan / In the book：“Water problems of arid territories”，issue No. 2（Institute of Water Problems）// Tashkent：“Uzbekgidrogeologiya”，1994：3-18.

[43] Kornakov G. I.，Borovets S. A，Bostandjoglyu A. A.，Bakhtiyarov R. I. Existing state and perspectives of development of main branches of the national economy in the Amu Darya River Basin / Tashkent：Saohydroproject，1968：114.

[44] Makhmudov E. J.，Sherfedonov L. Z. Makhmudov I. E. Problems of water resource management in Central Asia Transboundary Water Resources：A Foundation for Regional Stability in Central Asia. P. O. Box 17，3300AA Dordrecht，The Netherlands，Springer，2007：11-28.

[45] Makhmudov E. J.，Sherfedinov L. Z. Makhmudov I. E. Kazbekov Yu. S. Formation and use water resources in Central Asia Water resources and water use problems in Central Asia and the Caucasus / Proceedings of Conference，Russia，2007：1-6.

[46] Makhmudov E. J.，Ishanov X. X. Coountry paper on water in arid and semi-arid regions of Uzbekistan /

Country papers of Global Network for Water and Development information in Arid and Semi-Arid Regions of Asia，UNESCO：27-34.

[47] Sherfedinov L. Z.，Davranova N. G. Water is a limiting strategic resource of social-economic and ecological security of Uzbekistan / In book “Water reservoirs，force majeure and stability issues// Tashkent：University，2004：123-133.

[48] Krysanova V，Dickens C，Timmerman J，et al. Cross-comparison of climate change adaptation strategies across large river basins in Europe，Africa and Asia[J]. Water Resources Management，2010，24（14）：4121-4160.

[49] Makhmudov E J，Makhmudov I E，Sherfedinov L Z. Problems of Water Resource Management in Central Asia[M]// Transboundary Water Resources：A Foundation for Regional Stability in Central Asia. Springer Netherlands，2008：11-28.

[50] Shi Wei，M. Wang，W. Guo. “Long - term hydrological changes of the Aral Sea observed by satellites.” Journal of Geophysical Research Oceans119. 6，2014：3313-3326.

[51] Small E E，Cirbus Sloan L，Nychka D. Changes in Surface Air Temperature Caused by Desiccation of the Aral Sea[J]. Journal of Climate，2001，14（3）：284-299.

[52] Tynybekov A K，Lelevkin V M，Kulenbekov J E. Environmental Issues Of The Kyrgyz Republic And Central Asia[J]，2008：407-432.

[53] Truyens，S.，Beckers，B.，Thijs，S. et al. Plant Soil（2016）405325. httpsdoi. org10. 1007s11104-015-2761-5.